高等职业教育"十四五"规划教材

国家"双高计划"畜牧兽医专业群项目建设成果

工作手册式教材



# 宠物针灸技术

穆洪云　董君艳　主编

中国农业大学出版社

·北京·

## 内 容 简 介

本教材按照高等职业教育理论和实训一体化的教学模式，紧扣宠物医疗技术专业、宠物养护与驯导专业人才培养标准和职业岗位需求，采用项目化编写体例，突出教学内容的适用性和实用性。

本教材共分为五个项目，二十二个任务，主要内容包括中兽医基础理论、中兽医诊断、腧穴篇、针灸基础以及针灸疗法等。既有传统中兽医的特色，又结合宠物临床的发展特点，可作为高等职业院校宠物医疗技术、宠物养护与驯导等专业的教学用书，也可作为宠物临床工作者以及基层宠物医师的参考用书。

**图书在版编目(CIP)数据**

宠物针灸技术 / 穆洪云，董君艳主编. --北京：中国农业大学出版社，2025.2

ISBN 978-7-5655-3413-3

Ⅰ. S853.61

中国国家版本馆 CIP 数据核字第 2025DK3342 号

**书　名** 宠物针灸技术

**作　者** 穆洪云　董君艳　主编

**策划编辑** 林孝栋　康昊婷　　**责任编辑** 康昊婷

**封面设计** 郑　川　李尘工作室

**出版发行** 中国农业大学出版社

**社　址** 北京市海淀区圆明园西路 2 号　　**邮政编码** 100193

**电　话** 发行部 010-62733489，1190　　编辑部 010-62732617，2618

出版部 010-62733440　　读者服务部 010-62732336

**网　址** http://www.caupress.cn　　**E-mail** cbsszs@cau.edu.cn

**经　销** 新华书店

**印　刷** 天津鑫丰华印务有限公司

**版　次** 2025 年 2 月第 1 版　2025 年 2 月第 1 次印刷

**规　格** 185 mm×260 mm　16 开本　15 印张　370 千字

**定　价** 49.00 元

# 编审人员


主　编　穆洪云（江苏农牧科技职业学院）

董君艳（新瑞鹏宠物医疗集团有限公司）

副主编　冯秀娟（南京警察学院）

张俭伟［勃林格殷格翰动物保健（上海）有限公司］

参　编　（按姓氏笔画排序）

孙亚东（辽宁生态工程职业学院）

冯　昊（上海轻爱宠物用品有限公司）

刘翠艳（安徽农业大学）

邱树磊（江苏农牧科技职业学院）

张　斌（江苏农牧科技职业学院）

陈文芳（江苏农牧科技职业学院）

贺常亮（四川农业大学）

麻武仁（西北农林科技大学）

解慧梅（江苏农牧科技职业学院）

主　审　孟　婷（江苏农牧科技职业学院）

# 前　言

中兽医作为我国优秀传统文化的一部分，有着四千多年的临床实践经验，为我国畜牧业的健康发展发挥了重要作用。针灸作为其中重要的构成部分，更凭其绿色安全、经济便捷、临床疗效好等优势，在我国兽医临床史上留下了浓墨重彩的一笔。

近十几年来，随着宠物行业的蓬勃发展，针灸在宠物临床上的应用日益广泛。目前，在全球范围内，已经有一百多个国家和地区将针灸运用于宠物临床，为宠物的健康保驾护航。在国内宠物医疗市场，越来越多的宠物医院意识到西兽医的局限性，开始开设针灸专科门诊，大量的市场需求导致宠物针灸、康复理疗、推拿按摩等岗位的人才极度稀缺。为了满足这一市场需求，培养符合行业要求的高素质高技能宠物医疗人才，江苏农牧科技职业学院于2019年开始开设“宠物针灸技术”课程，开设专业有宠物医学专业和宠物临床诊疗技术专业（现在的宠物医疗技术专业），学生反响良好，部分毕业生已经从事宠物针灸工作。

本教材深入贯彻二十大“自信自强、守正创新，踔厉奋发、勇毅前行”精神，旨在通过知识传授和技能培养，增强学生的专业自信和文化自信，培养学生守正创新能力。本教材具有以下几个特点。

### 1. 思政元素贯穿教材始终

没有高度的文化自信，没有文化的繁荣兴盛，就没有中华民族的伟大复兴。针灸文化作为中华优秀传统文化的重要组成部分，理应在现代年轻人心中扎根发芽。本教材以“传承和弘扬中华优秀传统文化，增强文化自信，强化绿色诊疗理念，发扬精益求精、追求卓越的工匠精神，培养高尚的道德情操和扎实的职业作风”为主旨，在教材的每个项目前面设置了“名医故事”专栏，让学生在阅读时潜移默化地感受到传统文化的魅力，体会到大国工匠的精神，不断增强文化自信，为传承中医文化做好铺垫工作。

### 2. 传承与创新并举

本教材内容设置既包含了传统兽医学中的精髓，如基础理论、诊断原则及诊断方

法，又根据宠物临床的特点融入了创新内容。创新点主要体现在：①腧穴篇，摒弃传统教材中按照身体部位讲解穴位的特点，改为沿着经络循行讲解穴位，要求学生掌握的穴位数量由传统的76个增加至临床常用的128个，并且通过实验解决了目前关于犬膀胱经背侧线穴位位置以及四肢末端某些穴位位置存在不同版本的疑惑。②取消了传统教材中针刺深度多少厘米的描述，强调依据个体差异、病证差异，重在得气。③在诊断方面，除传统的诊断原则和四诊合参、八纲辨证、脏腑辨证、气血津液辨证以及卫气营血辨证等，更加强调临床实用性，紧密结合宠物临床，给予诊断流程，将复杂的理论简单化、实用化，让学生初步建立中兽医诊断思维并能运用于临床。

**3. 呈现形式多样化**

本教材呈现形式多样化，结合现代宠物技术教学资源库平台及智慧职教在线平台，从多个角度多个层次丰富使用体验。文字编排灵活，从学生的角度，以学生喜欢的语言表达方式进行导学，更利于激发学生的学习兴趣。“知识链接”后配备相应的贴近宠物临床的“思与练”，有助于检验学生对所学知识的掌握情况，便于自查和他测。

**4. 基于学生的知识结构和疾病诊疗过程，构建既完整又实用的知识体系**

根据学生的知识结构和宠物临床疾病诊疗的实际过程，结合课程开设时间，本教材项目一安排了中兽医基础理论，让没有接触过中兽医的学生先架构理论框架，从项目二开始按照诊疗过程顺序给予知识铺垫，从诊断、腧穴、针灸基础、针灸疗法等构建知识体系，既突出了教材的实用性，又保证了教材内容的完整性。

由于编者水平有限，加之时间仓促，书中错误和不足之处在所难免，恳请大家批评指正。

编　者

2024年11月

# 目 录

# 教学资源索引

# 项目一

# 中兽医基础理论

# 名医故事

## 神医扁鹊

扁鹊路经虢国，见虢国上下举国哀痛，询其原因得知虢国太子病逝。扁鹊详问病情后诊断太子只是患了尸蹷，并没有真死，后对虢国太子施以针石，针刺三阳五会穴位，太子苏醒，再使用熨剂敷于两肋下，太子能坐起，又服汤药二十天，太子身体恢复如初。

天下人都认为扁鹊有起死回生之能。扁鹊却说，“人主阴阳，阴阳相通则健康，阴阳失调，上下不同，导致太子脉象紊乱，行静如死。不是我能使死人复活，而是他本来未死。”

故事出自《史记·扁鹊仓公列传》

扁鹊，本名秦越人，又号卢医，战国时名医。因其医道高明，为百姓治好了许多疾病，赵国人民送他“扁鹊”称号（图 1-1）。扁鹊精于内、外、妇、儿、五官等科，首创四诊法来诊断疾病，应用砭刺、针灸、按摩、汤液、热熨等方法治疗疾病，被尊为医祖。

图 1-1　扁鹊之像

# 任务一　阴阳学说

**知识目标**

1. 掌握阴阳的概念及归类。
2. 掌握阴阳学说的基本内容。
3. 掌握阴阳学说在中兽医学中的应用。

二维码 1-1　阴阳学说

**能力目标**

1. 能够判断事物的阴阳属性。
2. 能够利用阴阳学说解决临床疾病的诊断、治疗、预防等实际问题。

**素质目标**

1. 培养传承并弘扬中华优秀传统文化的精神，增强民族自信心和自豪感。
2. 培养知行合一、格物致知的精神。

**导学**　藏在生活中的阴阳

说到阴阳，大家会想到什么？八卦？玄学？其实，阴阳就是相互关联而又对立的两个事物，或同一事物两种不同的属性。在我们的生活中普遍存在，比如我们常说“男有阳刚之气，女有阴柔之美。”又如对热情开朗的人，我们称之为“阳光”，反之，对沉默寡言、不爱合群的人，我们称之为“阴沉”。你还能想到生活中哪些与阴阳相关的例子呢？通过这些实例，你是否能感受到中医文化已经融入我们的日常生活？

## 知识链接

阴阳学说是我国古代人民创造的朴素的辩证唯物主义哲学思想，是我国医学理论体系的基础。古代医学家利用阴阳学说来指导人体（动物体）生理、病理的各种现象，并用以指导总结医学知识和临床经验。

## 一、阴阳的概念与归类

### 1. 阴阳概念的形成

阴阳的概念起源于远古时期，是古人从长期生活中观察总结而来的。阴阳的最初含义是以太阳的向背而划分的，即向着太阳为阳，背着太阳为阴。向阳的地方具有光明、温暖的特性，

背阳的一面则具有黑暗、寒冷的特性，便以此区分阴阳。阴阳最早的文字记载见于殷商时期的甲骨文，有“阳日”和“晦月”等字样。在甲骨文中，阳所指为日，阴所指为月。

春秋战国时期，阴阳学说作为哲学思想逐渐形成。古代哲学家用具有对立统一、辩证思维的阴阳学说来解释自然现象、社会政治及伦理道德等，后来应用于医学领域。成书于战国至秦汉之际的《内经》，阴阳学说贯穿其始终。如解释人体的生理和病理的“阴平阳秘，精神乃治。阴阳离决，精气乃绝”；指导诊断与治疗的“谨察阴阳所在而调之，以平为期”等。

大约在公元 10 世纪以后，阴阳逐渐采用太极图（图 1-2）表示。太极是中国古代哲学术语，意为派生万物的本原。太极图以黑白两个鱼形组成的图案，形象说明了阴阳交感、对立、互根、消长和转化的关系，体现出一切事物或现象具有辩证、运动、圆融的特征和规律。

图 1-2 太极图

2. 阴阳的基本概念

阴阳代表相互关联而又对立的两个事物或同一事物两种不同的属性，是表示一切事物对立而又统一的代名词。《素问·阴阳应象大论》言：“阴阳者，天地之道也，万物之纲纪，变化之父母，生杀之本始，神明之府也。”也就是说，阴阳是自然界的法则和规律，是世界万物运动变化的纲领和根本，贯穿事物从新生到消亡的始终，是一切事物发生、发展和变化的内在动力。凡是既有对立相反又有相互关联的事物和现象或者事物内相互对立的两个方面，都可以用阴阳来概括。如以天地言，则天为阳，地为阴；以四季言，春夏为阳，秋冬为阴；以气血言，气为阳，血为阴；以时间言，白天为阳，夜晚为阴。

3. 事物阴阳属性的归类

事物的阴阳属性，按照阴阳各自的属性特征进行归类。一般以上下、动静、有形无形等为准则划分事物的阴阳属性。凡具有温暖的、明亮的、运动的、向上的、兴奋的等特性的事物和现象，都属于阳；凡属于寒冷的、晦暗的、相对静止的、下降的、沉郁的等特性的事物和现象，都属于阴。关于事物的阴阳属性归类，见表 1-1。

表 1-1 事物阴阳属性归类表

| 属性 | 空间 | 时间 | 季节 | 温度 | 湿度 | 重量 | 性状 | 亮度 | 事物运动状态 |
|---|---|---|---|---|---|---|---|---|---|
| 阳 | 上 外 左 南 天 | 昼 | 春夏 | 温热 | 干燥 | 轻 | 清 | 明亮 | 上升 运动 兴奋 亢进 |
| 阴 | 下 内 右 北 地 | 夜 | 秋冬 | 寒凉 | 湿润 | 重 | 浊 | 晦暗 | 下降 静止 抑制 衰退 |

4. 阴阳的特性

（1）阴阳的普遍性。阴阳学说认为，世界上很多事物和现象都存在正反对立的两个方面，皆可用阴阳来表示，宇宙万物的发生发展变化及相互关系都可纳入阴阳的范畴。《素问·宝命全形论》认为：“人生有形，不离阴阳”。人体（动物体）组织结构、生理功能、病机变化以及诊断治疗都可用阴阳来概括说明。

（2）阴阳的关联性。阴阳所概括的一对事物或现象必须具有关联性，应该共处于统一体系，或一个事物内部对立的两个方面。

（3）阴阳的规定性。阴阳学说对阴阳各自属性存在着明确的规定，具有不可变性，具体可参考事物阴阳属性的归类。

(4)阴阳的相对性。事物的阴阳属性并不是一成不变的，主要表现在三个方面。其一，阴阳属性可以相互转化。在一定条件下，阴可转化为阳，阳可转化为阴。如寒证和热证的转化。其二，阴阳之中复有阴阳，即阴中有阳，阳中有阴。如昼为阳、夜为阴，白昼中上午相对下午而言，上午为阳中之阳，下午为阳中之阴。同理，夜晚的前半夜和后半夜相对而言，前半夜为阴中之阴，后半夜为阴中之阳。其三，阴阳的属性随比较对象的变化而变化。如温水与热水比较，温水属于阴，热水属于阳；如果温水与冷水比较，则温水属于阳，冷水属于阴。

## 二、阴阳学说的基本内容

阴阳学说是以阴阳的对立统一和相互作用阐释宇宙间万物的生成、发展和变化的根本规律，其主要内容包括以下六点。

### 1. 阴阳的交感相错

阴阳的交感相错是指阴阳双方在一定条件下交合感应、互错互融的关系。正所谓“天地感而万物化生”，阴阳交感是天地万物化生的基础。

### 2. 阴阳的对立制约

阴阳的对立制约是指阴阳双方存在着相互排斥、相互斗争、相互制约的关系。对立，即相反，如动与静，寒与热，上与下等都是相互对立的两个方面。对立的双方，通过排斥、斗争以相互制约，使事物达到动态平衡。如动物体的正常生理活动存在兴奋和抑制两种状态，兴奋为阳，抑制为阴，阴阳相互制约，从而使机体处于阴阳平衡的健康状态。

### 3. 阴阳的互根互用

阴阳的互根互用是指阴阳双方相互依存，互为根本，每一方都以相对立的另一方的存在作为自己存在的前提和条件。所谓“阳根于阴，阴根于阳”。阴阳互用，是指阴阳双方存在着相互滋生、相互促进的关系。正所谓“无阳则阴无以生，无阴则阳无以生”“孤阴不生，独阳不长”。

### 4. 阴阳消长

阴阳消长是指阴阳双方在对立制约、互根互用的情况下，不是静止不变的，而是处于此消彼长的变化过程中，正所谓“阴消阳长，阳消阴长”。

### 5. 阴阳转化

阴阳转化是指阴阳双方在一定条件下，存在相互转化、属性互换的关系。如“寒极生热”“热极生寒”“物极必反”“乐极生悲”等。

### 6. 阴阳自和

阴阳自和是指阴阳双方具有自动维持和自动恢复其协调稳定状态的能力和趋势。阴阳自和是相对的、动态的平衡，这种平衡在自然界标注着气候的正常变化，春夏秋冬四时的正常更替，在动物机体则标志着生命活动的稳定、有序、协调。

## 三、阴阳学说在中兽医学中的应用

（1）说明动物体的组织结构。如“五脏为阴，六腑为阳”。

（2）解释动物体的生理功能。如“阴平阳秘，精神乃治”。

（3）阐述动物的病理变化。如机体发病是由于阴阳偏盛、偏衰所致。阴盛则寒，阳盛则热；阴虚则内热，阳虚则外寒。

（4）指导疾病的诊断。用于分析症状的阴阳属性，凡口色红、黄、赤紫者为阳，口色白、青、黑者为阴；用于辨别证候的阴阳属性，八纲辨证中的表证、热证、实证属阳证，里证、寒证、虚证属阴证。

（5）指导疾病的治疗。如“实者泻之，虚者补之。热者寒之，寒者热之”的治疗原则。

（6）用以归纳药物的性能并指导临床用药。根据药物的四气五味将药物划分为阴阳两类属性。例如，寒凉药属阴，温热药属阳；酸苦咸药属阴，辛甘淡药属阳。并提出“阴病阳治，阳病阴医”的用药原则。

（7）用于疾病预防，加强饲养管理，增强动物体的适应能力，可以防止疾病的发生。如“春夏养阳，秋冬养阴”“春季放大血，灌四季调理药”等预防保健原则。

### 思与练

1. 以阴阳概括来说明事物，下列属于阳的是（　　）。

A. 舌色发白　　B. 安静状态　　C. 舌色发暗　　D. 兴奋状态

2. 以阴阳概括来说明事物，下列属于阴的是（　　）。

A. 声音高亢　　B. 脉搏洪大　　C. 舌色发青　　D. 兴奋状态

3. 阴阳偏盛形成（　　）。

A. 实证　　B. 里证　　C. 表证　　D. 虚证　　E. 热证　　F. 寒证

4. 可以用阴阳转化来解释的是（　　）。

A. 阴盛则阳虚　　B. 阳虚则外寒　　C. 阴虚则内热　　D. 寒极生热

5. 防治疾病的基本原则是（　　）。

A. 补益正气　　B. 驱逐邪气　　C. 调理阴阳　　D. 补虚泻实

6. 阴阳学说在宠物临床上有哪些应用？

7. 如何理解“春夏养阳、秋冬养阴”的预防保健理念？

### 答案

1～5　DCADC　　6～7　略

# 任务二　五行学说

**知识目标**

1. 掌握五行的特性及归类。
2. 掌握五行的生克制化关系。
3. 掌握五行学说在中兽医学中的应用。

二维码 1-2　五行学说

**能力目标**

1. 能够判断事物的五行属性分类。
2. 能够利用五行学说解决宠物临床疾病的诊断、治疗、预防等实际问题。
3. 能够利用五行属性分析宠物的五行特征。

**素质目标**

1. 培养传承并弘扬中华优秀传统文化的精神，增强民族自信心和自豪感。
2. 培养知行合一、格物致知的精神。

**导学　藏在生活中的五行**

生活中，我们常说"心火上炎、口舌生疮"，为什么是心火呢？我们常说"买东西"，为什么不是"买南北"呢？不同品种的犬，性格相差很大，临床上某些疾病的发病率也有着很大差别，从中兽医角度考虑，这是什么原因呢？学习了五行的相关知识后，你会恍然大悟。

## 知识链接

### 一、五行学说的概念

五行学说和阴阳学说一样，是一种哲学概念，是古人用来认识和分析事物的一种思想方法和理论工具，同样是中兽医基本理论的重要组成部分。

五行一词，最早出现于春秋时期的《尚书》，到战国后期，五行学说已经形成。五是指木、火、土、金、水五类物质属性，行是指运动变化规律。五行的概念就是指木、火、土、金、水五类物质属性及其运动变化。

五行学说就是以木、火、土、金、水五类物质属性及其运动变化规律来认识世界、解释世界和探求宇宙变化的世界观和方法论。

## 二、五行的特性与归类

### 1. 五行的特性

五行的特性，是古人在长期的生活生产实践中对木、火、土、金、水五种基本物质的直接观察和朴素认识的基础上，进行抽象归纳而逐渐形成的理性概念。《尚书·洪范》对五行特性的经典概括为“水曰润下，火曰炎上，木曰曲直，金曰从革，土爰稼穑”。

“水曰润下”是指水具有滋润、下行的特性。引申为凡具有寒凉、滋润、向下、静藏等特性的事物和现象，都归属于“水”。

“火曰炎上”是指火具有炎热、上升、光明的特性。引申为凡具有温热、升腾、向上等特性的事物和现象，都归属于“火”。

“木曰曲直”是指木具有生长、升发、条达、舒畅等特性。引申为凡具有生长、升发、条达、舒畅等特性的事物和现象，都归属于“木”。

“金曰从革”是指金具有顺从变革、刚柔相济之性。引申为凡具有肃杀、潜降、收敛等特性的事物和现象，都归属于“金”。

“土爰稼穑”是泛指人类种植和收获谷物的农事活动，引申为凡具有生化、承载、受纳等特性的事物和现象，都归属于“土”。

由此可以看出，五行的特性，虽然来源于古人对木、水、土、金、水的具体观察，但古人已将其运用于对一切事物属性的总概括，它早已超脱了其各自意义的本身，而具有更为广泛、更为抽象的涵义。

### 2. 五行的归类

人对事物和现象五行归类的方法，主要有取象比类法和推演络绎法两种。

（1）直接归类法（取象比类法）：对事物进行“取象比类”，以得知事物的五行属性。例如，东方为日出之地，具有生发、生长特性，所以将东方归为木；南方气候炎热，具有炎热、火性，所以将南方归为火。

（2）间接归类法（推演络绎法）：根据已知的事物属性，推演其他的相关事物。例如，春属木，而春季多风，故风也属木。肝属木，中医学认为肝胆互为表里，肝开窍于目，其华在爪，主筋，故与肝密切联系的胆、目、爪、筋也属于木。

事物属性的五行归类见表 1-2。

表 1-2 事物属性的五行归类

| 自然界 | | | | | | | 五行 | 动物体 | | | | | | |
|---|---|---|---|---|---|---|---|---|---|---|---|---|---|---|
| 五音 | 五味 | 五色 | 五化 | 五气 | 方位 | 季节 | | 五脏 | 五腑 | 五官 | 形体 | 情志 | 五神 | 五液 |
| 角 | 酸 | 青 | 生 | 风 | 东 | 春 | 木 | 肝 | 胆 | 目 | 筋 | 怒 | 魂 | 泪 |
| 徵 | 苦 | 赤 | 长 | 暑 | 南 | 夏 | 火 | 心 | 小肠 | 舌 | 脉 | 喜 | 神 | 汗 |
| 宫 | 甘 | 黄 | 化 | 湿 | 中 | 长夏 | 土 | 脾 | 胃 | 口 | 肉 | 思 | 意 | 涎 |
| 商 | 辛 | 白 | 收 | 燥 | 西 | 秋 | 金 | 肺 | 大肠 | 鼻 | 皮 | 悲 | 魄 | 涕 |
| 羽 | 咸 | 黑 | 藏 | 寒 | 北 | 冬 | 水 | 肾 | 膀胱 | 耳 | 骨 | 恐 | 志 | 唾 |

## 三、五行的生克制化关系

五行的生克制化是指正常状态下五行系统具有的自我调节机制。包括五行相生、五行相克和五行制化，见图 1-3。

### 1. 五行相生

五行相生是指木、火、土、金、水五行之间存在着有序的依次递相资生、助长和促进的关系。也就是说木生火，火生土，土生金，金生水，水生木，形成一个循环。《难经》将五行相生关系比喻为母子关系，即“生我者为母，我生者为子”。例如，木生火，木为火之母，火为木之子。

图 1-3　五行相生相克关系图

### 2. 五行相克

克，即克制、抑制、制约。五行相克就是指五行中某一行事物对于另一行事物具有抑制、约束、削弱等作用。即木克土，土克水，水克火，火克金，金克木。《内经》把相克关系称为“所胜”“所不胜”的关系。“克我”者为我“所不胜”，“我克”者为我“所胜”。例如，木克土，故我克者为土，土为木之所胜；金克木，故克我者为金，金为木之所不胜。

### 3. 五行制化

制，是制约、克制；化，是生化、变化。五行制化是指五行之间具有生中有制、制中有生的生克协调配合关系，就是五行生克关系的平衡协调。

如果五行生克关系的平衡协调遭受破坏，就会出现五行生克的异常变化。五行的异常状态是指五行的生克关系因某种因素的干扰而发生的失调状态。五脏病变时的相互影响，可用母子相及和五行乘侮规律来解释。

(1)母子相及。及，是累及、连累之意。属五行之间相生关系的异常变化，也是五行之中互为母子的各行之间相互影响的关系。具体又可分为母病及子和子病犯母两种。

①母病及子是指五行中的某一行异常，累及其子行，导致母子两行皆出现异常。如肾病及肝，即属于母病及子。

②子病犯母是指五行中的某一行异常，累及其母行，导致子母两行皆出现异常。子病犯母，既有子脏不足引起母脏也虚的母子俱虚之证，又有子脏亢盛导致母脏也盛的母子俱实之证。如心病及肝，临床上既可见心血不足累及肝血亏虚，而致心肝血虚症；也可见由于心火旺盛引动肝火，而致心肝火旺证等。

(2)五行相乘相侮。

①五行相乘：“乘”有以强凌弱、乘虚侵袭之意。相乘即指相克得太过，超过正常制约限度，使事物间的关系失去相对平衡的一种表现。引起相乘的原因有两种，一种是太过，指克者太过，如木旺乘土；另一种是不及，指被克者太弱，如土虚木乘。

②五行相侮：“侮”有恃强凌弱之意。相侮即反克，是事物间的关系失去相对平衡的另一种表现。引起相侮的原因同样有两种，一种是太过，指被克者太过，如木旺侮金；另一种是不及，指克者太弱，如金虚木侮。

## 四、五行学说在中兽医学中的应用

### (一)生理方面

(1)按五行的特性来分别脏腑器官的属性。肝属木、心属火、脾属土、肺属金、肾属水,并以五行来说明各脏的生理特性。

(2)以五行生克制化的关系,说明脏腑器官之间相互滋生和制约联系。五脏的功能不是孤立的,而是相互滋生和制约的,即相生和相克的关系。例如,肝藏血以济心——木生火,心之阳热以制肺金之肃降太过——火克金。

### (二)病理方面

(1)相生关系的传变,是指病变顺着或逆着五行相生次序的传变。主要为“母病及子”和“子病犯母”两种类型。

母病及子(顺传)指母脏传及子脏。如肝(木)病传心(火),肾(水)病及肝(木)。

子病犯母(逆传)指子脏传及母脏。如脾(土)病传心(火),心(火)病及肝(木)。

(2)相克关系的传变,是指病变顺着或逆着五行相克次序的传变。

相乘为病,即相克太过而为病。如木乘土,木性太过,导致脾土不足,出现肝木亢盛和脾土不足之证。

相侮为病,即反向克制而为病。如金克木,如木气亢盛,反侮肺金,导致肺金不足,出现咳喘。

### (三)诊断方面

在控制传变方面,一般来说,母病及子,病情轻微;子病犯母,病情较重。

相乘为病,病情较轻;相侮为病,病情较重。

### (四)治疗方面

#### 1.指导控制疾病的传变

掌握疾病发展传变的生克乘侮规律,及早控制传变,防患于未然。

#### 2.确定治疗原则

(1)根据相生规律确定“虚则补其母,实则泻其子”的治疗原则。

虚则补其母,如临床常用的“滋水涵木法”“培土生金法”。

实则泻其子,如肝木亢盛,引起肝火上炎,应清心泻火。

(2)根据相克规律确定“抑强、扶弱”的治疗原则。

抑强,指抑制功能过亢之脏;扶弱,指扶助功能虚弱之脏。如抑木扶土法,指通过抑制肝木和健脾胃的方法,治疗肝气犯胃。

### (五)预防方面

由于一脏的病变,往往牵涉其他脏器,所以掌握传变规律,可以控制疾病的传变,达到预防的目的。如“见肝之病,则知肝当传之于脾,故先实其脾气”。

## 知识拓展

宠物五行性格与疾病防治关系参考表

| 五行 | 典型性格 | 代表品种 | 易患疾病 |
|---|---|---|---|
| 木行 | 独立，冷静，有领导力 | 哈士奇、秋田犬、藏獒犬 | 肝、眼睛及筋腱问题 |
| 火行 | 热情开朗，主动 | 金毛寻回犬、红色贵宾犬、威尔士柯基犬 | 心血管疾病 |
| 土行 | 温和，友好 | 拉布拉多犬、短毛腊肠犬 | 肥胖、脾胃问题 |
| 金行 | 爱独处、害羞、有个性 | 大部分猫、喜乐蒂犬 | 呼吸道、皮肤问题 |
| 水行 | 胆小敏感，可能会咬人 | 吉娃娃犬 | 肾脏、骨骼问题 |

## 思与练

1. 下列事物的五行属性，错误的是(　　)。
A. 木——春 东 肝　B. 火——夏 南 心　C. 土——夏 南 脾
D. 金——秋 西 肺　E. 水——冬 北 肾

2. 根据五行的相生关系，肝之母是(　　)。
A. 脾　B. 肾　C. 心　D. 肺

3. 根据五行的相生关系，脾之子是(　　)。
A. 肝　B. 肾　C. 心　D. 肺

4. 根据五行的相生关系，肾之母是(　　)。
A. 肝　B. 肾　C. 心　D. 肺

5. 根据五行的相生关系，心之子是(　　)。
A. 肝　B. 脾　C. 心　D. 肺

6. 根据五行的相克关系，肺之“所胜”的是(　　)。
A. 脾　B. 肾　C. 心　D. 肝

7. 根据五行的相克关系，肺之“所不胜”的是(　　)。
A. 脾　B. 肾　C. 心　D. 肝

8. 根据五行的相克关系，心之“所胜”的是(　　)。
A. 肺　B. 肾　C. 心　D. 肝

9. 下列不符合五行相生规律的是(　　)。
A. 木生火　B. 火生土　C. 土生木　D. 金生水　E. 水生木

10. 下列不符合五行相乘的规律是(　　)。
A. 木乘金　B. 火乘金　C. 金乘木　D. 水乘火　E. 土乘水

11. 下列不符合五行相侮规律的是(　　)。
A. 木侮金　B. 土侮木　C. 水侮土　D. 火侮水　E. 金侮木

12. 性情活泼主动、热情开朗的犬，容易出现(　　)问题。
A. 脾胃　B. 眼睛　C. 呼吸道　D. 心脏　E. 肾脏

13. 性情温和友好的犬，容易出现(　　)问题。

A. 脾胃　　B. 眼睛　　C. 呼吸道　　D. 心脏　　E. 肾脏

14. 性情冷静、有领导能力的犬，容易出现(　　)问题。

A. 脾胃　　B. 眼睛　　C. 呼吸道　　D. 心脏　　E. 肾脏

15. 性情胆小敏感的犬，容易出现(　　)问题。

A. 脾胃　　B. 眼睛　　C. 呼吸道　　D. 心脏　　E. 肾脏

## 答案

1～5　C B D D B　　6～10　D C A C A　　11～15　E D A B E

# 任务三　藏象学说

**知识目标**

1. 掌握藏象学说的基本内容。
2. 掌握五脏六腑的主要生理功能和病理表现。

**能力目标**

1. 能够根据宠物临床症状判定疾病发生的部位。
2. 能够初步建立中医思维，并将中医思维运用于临床。

**素质目标**

1. 培养传承并弘扬中华优秀传统文化的精神，增强民族自信心和自豪感。
2. 培养知行合一、格物致知的精神。

二维码 1-3　脏腑概述

## 导学

生活中，我们应该有过这样的生活体验：睡眠不好时脸色暗沉，脸色发青、印堂发黑常提示脾胃虚寒或气血不足；口舌生疮常常说明心火太旺等。为什么会有这样的推断和联系呢？这就是藏象学说在生活中的应用。

藏象学说的由来主要有三个基础：一是来源于古代的解剖知识。如《灵枢·经水》中说："夫八尺之士，皮肉在此，外可度量切循而得之，其死，可解剖而视之。其脏之坚脆，腑之大小，谷之多少，脉之长短，血之清浊……皆有大数。"二是长期对人体生理、病理现象的观察。如因皮肤受凉而感冒，会出现鼻塞、流涕、咳嗽等症状，因而认识到皮毛、鼻窍和肺之间存在着密切联系。三是长期医疗经验的总结。如从一些补肾药能加速骨折愈合的认识中产生了"肾主骨"之说。

## 知识链接

藏象学说，是研究机体脏腑生理功能、病理变化规律及相互关系的学说。藏象学说旨在通过机体外部的征象来探索内脏活动规律，进而有效指导预防保健、疾病诊治与康复。

"藏"，是指藏于体内的脏腑、脏腑之气及其运动，包括五脏、六腑和奇恒之腑。"象"，是指外在的现象和比象。藏象，又称"脏象"，是指脏腑生理功能、病理变化表现于外的征象。古人言"诸病于内，必形于外""视其外应，以知其内脏，则知所病矣"。

五脏是指肝、心（心包）、脾、肺、肾，其主要功能是化生和贮藏精、气、血、津液等精微物质。五脏的特点是藏精气而不泻。六腑是指胆、小肠、胃、大肠、膀胱、三焦（无三焦称为五腑），其主要功能是受盛和传化水谷。六腑的特点是泻而不藏。奇恒之腑是指脑、髓、骨、脉、胆、胞宫(子宫、输卵管和卵巢的总称)。“奇”是异之意,“恒”为常之意,因其形态似腑,功能似脏,不同于一般的脏腑,故称为奇恒之腑。

脏与腑之间存在着阴阳、表里的关系。脏在里,属阴;腑在表,属阳。心与小肠、肝与胆、脾与胃、肺与大肠、肾与膀胱、心包与三焦相表里。需要明确的是,脏腑不完全是一个解剖学的概念,更重要的是一个生理、病理的概念。与现代兽医学中的脏器含义不同。可以概括地说,中医脏腑和西医内脏“名”同,“形”近,“气”不同,两者之间的区别与联系主要体现在以下几个方面。

(1)起源。中医和西医的发展最初都起源于对人体的解剖。虽然最早解剖人体的是中医,但受到当时科学技术水平以及封建礼教等思想的影响,中医对人体的解剖停留在相对粗浅的水平,更侧重于功能的研究。西医的解剖则有更为详尽的认知,随着现代生命科学技术的不断发展,西医的内脏概念也包括了形态和功能两个方面。总的来说,中医的脏腑重功能,西医的内脏重形态,中医的脏腑的“形”类似西医内脏的“形态”,中医脏腑的“气”类似于西医内脏的“功能”。但两者虽然“形”相近,但“气”不同,所以,对于同一个结构和同一种疾病,中西医可能出现不同的判断和认识。

(2)形态。中医和西医对脏器形态的描述大体相同,但中医对脏腑的描述相对简略,西医则更为详尽。这是历史原因造成的,只要不影响中医理论的理解和应用,就无需过于深究,这本是中医理论的一个重要组成部分。

(3)功能。从功能层面讲,中医脏腑的功能比西医的内脏更为强大,中医脏腑代表的是一个功能体系,而西医代表的是一个具体的器官结构。

## 一、心和小肠

### (一)心

心是“五脏六腑之大主也,精神之所舍也”,是“君主之官”。心位于胸中,有心包护于外。心的主要生理功能是主血脉和藏神。心开窍于舌,心主汗。心的经脉下络于小肠,与小肠相表里。

#### 1.心的功能

心主血脉,脉是血液运行的通道。心主血脉,是指心有推动血液在脉管内运行,以营养全身的作用。心、血、脉三者密切相关。心脏的功能正常与否,可以从脉象、口色上反映出来。心气旺盛则心血充足,脉象平和,节律调匀,口色鲜明如桃花色。心气不足则心血亏虚,脉细无力,口色淡白。心气衰弱则血行瘀滞,脉涩不畅,脉律不整或有间歇,会出现结脉或代脉,口色青紫等症状。

二维码 1-4　心与小肠

心藏神,“神”是指精神活动,即机体对外界事物的客观反映。“心藏神”指心是一切精神活动的主宰,即“心主神明”。与心主血脉的关系密切,血液是其物质基础。如心血充盈,心神得养,则动物“皮毛光彩精神倍”。若心血不足,神不能安藏,则出现活动异常或惊恐不安。故《安骥集·碎金五脏论》言:“心虚无事多惊恐,心痛癫狂脚不宁”。心神异常,也可导致心血不足,或血行不畅、脉络瘀阻。

### 2. 心与窍的关系

心开窍于舌，舌为心之苗，心经的别络上行于舌，因而心的气血上通于舌。舌的生理功能直接与心相关，而心的生理功能及病理变化最易在舌上反映出来。如心血充足，则舌体柔软红润，运动灵活；心血不足，则舌色淡而无光；心血瘀阻，则舌色青紫；心经有热，则舌质红绛、口舌生疮。

### 3. 心与液的关系

心主汗，汗由津液所化生，津液是血液的重要组成部分，血汗同源，血为心所主，故称汗为心之液，又称心主汗。出汗异常，往往与心有关。例如，因心阳不足，引起腠理不固而出现的自汗；因心阴血虚，导致阳不摄阴而出现的盗汗。

### （二）小肠

小肠上通于胃，下接大肠，有经脉络于心，与心相表里。具有受盛、化物和分清别浊的功能。受盛是指接受胃传来的食物。化物是指将胃初步消化的食物进一步消化传至大肠。分清别浊是指由胃下传的食物到小肠后，由小肠分清别浊，清的物质传到脾，浊的物质传到肾和大肠。

小肠有病则影响消化吸收功能，出现排粪、排尿的异常。小肠清浊不分，水谷精微和食物残渣俱下于大肠，可见肠鸣泄泻；水液吸收障碍，尿的来源减少，则见小便短少等病症。因此，小肠分清别浊的功能失调，既影响大便，也影响小便，故治疗泄泻常用利小便以实大便的分利方法。

## 二、肺和大肠

### （一）肺

肺位于胸中，上连气道。肺的主要功能是主气，司呼吸；主宣降，通调水道；主一身之表，外合皮毛。肺开窍于鼻，在液为涕。肺的经脉下络于大肠，与大肠相表里。

二维码 1-5　肺与大肠

### 1. 肺的功能

（1）肺主气，司呼吸。肺有主宰气的生成与代谢的功能。故有“肺者，气之本”“肺为气海”之说。肺主呼吸之气，指肺是体内、外气体交换的场所，通过肺的呼吸作用，机体吸入自然界的清气，呼出体内的浊气，吐故纳新，实现机体与外界环境间的气体交换，以维持正常的生命活动。肺主一身之气，生成宗气。宗气是水谷精微之气和肺所吸入的清气在元气的作用下而生成的。因此，肺气充足，则气道通畅，呼吸均匀；肺气不足，则出现体倦无力、气短、自汗等气虚症状；病邪伤肺使肺气壅阻，引起呼吸功能失调，则出现咳嗽、气喘、呼吸不利等症状。

（2）肺主宣降，通调水道。宣，即宣发；降，即清肃、下降。肺气的运动具有向上、向外宣发和向下、向内肃降的双向作用。肺主宣发，主要表现在三个方面：一是通过宣发作用将体内代谢过的气体呼出体外；二是将脾传输至肺的水谷精微之气布散全身，外达皮毛；三是宣发卫气（汗液），以发挥司开合、肥腠理的作用。例如，肺气不宣而壅滞则引起胸闷、呼吸不畅、咳嗽等异常。肺主肃降，主要表现在三个方面：一是通过下降作用，吸入自然界清气；二是将津液和水谷精微向下布散全身，并将代谢产物和多余水液下输于肾和膀胱，排出体外；三是保持呼吸道的清洁。肺主肃降的特点是以清肃下降为顺，“肺气宜清不宜浊”。“肺为清虚之脏，毫毛必

咳”。肺气不降而上逆，则引起咳嗽、气喘。肺主行水，通调水道。肺通过宣发作用，将津液与水谷精微布散于全身，并通过宣发卫气司腠理的开合，调节汗液的排泄。通过肺的肃降，津液和水谷精微不断向下输送，代谢后的水液经肾的气化作用，化为尿液由膀胱排出体外。若肺的宣降功能失常，就会影响机体的水液代谢，发生水肿、腹水、胸水以及泄泻等病证。

(3)肺主一身之表，外合皮毛。一身之表，简称皮毛，包括皮肤、汗孔、被毛等组织。在病理方面，肺经有病可以反映于皮毛，而皮毛受邪也可传之于肺。肺气虚易汗且经久，可见皮毛焦枯或被毛脱落；外感风寒也可影响肺，出现咳嗽、流鼻涕等症状。

#### 2.肺与窍的关系

肺开窍于鼻。鼻为肺窍，有司呼吸和主嗅觉的功能。肺气正常则鼻窍通利，嗅觉灵敏。鼻为肺窍，鼻又可成为邪气犯肺的通道。

#### 3.肺与液的关系

鼻在液为涕，肺气正常与否，常可以通过鼻涕的变化反映出来。肺气正常，则鼻涕润泽鼻窍而不外流。肺气不宣则常见鼻塞流涕、嗅觉不灵等症状。肺热壅盛，常见鼻翼扇动等症状。

### (二)大肠

大肠上通小肠，下连肛门，有经脉络于肺，与肺相表里。大肠的主要功能是形成粪便，进行排泄。大肠接受小肠下传的水谷残渣或浊物，经过吸收其中的多余水液，最后燥化成粪便，由肛门排出体外。

## 三、脾和胃

### (一)脾

#### 1.脾的功能

(1)脾主运化。脾主运化是指它有消化、吸收、运输营养物质及水湿的功能。机体的五脏六腑、四肢百骸、筋肉、皮毛，均有赖于脾的运化，以获取营养，故称脾为“后天之本”“五脏之母”。脾主运化包括两大方面：一是指运化水谷精微，即经胃初步消化的水谷，再由脾进一步消化及吸收，并将营养物质传输到周身，以供机体生命活动的需要。脾的这种功能健旺，称为“健运”。二是指运化水湿，即脾有促进水液代谢的作用。把水液运送到周身各组织中去以发挥其滋养濡润的作用。

脾气的特点是上输于肺，脾气主升，脾主升清，有升举维系内脏器官正常位置的作用。如果脾失健运，水谷运化功能失常，就会出现腹胀、腹泻、精神倦怠、消瘦以及营养不良等。脾运化水湿的功能失常，就会出现水湿停留的各种病变，如泄泻、腹水、水肿，水湿聚集形成痰饮等。脾气不升反而下陷，除可导致泄泻外，也可引起内脏脱垂诸症，如临床常见的脱肛、子宫脱垂等。

二维码 1-6　脾与胃

(2)脾主四肢肌肉。脾主四肢肌肉是指脾可为四肢肌肉提供营养，以确保四肢健壮有力，运动功能正常发挥。若脾气健运，则营养充足、肌肉丰满、四肢活动有力、步行轻健，若脾失健运，则动物消瘦、肌肉痿软、四肢活动无力、步行怠慢。

(3)脾主统血。脾主统血是指脾有统摄血液在脉中正常运行，不致溢出脉外的功能。如果脾气虚弱，失其统摄之功，气不摄血，就会引起各种出血性疾患，尤以慢性出血为多见。

#### 2.脾与窍的关系

脾开窍于口，其华在唇。脾主水谷的运化，口为水谷门户，与食欲有着直接联系。唇为脾之外应，食欲、口唇可以反映出脾运化功能的盛衰。如脾气健运，食欲正常，营养充足，则口唇鲜明光润如桃花色。如脾不健运，食欲减退，营养不佳，则口唇淡白无光。

#### 3.脾与液的关系

脾在液为涎，涎即口津，是口腔分泌的液体，具有湿润口腔，帮助食物吞咽和消化的作用。脾的运化功能正常，则津液上注于口而为涎，辅助脾胃之消化，但不溢出口外。如脾胃不和，涎液分泌增加，则发生口涎自出等现象。

### （二）胃

胃位于膈下，上接食道，下连小肠，有经脉络于脾，与脾相表里。胃的主要功能为主受纳、腐熟。胃受纳和腐熟水谷的功能，称为“胃气”。胃气的特点是把水谷下传到小肠，以和降为顺。如胃气不降，便会发生食欲不振、水谷停滞、肚腹胀满等症状；如胃气不降反而上逆，则会出现嗳气、呕吐等症状。

### （三）脾和胃之间关系

脾和胃通过经络相连属。脾主运化，胃主受纳；脾气主升，胃气主降；脾性本湿而喜燥，胃性本燥而喜润。二者一化一纳，一升一降，一湿一燥，相辅相成，共为气血生化之源，后天之本，五脏之母。

## 四、肝和胆

### （一）肝

肝位于腹腔右侧季肋部，有胆附于其下。肝的主要生理功能是藏血，主疏泄，主筋。肝开窍于目，在液为泪。

二维码 1-7 肝与胆

#### 1.肝的功能

（1）肝藏血，是指肝有贮藏血液及调节血量的功能。前人有“动则血运于诸经，静则血归于肝脏”之说。如肝血不足，血不养目，则发生目眩、目盲等症状。如血不养筋，则出现筋肉拘挛或屈伸不利等症状。如肝不藏血，则可引起动物不安或出血。肝的阴血不足，还可引起阴虚阳亢或肝阳上亢，出现肝火、肝风等症状。

（2）肝主疏泄，是指肝具有保持全身气机疏通畅达，通而不滞，散而不郁的作用。气机调畅，升降正常，是维持内脏生理活动的前提。正所谓“肝喜条达而恶抑郁”。肝的疏泄功能，主要表现在以下几个方面。

①协调脾胃运化：协助脾胃之气的升降，肝能输注胆汁，以帮助食物的消化。如肝气郁结，疏泄失常，则影响脾胃运化，可引起黄疸、食欲减退、嗳气、肚腹胀满等消化功能紊乱的现象。

②调畅气血运行：肝疏泄功能正常是保持血流通畅的必要条件。如肝气郁结，则见气滞血瘀；若肝气太盛，血随气逆，则影响肝藏血的功能，可见呕血等。

③维持精神活动：古人云“心藏神”“肝藏魂”，肝疏泄功能正常，也是保持精神活动正常的必要条件。如肝气疏泄失常，气机不调，可引起精神活动异常，或出现精神沉郁、胸胁疼痛等症状。

④影响水液代谢:肝气疏泄还包括疏利三焦,通调水液升降通路的作用。如肝气疏泄功能失常,气不调畅,可影响三焦的通利,引起水肿、胸水、腹水等水液代谢障碍的病变。

(3)肝主筋,其华在爪。肝为筋提供营养,以维持其正常功能。肝主筋的功能与“肝藏血”有关。肝血不足则血不养筋,可出现四肢拘急、萎弱无力或伸屈不灵等症状;邪热劫津则津伤血耗,可引起四肢抽搐、角弓反张、牙关紧闭等症状。又因爪为筋之余,爪甲也有赖于肝血的滋养。肝血充足则筋强力壮,爪甲(蹄)坚韧;肝血不足则筋弱无力,爪甲(蹄)多薄而软,甚至变形而易脆。

2. 肝与窍的关系

肝开窍于目。眼睛功用正常与否,与肝的精气盛衰密切相关。肝血充足则双目有神、视物清晰;肝血不足则两目干涩、视物不清、头晕目眩、夜盲;肝火上炎则目赤肿痛。肝在液为泪。肝开窍于目,泪从目出,故泪为肝之液。肝之阴血不足则泪液减少,两目干涩。肝经风热则两目流泪较多。

### (二)胆

胆具有贮藏和排泄胆汁,助脾运化的功能。胆附于肝,内藏胆汁。胆汁由肝疏泄而来,所以《脉经》言:“肝之余气泄于胆,聚而成精”。

## 五、肾和膀胱

### (一)肾

肾位于腰部,左右各一,正所谓“腰者,肾之府也”。肾藏精、主命门之火、主水、主纳气、主骨生髓通于脑;肾开窍于耳,司二阴,在液为唾;与膀胱相表里。

1. 肾的功能

(1)肾主藏精。“精”是一种精微物质,肾所藏之精,即肾阴(真阴、元阴),是机体生命活动的基本物质。肾精分为“先天之精”和“后天之精”。先天之精是指生殖之精,它禀受于父母,与机体的生长、发育、生殖、衰老都有密切关系,是胚胎形成和发育的基本物质。当机体发育成熟时,出现发情周期,便开始具有生殖能力;到了老年,肾精衰微,生殖能力也随之而下降,直至消失。后天之精,即水谷之精,由五脏、六腑所化生,故又称“脏腑之精”,是维持机体生命活动的基本物质。先天之精和后天之精相互滋生、相互联系。先天之精有赖后天之精的供养才能充盛,后天之精需要先天之精的资助才能化生。所以临床用药时,有“先天不足补后天”之说。肾藏精是指精的产生、贮藏及传输均由肾所主。肾所藏之精化生肾气,通过三焦输布全身,促进机体的生长、发育和生殖。临床上所见阳痿、滑精、精亏不孕等症状,都与肾有直接关系。

(2)肾主命门之火。命门之火一般称为元阳或肾阳(真阳)。它既是肾脏生理功能的动力,又是机体热能的来源。有温煦五脏、六腑,维持其生命活动的功能。命门之火不足,常导致全身阳气衰微。

二维码 1-8　肾与膀胱

(3)肾主水。肾主水是指肾在机体水液代谢过程中起着升清降浊的作用。

(4)肾主纳气。肾主纳气是指肾有摄纳呼吸之气,协助肺司呼吸的功能。呼吸虽由肺所主,但吸入之气必须下纳于肾,才能使呼吸调匀,

故有“肺主呼气，肾主纳气”之说。肺为气之本，肾为气之根，从二者关系来看，肺司呼吸，为气之本；肾主纳气，为气之根。只有肾气充足，元气固守于下，才能纳气正常；若肾虚，根本不固，纳气失常，就会影响肺气的肃降，出现呼多吸少，吸气困难的喘息之症。

2. 肾与窍的关系

肾开窍于耳，司二阴。肾的上窍是耳，耳为听觉器官，其功能的发挥，有赖于肾精的充养。肾精充足，则听觉灵敏。若肾精不足，可引起耳鸣、听力减退等症，故《安骥集·碎金五脏论》言：“肾壅耳聋难听事，肾虚耳似听蝉鸣”。肾的下窍是二阴（前阴和后阴），前阴有排尿和生殖的功能，后阴有排泄粪便的功能。若肾阳不足，阳虚火衰，可引起粪便溏稀，还可引起尿频、阳痿等症状。

3. 肾与液的关系

肾在液为唾，唾即口津，自口腔分泌，帮助食物吞咽和消化的作用。

### （二）膀胱

膀胱位于腹部，有经脉络于肾，与肾相表里。膀胱的主要功能为贮留和排泄尿液，故有“膀胱为津液之腑”之说。若肾阳不足，膀胱功能减弱，不能约束尿液，便会引起尿频、尿液不禁。若膀胱气化不利，可出现尿少、尿秘。若膀胱有热，湿热蕴结，可出现排尿困难、尿痛、尿淋漓、血尿等。

## 思与练

1.“先天之本”指的是（　　）。

A. 心　B. 肝　C. 脾　D. 肺　E. 肾

2.“后天之本”指的是（　　）。

A. 心　B. 肝　C. 脾　D. 肺　E. 肾

3. 关于“心”的描述，不正确的是（　　）。

A. 心主神明　B. 心开窍于舌　C. 心主汗　D. 心与大肠相表里

4. 心对血液的主要作用是（　　）。

A. 运行血液　B. 化生血液　C. 固摄血液　D. 贮藏血液

5. 心主神志最主要的物质基础是（　　）。

A. 气　B. 血　C. 津液　D. 精

6. 关于五脏化液，下列描述错误的是（　　）。

A. 心在液为汗　B. 肝在液为泪　C. 脾在液为涎　D. 肾在液为尿

7. 肺之门户是（　　）。

A. 鼻　B. 喉　C. 汗毛孔　D. 皮肤

8. 下列关于脾的描述，错误的是（　　）。

A. 脾统血　B. 脾在体合筋　C. 脾主运化　D. 脾开窍于口

9. 下列关于肝的描述，错误的是（　　）。

A. 肝统血　B. 肝藏血，主疏泄　C. 肝主筋，其华在爪　D. 肝开窍于目

10. 关于肾的描述，错误的是(　　)。

A. 肾藏精　　B. 肾开窍于耳和二阴　　C. 肾在液为涎　　D. 肾主纳气

**答案**

1～5　E C D A B　　6～10　D B B A C

# 任务四　气血津液

**知识目标**

1. 掌握气血津液的概念。
2. 掌握气血津液的主要内容。
3. 掌握气血津液在中兽医临床上的应用。

**能力目标**

1. 能够判断气血津液的病理表现。
2. 能够利用气血津液解决临床疾病的诊断、治疗、预防等实际问题。

**素质目标**

1. 培养传承并弘扬中华优秀传统文化的精神，增强民族自信心和自豪感。
2. 培养知行合一、格物致知的精神。

## 导学

生活中，我们常见的"打嗝"，多是胃气上逆所致，"通则不痛，痛则不通"说明的是气滞血瘀，肥胖之人多痰湿，生气时两胁胀疼等，都与气血津液失调有关。

## 知识链接

气、血、津液是构成动物体并维持生命活动的基本物质。通过动物脏腑的功能活动化生，运行于经脉之中，与脏腑、经络关系密切，既是动物体脏腑、经络等组织器官生理活动的产物，又是其功能活动的物质基础。

## 一、气

### 1.气的生成

气的生成来源于两个方面，一是禀受于父母的先天之精气，藏之于肾，是动物体生长发育和生殖的根本。二是肺吸入的自然界清气和脾胃所运化的水谷精微之气，即后天之气。

### 2.气的运动

气是不断运动的，气的运动称为气机，其基本形式有升、降、出、入四种。升，是指气自下而上的运动，如脾气主升。降，是指气自上而下的运动，如胃气主降。出，是指气由内向外的运动，如肺气宣发，肺呼出浊气为出。入，是指气自外向内的运动，如肺气肃降，肺吸入清气为入。

### 3.气的分类

气按来源可分为先天之气、吸入之气和水谷精微之气；气按功能可分为元气、宗气、营气和卫气。

(1)元气。根源于肾，包括元阴、元阳，即肾阴、肾阳之气，又称原气、真气。由先天之精所化生，藏之于肾，又赖后天精气的滋养，才能不断地发挥其作用。

(2)宗气。由水谷精微之气和肺所吸入的清气结合而成。有助肺以行呼吸和贯穿心脉以行营血的作用。若宗气不足，则呼吸少气、心气虚弱，甚至引起血脉凝滞等病变。

(3)营气。宗气贯入血脉中的营养之气，故称“营气”。营气进入脉中，成为血液的组成部分，并推动血液运行周身。

(4)卫气。宗气行于脉外的部分，称为卫气，又称为“卫阳”。其性剽悍、滑疾，敷布全身，在内散于胸腹，温养五脏六腑。

### 4.气的生理功能

(1)推动作用。是指气的激发、兴奋和促进的作用。主要体现在推动机体的生长发育与生殖功能，激发和促进各脏腑组织器官的生理功能，推动血液的生成、运行以及津液的生成、输布和排泄，激发与兴奋精神活动四个方面。

(2)温煦作用。是指阳气能够生热，有温煦机体的作用。主要体现在温煦机体，维持相对恒定的体温；温煦内脏、经络、形体、官窍，维持其正常生理活动；温煦精、血、津液，维持其正常运行、输布和排泄。

(3)防御作用。是指气有保护肌表、抗御邪气的作用。一方面，抵御外邪的入侵，正所谓“正气在内，邪不可干”；另一方面，可驱邪外出。

(4)固摄作用。气具有统摄和控制体内液态物质，防止无故散失的作用。主要体现在固摄血液，防止其逸出脉外，维持其正常运行；固摄汗液、尿液、唾液、胃液、肠液等，防止其丢失；固摄精液，防止妄泄。

(5)气化作用。气化，是指通过气的运动而产生的各种变化，实际上是机体的新陈代谢过程。若气化作用失常，则影响机体的各种物质代谢过程。

(6)营养作用。主要指脾胃所运化的水谷精微之气，可以化为营气、卫气(血液、津液)，机体的各脏腑组织器官依靠这些物质的营养，才能正常发挥其生理功能。

### 5.气的病理

气的病理主要表现在四个方面。

(1)气虚。即脏腑功能活动不足和衰退，多因体质素虚或久病失调所致，总的表现为气短、自汗、精神倦怠、四肢无力。

(2)气陷。是气虚病变的一种，以气的无力升举为主要特征，表现为内脏下垂，二阴垂脱。

(3)气滞。指机体某一部分或某脏腑气机阻滞，运行不畅。共同表现是闷胀、疼痛。

(4)气逆。指气机升降失常，气上逆不顺，一般多指肺胃之气上逆。

## 二、血

血是一种含有营气的红色液体，它依靠气的推动，循着经脉流注周身构成动物体和维持动物体生命活动的重要物质。

#### 1. 血的生成

水谷精微和肾精是血液化生的基础物质。在脾胃、心肺、肾等脏腑的共同作用下，化生为血液。

#### 2. 血的生理功能

血具有营养和滋润全身、运载以及维持精神活动的作用。血液充盈则口色红润，皮肤与被毛润泽，筋骨强劲，肌肉丰满，脏腑坚韧，动物精神活动正常。

#### 3. 血的病理方面

(1)血虚。即血量不足，相当于西医的“贫血”。主要表现为口唇苍白、体弱乏力、耳耷头低、动则气喘、脉象沉细等症状，治宜气血双补。

(2)血瘀。即血行不畅。主要表现为疼痛、瘀青、肿块。

(3)血热。是指血分有热、热邪侵犯。主要表现为心神不宁、口干、口色红绛、出血等。

(4)血溢。是指血失常道从脉溢出，多因血热妄行而致。主要表现为便血、尿血、子宫出血、衄血、咯血等。

## 三、津液

津液是动物体内一切正常水液的总称。包括各脏腑组织的内在体液及其分泌物，如胃液、肠液、关节液以及涕、泪、唾等。其中，清而稀者称为“津”，浊而稠者称为“液”，常统称为津液。津液广泛地存在于脏腑、形体、官窍等器官，起着滋润濡养的作用，与血液相互渗透。因此，津液不但是构成动物体的基本物质，也是维持动物体生命活动的基本物质。

### (一)津液的生成输布与排泄

#### 1. 津液的生成

津液来源于饮食水谷，在脾胃运化及有关脏腑的共同参与下生成。

#### 2. 津液的输布

主要依靠脾、肺、肾、肝和三焦等脏腑生理功能的协调配合而完成。

#### 3. 津液的排泄

主要途径有四个，一是由肺宣发至体表皮毛的津液，被阳气蒸腾而化为汗液，由汗孔排出

体外；二是经肾和膀胱的气化作用，形成尿液并排出体外；三是在大肠排泄粪便时，带走部分津液；四是在呼气时，带走部分津液。其中，尿液的排泄是其主要排泄方式。除此之外，还通过目、口、鼻可转化为泪、唾、涎、涕等其他形式排出体外。

### （二）津液的生理功能

津液随卫气的运行敷布于体表、皮肤、肌肉等，润泽和温养皮肤肌肉；津液进入脉中，起到组成和补充血液的作用，滋养内脏，充养骨髓、脊髓、脑髓；津液流注关节、五官等处，起到滑利关节，润泽孔窍的作用。

### （三）津液的病理方面

#### 1. 津液不足

主要由于热病大汗、大吐、大泻、大失血等伤阴或肺、胃、肾失调，津液生成减少所致，临床表现为口干、脱水等症状。

#### 2. 水湿潴留

由于浊液排泄不利所致，常形成痰、饮、水肿、积水等症状。

### （四）气血津液之间的关系

#### 1. 气和血的关系

（1）气能生血。气旺则血充，气虚则血少。

（2）气能行血。血属阴而主静，气属阳而主动。血的运行必须依赖气的推动，故有“气为血帅”“气行则血行，气滞则血瘀”之说。

（3）气能摄血。血液能正常循行于脉中，而不致溢出脉外，全赖气对血的统摄。

（4）血以载气。气无形，必须附着于有形之血，才能行于脉中而不散失。若气不依附于血，则将飘浮不定，故有“血为气母”之说。

#### 2. 气和津液的关系

（1）气能生津。津液是由气的作用化生而成的。

（2）气能行津。气的升降出入运动能推动津液的输布和排泄。

（3）气能摄津。气能固摄津液，防止其无故流失。

（4）津能载气。气无形而动，必须依附于有形的津液，才能存在于体内。

#### 3. 血和津液的关系

血和津液都来源于水谷之气，同出一源，两者相互滋生，相互渗透转化，都属于阴。在生理上，津液渗入血脉而为血，成为血液的重要组成部分；血中的部分液体，如果渗出脉外，也就成了津液，所以说津血同源。

## 思与练

1. 水谷精微之气与肺吸入的清气合为（　　）。

A. 元气　　B. 宗气　　C. 营气　　D. 卫气

2. 易感冒，是气的什么功能减弱的表现？(　　)

A. 温煦功能　　B. 防御功能　　C. 固摄功能　　D. 气化功能

3. 犬子宫脱垂的本质原因是(　　)。

A. 气虚　　B. 气陷　　C. 气滞　　D. 气逆

4. 临床上常用益气固脱法治疗大出血，其机理是(　　)。

A. 气能生血　　B. 气能行血　　C. 气能摄血　　D. 血能载气

5. 从中医角度讲，疼痛的原因是(　　)。

A. 气虚　　B. 气滞血瘀　　C. 血溢　　D. 气逆

6. 具有营养全身和化生血液作用的气是(　　)。

A. 元气　　B. 营气　　C. 卫气　　D. 谷气

7. 津液有以下几种排泄途径，其中最主要的是(　　)。

A. 汗液　　B. 尿液　　C. 粪便　　D. 呼吸

8. 气的基本运动形式不包括(　　)。

A. 升　　B. 降　　C. 出　　D. 入　　E. 聚

9. 与一身之气的生成密切相关的是(　　)。

A. 心、肝、肺　　B. 心、肝、肾　　C. 肝、肺、肾　　D. 脾、肺、肾

10. 临床上治疗血虚的病例，常常配合补气药，是何种理论的应用？(　　)

A. 血能养气　　B. 血能载气　　C. 气能生血　　D. 气能行血

11. 能使血液不溢于脉外的是气的什么作用？(　　)

A. 推动和调控作用　　B. 温煦和凉润作用

C. 防御作用　　D. 固摄作用

12. 气血津液之间的相互转化是依靠气的(　　)。

A. 推动和调控作用　　B. 气化作用

C. 防御作用　　D. 固摄作用

13. 元气生成的主要物质来源是(　　)。

A. 肾中精气　　B. 水谷精微之气

C. 肺吸入的清气　　D. 脏腑之清气

14. 引起咳嗽的气机是(　　)。

A. 气逆　　B. 气虚　　C. 气陷　　D. 气滞

15. 请结合临床实际，谈谈对“气为血之帅，血为气之母”的理解。

## 答案

1～5　B B B C B　　6～10　B B E D C　　11～14　D B A A　　15　略

# 任务五　经络学说

**知识目标**

1. 掌握经络的概念和经络系统的组成。
2. 掌握经络学说的内容。
3. 掌握经络学说在中兽医临床上的应用。

二维码 1-9　经络学说

**能力目标**

1. 能够识别十二正经和奇经八脉中的任督二脉。
2. 能够利用经络循行路线及其主治功能解决临床实际病例。

**素质目标**

1. 培养传承并弘扬中华优秀传统文化的精神，增强民族自信心和自豪感。
2. 培养知行合一、格物致知的精神。

## 导学

“飞雪连天射白鹿，笑书神侠倚碧鸳”，金庸先生的一系列武侠经典，让多少人有了行侠仗义的武侠梦，也让多少人了解了十二经脉、奇经八脉等中医理论知识；电影《功夫》中由周星驰饰演的星仔，因打通了任督二脉，拥有了超越常人的能力，从而成了一位拯救世界的英雄。经络到底是什么？为什么拥有这么多神秘的故事？让我们一起走进经络的世界，探究经络的本质。

## 知识链接

经络学说是阐述机体经络的概念、经络系统的组成、循行分布、生理功能、病机变化及其与脏腑、形体官窍、气血相互关系的基础理论，是中医学（中兽医学）理论体系的重要组成部分，是针灸技术的理论基础。

自古以来，关于经络的研究一直未曾停止，但一直未有确定的结论。有人这样理解，经络好比天空上的飞机航线，虽然看不见，但却实实在在存在着。也有人将经络比喻成四通八达的道路网络，如同我们生活的城市一样，因为经络的存在，所以将机体的各个部位相互连接、沟通。也有学者一直致力于寻找经络的物质形态，但也有学者认为经络系统可能更强调的是其功能性。尽管学术纷争一直存在，但以经络为指导理论的针灸技术，在临床中发挥了重要价值，具有显著疗效，是几千年来不争的事实。《黄帝内经·灵枢·经脉篇》言：“经脉者，所以能决死生，处百病，调虚实，不可不通。”由此可见经络的重要性。

## 一、经络的概念及经络系统的组成

经络是经脉和络脉的总称，是机体运行全身气血、联络脏腑肢节、沟通上下内外的通路，是动物体组织结构的重要组成部分。经络系统由经脉和络脉组成，经脉包括十二经脉、奇经八脉以及附属于十二经脉的十二经别、十二经筋、十二皮部；络脉包括十五络脉、浮络、孙络等（图 1-4）。

经有路径的意思，是经络系统的主干，又称经脉；络有网络的意思，是经脉的分支，又称络脉。作为经络系统主干的经脉，主要由十二经脉、十二经别和奇经八脉构成。十二经脉即前肢三阳经和三阴经，后肢三阳经和三阴经，又称为十二正经。十二经别是从十二经脉分出的支脉。它们分别起自四肢，循行于体腔脏腑的深部，上出于颈项浅部。奇经八脉包括任脉、督脉、冲脉、带脉、阴维脉、阳维脉、阴跷脉、阳跷脉八条，其循行与十二经脉、十二经别有所不同。

- 经络
  - 联系经络
    - 经脉
      - 十二经脉——内属脏腑，外连肢节
      - 十二经别——从经脉分出，复合于经脉
      - 奇经八脉——别道奇行的经脉分支
    - 络脉
      - 十五络脉——络脉中较大者，加强十二经脉中相为表里两经之间的联系
      - 孙络——细小的络脉
      - 浮络——浮现于体表的络脉
  - 内外连属
    - 内属——脏腑——同经脉及部分络脉相连属
    - 外连
      - 十二经筋——分布体表，不入脏腑，可联缀四肢百骸
      - 十二皮部——皮肤部分的经络分区，分属十二经脉

图 1-4　经络系统的组成

## 二、十二经脉

### 1. 十二经脉的命名

五脏（加心包为六脏）六腑共 12 个脏腑，六脏属阴，六腑属阳，各系一经。十二经脉是按其所属脏腑，并结合循行于四肢的部位来进行命名的。每一条经脉的名称都包括前肢或后肢、阴或阳、脏或腑三个部分。其中，阴阳又分为了三阴经（太阴、少阴、厥阴）、三阳经（阳明、太阳、少阳）。

具体分别是循行于前肢内侧的前肢太阴肺经、前肢厥阴心包经和前肢少阴心经；循行于前肢外侧的前肢阳明大肠经、前肢少阳三焦经和前肢太阳小肠经；循行于后肢内侧的后肢太阴脾经、后肢厥阴肝经和后肢少阴肾经；循行于后肢外侧的后肢阳明胃经、后肢少阳胆经和后肢太阳膀胱经。

十二经脉呈对称分布于身体的两侧，共有 24 条（表 1-3）。

表 1-3　十二经脉名称及缩写

| 经络名称 | 所属脏腑 | 英文名称及缩写 |
|---|---|---|
| 前肢太阴肺经 | 肺 | Lung,LU |
| 前肢阳明大肠经 | 大肠 | Large Intestine,LI |
| 后肢阳明胃经 | 胃 | Stomach,ST |
| 后肢太阴脾经 | 脾 | Spleen,SP |
| 前肢少阴心经 | 心 | Heart,HT |
| 前肢太阳小肠经 | 小肠 | Small Intestine,SI |
| 后肢太阳膀胱经 | 膀胱 | Urinary Bladder,UB/BL |
| 后肢少阴肾经 | 肾 | Kidney,KID |
| 前肢厥阴心包经 | 心包 | Pericardium,PC |
| 前肢少阳三焦经 | 三焦 | Sanjiao,Triple heater,Triple Burner,Triple Warmer,SJ/TH/TB/TW |
| 后肢少阳胆经 | 胆 | Gallbladder,GB |
| 后肢厥阴肝经 | 肝 | Liver,LIV |

### 2. 十二经脉的表里关系

十二经脉的阳经与阴经之间,通过经脉与脏腑的属络关系,以及经别与别络的相互沟通作用,组成六对"表里相合"关系。分别是前肢太阴与阳明、少阴与太阳、厥阴和少阳,后肢阳明与太阴、太阳与少阴、少阳与厥阴(表 1-4)。

表 1-4　十二经脉表里关系表

| | | | | | | |
|---|---|---|---|---|---|---|
| 表 | 前肢阳明大肠经 | 前肢少阳三焦经 | 前肢太阳小肠经 | 后肢阳明胃经 | 后肢少阳胆经 | 后肢太阳膀胱经 |
| 里 | 前肢太阴肺经 | 前肢厥阴心包经 | 前肢少阴心经 | 后肢太阴脾经 | 后肢厥阴肝经 | 后肢少阴肾经 |

### 3. 十二经脉的循行规律

十二经脉的循行按照一定的规律,可总结为口诀:前肢三阴胸走蹄(内),前肢三阳蹄(外)走头;后肢三阳头走蹄(外),后肢三阴蹄(内)走胸。

举例来说,前肢太阴肺经从胸开始,沿着前肢内侧一直循行至前肢末端(蹄或爪或指)—前肢阳明大肠经则从前肢末端出发,沿着前肢外侧循行至头部—后肢阳明胃经从头部出发沿着胸腹、后肢外侧下行直至后肢末端,后肢太阴脾经则从后肢末端出发,沿着后肢内侧循行直至胸部。十二经脉的循行规律见表 1-5。

表 1-5　十二经脉的循行规律

| 经脉 | 起始部位 | 循行路线 | 终止部位 |
|---|---|---|---|
| 前肢三阴经 | 胸部 | 前肢内侧 | 前肢末端 |
| 前肢三阳经 | 前肢末端 | 前肢外侧 | 头部 |
| 后肢三阳经 | 头部 | 后肢外侧或背侧 | 后肢末端 |
| 后肢三阴经 | 后肢末端 | 后肢内侧或腹侧 | 胸部 |

将四肢的内侧、外侧进一步划分，分成前缘、中线、后缘三部分，内侧前缘、中线、后缘分别是太阴、厥阴、少阴；外侧前缘、中线、后缘分别是阳明、少阳、太阳。因此，十二经脉在四肢的具体循行路线是：前肢太阴肺经循行于前肢内侧前缘，前肢少阴心经循行于前肢内侧后缘，前肢厥阴心包经循行于前肢内侧中线；前肢阳明大肠经循行于前肢外侧前缘，前肢太阳小肠经循行于前肢外侧后缘，前肢少阳三焦经循行于前肢外侧中线；同理，后肢阳明胃经循行于后肢外侧前缘，后肢太阳膀胱经循行于后肢外侧后缘，后肢少阳胆经循行于后肢外侧中线；后肢太阴脾经循行于后肢内侧前缘，后肢少阴肾经循行于后肢内侧后缘，后肢厥阴肝经循行于后肢内侧中线（表 1-6）。

表 1-6　十二经脉在四肢的循行路线

| 四肢分布 | 前缘 | 中线 | 后缘 |
|---|---|---|---|
| 前肢内侧 | 太阴肺经 | 厥阴心包经 | 少阴心经 |
| 前肢外侧 | 阳明大肠经 | 少阳三焦经 | 太阳小肠经 |
| 后肢外侧 | 阳明胃经 | 少阳胆经 | 太阳膀胱经 |
| 后肢内侧 | 太阴脾经 | 厥阴肝经 | 少阴肾经 |

#### 4. 十二经脉的交接规律

由十二经脉的循行规律可以看出，十二经脉的交接同样具有一定的规律。

（1）相表里的阴经与阳经在四肢末端交接。例如，前肢太阴肺经和前肢阳明大肠经在前肢第二指端交接，前肢少阴心经和前肢太阳小肠经在前肢第五指末端交接。

（2）同名阳经在头面部交接。例如，前肢阳明大肠经与后肢阳明胃经在鼻翼旁交接，前肢太阳小肠经与后肢太阳膀胱经在目内眦交接，前肢少阳三焦经和后肢少阳胆经在目外眦交接。可总结为前肢三阳经止于头部，后肢三阳经又起于头部，所以称头为“诸阳之会”。

（3）前肢、后肢阴经在胸部交接。可总结为后肢三阴经止于胸部，而前肢三阴经又起于胸部，所以称胸为“诸阴之会”。

#### 5. 十二经脉的能级

经络的存在，有其物质载体，更反映其功能状态。如果将经络按照能量多少进行划分，阴经和阳经根据其能级的不同划分为三类。能量在阴经和阳经的流动是由高能级流向下一能级。阳明和太阴分别位于最高能级，是第 1 能级；太阳和少阴分别位于第 2 能级，少阳和厥阴分别位于第 3 能级（表 1-7）。

表 1-7 十二经脉能级划分

| 分布 | 阳 | 腑 | 能级 | 脏 | 阴 | 分布 |
|---|---|---|---|---|---|---|
| 前肢<br>后肢 | 阳明 | 大肠<br>胃 | 1 | 肺<br>脾 | 太阴 | 前肢<br>后肢 |
| 前肢<br>后肢 | 太阳 | 小肠<br>膀胱 | 2 | 心<br>肾 | 少阴 | 前肢<br>后肢 |
| 前肢<br>后肢 | 少阳 | 三焦<br>胆 | 3 | 心包<br>肝 | 厥阴 | 前肢<br>后肢 |

### 6. 十二经脉的流注顺序

十二经脉的气血流注是有一定次序的，通过阴阳表里经的逐经相传，十二经脉构成一个周而复始、如环无端的传注系统（图 1-5、图 1-6）。经脉之间的交接都有其当令时间以发挥其特有作用，由此形成了中（兽）医学特定的昼夜节律及机体生物钟，也就是我们所说的子午流注（表 1-8）。通过中（兽）医所示生物钟的失调情况，有助于进行诊断和治疗。

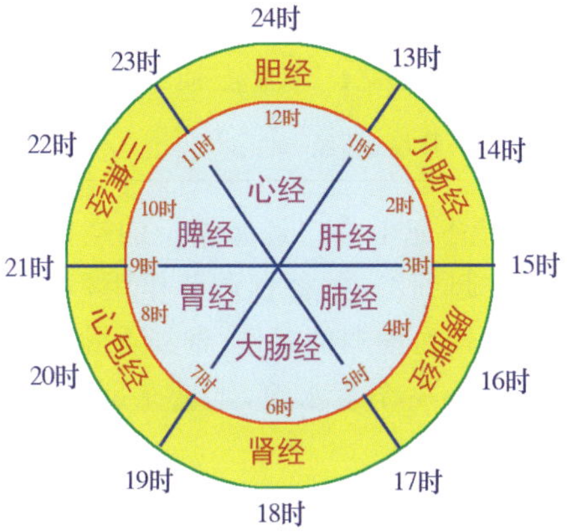


图 1-5 十二经脉子午流注图

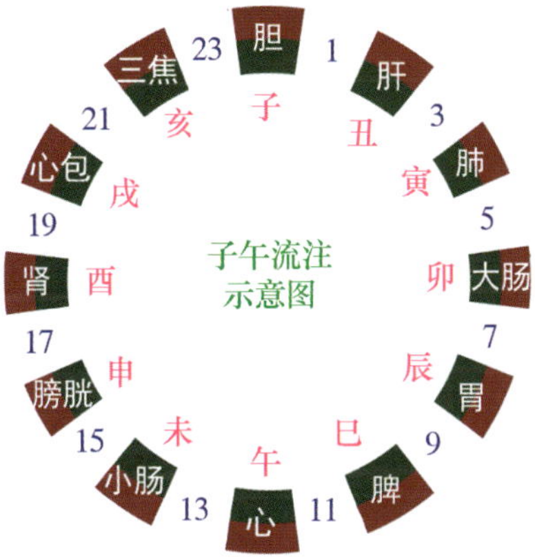


图 1-6 十二经脉子午流注示意图

表 1-8 十二经脉的当令时间

| 时辰 | 时间段 | 当令经脉 | 时辰 | 时间段 | 当令经脉 |
|---|---|---|---|---|---|
| 子时 | 23:00—1:00 | 胆经 | 午时 | 11:00—13:00 | 心经 |
| 丑时 | 1:00—3:00 | 肝经 | 未时 | 13:00—15:00 | 小肠经 |
| 寅时 | 3:00—5:00 | 肺经 | 申时 | 15:00—17:00 | 膀胱经 |
| 卯时 | 5:00—7:00 | 大肠经 | 酉时 | 17:00—19:00 | 肾经 |
| 辰时 | 7:00—9:00 | 胃经 | 戌时 | 19:00—21:00 | 心包经 |
| 巳时 | 9:00—11:00 | 脾经 | 亥时 | 21:00—23:00 | 三焦经 |

## 三、奇经八脉

奇经八脉包括任脉、督脉、冲脉、带脉、阴维脉、阳维脉、阴跷脉、阳跷脉八条。奇经八脉与十二正经不同，既不属于脏腑，又无阴阳表里的配合关系，因其循行与十二经脉、十二经别有所不同，虽然大部分是纵行的，左右对称的，但也有横行和分布在躯干正中线的，所以说它们是别道奇行，称为“奇经”，因其有八条，故称为“奇经八脉”（表 1-9）。

表 1-9　奇经八脉的分布

| 奇经八脉 | 分布位置 | 与其他经脉的联系 |
|---|---|---|
| 督脉 | 腰、背、头面正中 | 任脉、胃经 |
| 任脉 | 腹、胸、颌下正中 | 督脉、胃经 |
| 冲脉 | 与少阴肾经并行 | 肾经 |
| 带脉 | 环行于腰部 | 胆经 |
| 阳跷脉 | 后足跟外侧，肩部和头部 | 小肠经、膀胱经、大肠经、胃经、胆经 |
| 阴跷脉 | 后足跟内侧，头部和眼睛 | 肾经、小肠经 |
| 阳维脉 | 后肢外侧，肩部 | 督脉、小肠经、膀胱经、三焦经、胆经、胃经 |
| 阴维脉 | 后肢内侧，咽喉 | 任脉、胆经、脾经、肝经 |

奇经八脉纵横交错于十二经脉之间，奇经八脉的循行补充了十二经脉循行的空白或者不足，加强了十二经脉之间的联系，对十二经脉气血的流注起到渗灌、蓄积调节作用（表 1-10）。当十二经脉气血满渗，渗灌到奇经八脉，反之，当十二经脉气血虚弱的时候，奇经八脉气血会倒流灌注到十二经脉。由此，我们可以将奇经八脉的功能比作一个蓄水池，水量充足可以储存，水量减小可以灌溉，以保证机体的正常运转。

表 1-10　奇经八脉的功能主治

| 奇经八脉 | 功能 | 主治 |
|---|---|---|
| 督脉 | 总督六阳经，调控全身阳气 | 脊椎及椎间盘疾病、热证、神志病、阳虚等 |
| 任脉 | 总任六阴经，主妊养胎儿 | 生殖系统疾病、阴虚、喉咙疼痛 |
| 冲脉 | 蓄积十二经脉之气血 | 不孕、产后失调、排二便困难、小便失禁、发情异常 |
| 带脉 | 约束纵行于躯干的其他经脉，固护腰部 | 背部及后肢虚弱无力、竞技水平差，阳虚 |
| 阳跷脉 | 调节肢体协调运动 | 运动失调，共济失调 |
| 阴跷脉 | 控制眼睑开合 | 睡眠障碍、眼疾、摇摆症 |
| 阳维脉 | 调节六阳经之经气，督一身之表 | 表证（感冒、流感）、痹症、椎间盘疾病 |
| 阴维脉 | 调节六阴经之经气 | 虚证（肾衰竭、心衰竭、肝衰竭）胸部敏感疼痛 |

值得注意的是，奇经八脉中除了任脉、督脉有本脉的腧穴外，其余六脉的腧穴皆附于十二经脉中，本脉没有腧穴，以他经的腧穴作为本脉的腧穴。

(1)任脉。行于腹正中线，总任一身之阴脉，被称为“阴脉之海”。任脉还有妊养胞胎的作用，故又有“任主胞胎”之说。

(2)督脉。行于背正中线，总督一身之阳脉，有“阳脉之海”的称号。

(3)冲脉。行于颈、腹两侧，经后肢内侧达后肢或蹄之中心，与后肢少阴经并行。总领一身气血的要冲，能调节十二经气血，故有“十二经之海”和“血海”之称。因任、督、冲脉，同起于胞中，故有“一源三歧”之说。

(4)带脉。环行于腰部，状如束带，有约束纵行诸脉，调节脉气的作用。

(5)阴维脉。行于后肢和胸内侧，维系三阴经。具有联络全身阴经的作用。

(6)阳维脉。行于后肢和胸外侧，维系三阳经。具有联络全身阳经的作用。

(7)阴跷脉。起于后足跟内侧，行于后肢和胸内侧到达头部。司眼睑开合的作用。

(8)阳跷脉。起于后足跟外侧，行于后肢和胸外侧到达头部。具有调节肢体运动的作用。

## 四、经别、经筋、皮部

### 1. 十二经别

十二经别，又称“经别”，是从十二经脉别行分出，深入躯体深部，循行于胸腹及头部的支脉。其循行分布特点可用“离、入、出、合”加以概括，即指十二经别多从四肢肘膝关节以上部位别出(离)，走入体腔深部，呈向心性循行(入)，然后浅出体表，而上头面(出)，阴经的经别合于相表里的阳经经别，后一并注入六条阳经(合)。机体有六对相表里的经别，有“六合”之称。

(1)大肠经和肺经的经别从各自的正经分出，联络大肠和肺，上出于缺盆(ST-12)，合于大肠经。

(2)胃经和脾经的经别从股部分出，进入腹腔联络脾胃，上出鼻翼旁，合于胃经。

(3)小肠经和心经的经别从腋窝分出，联络心和小肠，上行处于目内眦，合于小肠经。

(4)膀胱经和肾经的经别从腘部分出，上行进入腹腔，联络膀胱和肾，出于颈部，合于膀胱经。

(5)三焦经和心包经的经别从前肢分出，进入胸腔，联络三焦和心包，上出耳后，合于三焦经。

(6)胆经和肝经的经别从后肢分出，上行至会阴，联络肝胆，至面部与目相连，合于胆经。

由十二经别的循行分布可看出，十二经别循行分布范围较广，能够到达某些十二经脉没有到达的部位，在生理、病机、诊断和治疗方面都有一定的作用。具体作用有：①加强十二经脉表里两经在体内的联系。②加强体表与体内、四肢与躯干的向心性联系。③加强后肢三阴经、后肢三阳经与心脏的联系。④加强十二经脉与头面部的联系。⑤扩大了十二经脉的主治范围。

### 2. 十二经筋

十二经筋，又称“经筋”，是十二经脉之气濡养筋肉骨节的体系，附属于十二经的筋膜系统。其分布循行特点可以用“结、聚、散、络”加以概括，即指十二经筋起于四肢末端，盘旋结聚于关节，布于胸背，终于头部和躯干，行于体表，不入内脏。循行路线如下。

(1)前肢的三阴经筋,起于前肢足指,上行结于胸部。

(2)前肢的三阳经筋,起于前肢足指,沿侧面上行结于头部。

(3)后肢三阳经筋,起于后肢足趾,上行结于面部。

(4)后肢三阴经筋,起于后肢足趾,上行结于阴器。

十二经筋的主要功能是约束骨骼、主司关节运动,还具有加强经络系统对肢体的连缀作用,且深入体内,对脏腑和周身部分组织起到一定的保护作用。

十二经筋疾患,多见于肌肉抽搐、筋脉拘挛、强直、肌萎缩琐等。治疗多以局部取穴或阿是穴为主。

### 3.十二皮部

十二皮部,又称"皮部",是十二经脉功能活动反映于体表的部位。皮部位于机体的最浅表部位,与外界直接接触,并依赖于散布在体表的卫气,发挥抗御外邪的作用。此外,十二皮部在疾病的诊断和治疗方面有着一定的作用。通过观察不同部位皮肤的色泽和形态变化,有助于诊断某些脏腑、经络的病变。在皮肤一定部位进行艾灸、热熨等疗法,可治疗内在脏腑的病变。

## 五、十五络脉

络脉理论为经络理论的重要组成部分,对针灸临床诊疗有重要的指导意义。十五络脉是指十二经脉及任脉、督脉各自别出一络,加上脾之大络,共 15 条,故称为十五络脉。其作用是联络动物体表表里内外,促进气血运行(表 1-11)。

表 1-11 十五络脉的络穴及主治功能

| 络脉 | 络穴 | 主治 | 络脉 | 络穴 | 主治 |
|---|---|---|---|---|---|
| 肺络 | 列缺 | 掌心发热、打呵欠、尿急或尿失禁 | 大肠络 | 偏历 | 牙病、失聪、循环障碍 |
| 胃络 | 丰隆 | 叫声嘶哑、狂躁、肌肉萎缩 | 脾络 | 公孙 | 霍乱、腹痛、腹胀 |
| 心络 | 通里 | 胸痛 | 小肠络 | 支正 | 骨质疏松、前肢无力、皮肤肿块 |
| 膀胱络 | 飞扬 | 鼻塞、背痛、头痛、鼻衄 | 肾络 | 大钟 | 胸痛、二便失禁、慢性背痛 |
| 心包络 | 内关 | 胸痛、焦虑、心神不安 | 三焦络 | 外关 | 前肢肌肉痉挛、前肢无力 |
| 胆络 | 光明 | 后肢发凉、痿证、眼病 | 肝络 | 蠡沟 | 阴囊肿胀、疝气、阴部瘙痒 |
| 任脉络 | 鸠尾 | 瘙痒、腹部疼痛 | 督脉络 | 后海 | 共济失调、脊柱强直 |
| 脾之大络 | 大包 | 全身酸痛、肌肉萎缩或无力、血瘀 | | | |

络脉在十二经脉的络穴位置分出，走向其相表里的经脉。如肺经的络脉起于列缺穴，并入大肠经；大肠经的络脉起于偏历穴，并入肺经；小肠经的络脉起于支正穴，并入心经；心经的络脉起于通里穴，并入小肠经；胃经的络脉起于丰隆穴，并入脾经；脾经的络脉起于公孙穴，并入胃经。

除十二正经各自别出一络外，还有分布于躯干部位的三条络脉。督脉的络脉起于后海穴，沿脊柱向前运行，散布于头部；任脉的络脉起于鸠尾穴，散布于腹部；脾之大络始于大包穴，散布于胸胁部。

## 六、经络的生理功能和应用

经络是机体的重要组成部分，能密切联系周身的组织和脏器，是血气灌注脏腑组织形体官窍的通道。经络学说是针灸、推拿及药物疗法的理论基础，广泛用于指导临床各科疾病的治疗。

### 1.经络的生理功能

经络将机体连成一个统一的有机整体，发挥运行气血、营养全身、联络脏腑和抵御外邪的作用。

（1）沟通联系作用。经络将五脏六腑、四肢百骸、五官九窍等组织器官有机结合起来，构成一个统一的整体。

（2）运行气血的作用。经脉是气血运行的主要通道而具有运行气血的作用。络脉作为经脉的分支，具有散布和渗灌气血到脏腑形体官窍及经络自身的作用。

（3）感应传导作用。经络系统具有感应和传导各种信息的作用。对经穴刺激引起的感应及传导，称为“得气”，又称为“针感”“经络感传”“经络现象”。其表现为针刺部位有酸、麻、胀、重、寒、热等特殊感觉，有时还会沿着一定线路传导。

（4）调节功能的平衡。经络系统通过其沟通联系、运输气血及经气感应和传导信息的作用，对各脏腑形体官窍的功能活动进行调节，维持阴阳动态平衡的状态。动物在患病状态下，机体阴阳平衡遭到破坏，通过经穴配伍和针刺手法以激发经气、扶正祛邪、调畅气血、调和阴阳，达到治疗疾病的目的。

### 2.经络学说的应用

经络学说在阐释病机变化、指导疾病诊断和指导疾病治疗方面，具有重要价值。

（1）阐释病机变化。根据经脉“内属于脏腑，外络于肢节”的生理特点，在疾病状态下，经络又是病邪由表及里、体内病变反映于体表、脏腑病变传变的途径。

（2）指导疾病诊断。根据经脉的循行部位和所属脏腑的生理病机特点来分析各种临床表现，可推断疾病发生在哪条经脉、哪个脏或哪个腑，并可根据症状的性质以及先后次序来判断病情的轻重和发展趋势。

（3）指导疾病治疗。

①指导针灸推拿治疗。经络学说是针灸、推拿疗法的理论基础，针灸处方中的取穴、配穴原则，是以经络学说为指导的。经络按照一定部位循行分布，因而取穴的基本原则是“循经所过、主治所及”。又因为经络循行有纵横交叉、错综分布的现象，所以有变通的取穴原则。临床常用的循经取穴、十二经表里配穴、阴阳配穴以及某些特定的配穴法，都是以经络的循行为依据的。

②指导药物的治疗。中药的四气五味理论，与经络学说的关系非常密切。中药归经，是指不同药物与不同的脏腑经络之间存在的特殊的亲和关系和选择性作用。根据经络学说，在中药归经的基础上，倡导分经用药。方剂是临床针对疾病证候性质，按照君、臣、佐、使组方原则，配伍而成的中药处方。经络学说也是指导方剂的重要理论之一。《扁鹊心书》言："学医不知经络，开口动手便错。盖经络不明，无以使病症之根源，究阴阳之传变。"

## 思与练

1. 关于十二经脉的命名，错误的是（　　）。

A. 前肢太阴肺经　　B. 后肢太阴脾经

C. 前肢太阳膀胱经　　D. 后肢阳明胃经

2. 关于十二经脉的命名，错误的是（　　）。

A. 前肢少阴心经　　B. 前肢太阳小肠经

C. 前肢厥阴肝经　　D. 后肢阳明胃经

3. 关于十二经脉的命名，错误的是（　　）。

A. 前肢厥阴心包经　　B. 前肢少阳三焦经

C. 后肢厥阴胆经　　D. 后肢太阳膀胱经

4. 关于十二经脉的循行规律，错误的是（　　）。

A. 络属于脏的六条经脉为阴脉，循行于四肢内侧

B. 络属于腑的六条经脉为阳脉，循行于四肢外侧

C. 前肢三阴经，起于胸部，止于前肢末端

D. 前肢三阳经，起于前肢末端，止于胸部

5. 关于十二经脉的循行规律，错误的是（　　）。

A. 后肢三阳经，始于头部，经背腰，循行于后肢外侧或背侧，止于后肢末端

B. 后肢三阴经，由后肢末端开始，循行于后肢内侧或腹侧，经腹部到达胸部

C. 前肢三阴经，起于头部，后肢三阴经，止于头部

D. 前肢三阳经，止于头部，后肢三阳经，起于头部

6. 关于十二经脉的循行路线，错误的是（　　）。

A. 前肢太阴肺经起于胸，循行于前肢内侧前缘，止于前肢末端

B. 前肢厥阴心包经起于胸，循行于前肢内侧后缘，止于前肢末端

C. 前肢阳明大肠经起于前肢末端，循行于前肢外侧前缘，止于头面部

D. 后肢阳明胃经起于头面部，循行于背侧及后肢外侧，止于后肢末端

7. 关于奇经八脉的描述，错误的是（　　）。

A. 循行路线与十二正经相同　　B. 沟通十二经脉之间的联系

C. 可调节十二经脉气血　　D. 不直接联络脏腑，无表里关系

8. "阴脉之海"是指（　　）。

A. 督脉　　B. 任脉　　C. 冲脉　　D. 带脉

9. 总领一身气血要冲，调节十二经气血，有"十二经之海"和"血海"之称的是（　　）。

A. 督脉　　B. 任脉　　C. 冲脉　　D. 带脉

10. 主一身左右之阴阳，使行动健捷，具有调节肌肉活动作用的是（　　）。

A. 带脉　　B. 冲脉

C. 阴维脉阳维脉　　D. 阴跷脉阳跷脉

11. 在经络系统中，具有离、入、出、合特点的是（　　）。

A. 十二经别　　B. 十二经筋

C. 十二皮部　　D. 奇经八脉

12. 下列经脉，不属于表里关系的是（　　）。

A. 大肠经　肺经　　B. 小肠经　心经

C. 膀胱经　肾经　　D. 肾经　胆经

13. 十五络脉是指十二经脉之别络，加上（　　）。

A. 带脉络 冲脉络 脾之大络　　B. 带脉络 冲脉络 任脉络

C. 任脉络 督脉络 脾之大络　　D. 任脉络 督脉络 带脉络

14. 调节六阳经之经气，总督一身之表的是（　　）。

A. 带脉　　B. 冲脉　　C. 阳维脉　　D. 阳跷脉

15.（多选题）关于经络的作用，正确的是（　　）。

A. 运行气血，营养全身　　B. 联络脏腑，沟通内外

C. 抵抗外邪，保卫机体　　D. 传注病邪，反映病候

## 答案

1～5　C C C D C　　6～10　B A B C D　　11～14　A D C C　　15　ABCD

# 任务六　病因学说

**知识目标**

1. 掌握六淫的概念。
2. 掌握六淫的性质和致病特点。
3. 掌握病因学说在中兽医临床上的应用。

**能力目标**

1. 能够根据“审证求因”判定疾病的发病原因。
2. 能够利用病因学说对疾病进行诊断并指导预防疾病的发生。

**素质目标**

1. 培养传承并弘扬中华优秀传统文化的精神，增强民族自信心和自豪感。
2. 培养知行合一、格物致知的精神。

## 导学

《黄帝内经·素问》言“正气存内，邪不可干”，“邪之所凑，其气必虚”。由此可见，机体的正气是疾病发生与否的重要因素。《元亨疗马集·八邪论》说：“真气守于内，精神固于外，其病患安得而有之”，同样强调了正气的重要作用。

动物体的正气盛衰，取决于体质因素和所处的环境以及饲养管理等条件。正如《元亨疗马集·正证论》说：“马逢正气，疴瘵不生，半在人之所蓄”，由此可见，饲养管理不当，会导致机体正气不足，卫外功能失固，此时如有外邪入侵，则会导致机体发病。同学们，你知道什么是外邪吗？它们有怎样的致病特点吗？让我们一起开始“病因学说”的学习吧！

## 知识链接

导致机体发生疾病的原因，称为病因，又称为病源、病邪等。病因学说是研究各种病因的概念、形成、性质、致病特点及其所致疾病临床表现的理论，是中医（中兽医）理论体系的重要组成部分。

疾病的发生和发展变化是非常复杂的，但从中兽医学角度来讲，疾病的发生主要体现在机体的“正气”与致病“邪气”两个方面的力量对比上。“正气”，包括机体对疾病的防御、抵抗和修复的能力，它与患病动物的品种、年龄、性别、体质以及其所处的饲养管理环境密切相关；“邪气”，是指外界各种致病因素。疾病的发生主要取决于机体正气的盛衰状态，邪气只是提供了疾病发生的条件。《黄帝内经·素问》言：“正气存内，邪不可干”“邪之所凑，其气必虚”。当动物机体正气充足，体格强壮时，即使有外邪入侵，也不易发病。反之，若动物机体正气不足，身体虚弱时，外邪乘虚而入，则引起疾病。需要注意的是，强调机体正气的方面，并不是否定了外邪致病的作用，在某些时候，如一些疫疠、外伤等，甚至起到了主要的致病作用。因此在临床实践中，对于疾病的认识，既要重视外因条件，也不能忽视机体内在因素。

“审证求因”是中兽医认识病因的主要方法，即通过分析疾病的症状，找出其发病的原因，也称为“病因辨证”。致病因素通常分为外感和内伤。外感包括六淫、疫疠、外伤、虫兽伤和毒物等；内伤包括饥、饱、劳、逸、痰饮、瘀血等。结合宠物临床，本任务主要对六淫进行详细讲解，对疫疠、痰饮、瘀血等进行简单叙述。

## 一、六淫

### （一）六淫的基本概念

六淫又称六邪，是风、寒、暑、湿、燥、火（热）六种外感病邪的总称。六淫中的淫，是太过、浸淫之意。风、寒、暑、湿、燥、火（热）原本属于自然界中六种不同的气候变化，是机体生长发育的有利条件，称为“六气”。六气一旦变化失常，发生太过或不及，如过热、过寒、过湿、过燥、应寒反暖、应暖反寒等反常情况，就可能导致疾病的发生。这时的“六气”就成为“六淫”。

### (二)六淫致病的共同特点

一般来说,六淫致病具有以下的共同特点。

1. 外感性

六淫侵犯机体的途径多从肌表、口鼻而入,或两者同时受邪。六淫邪气自外界侵入机体,故称为“外感病”。

2. 季节性

六淫致病具有明显的季节性,如春季多风病、夏季多暑病、长夏多湿病、秋季多燥病、冬季多寒病等。当然,这种特点不是绝对的,由于气候异常多变的特异性和动物个体差异的存在,有时夏季也会出现寒病、冬季也会出现热病等。

3. 地域性

六淫致病与动物所处的地域环境有着密切相关性,如南方多湿热病、东北多寒病、西北多燥病等。动物所处的小环境也会影响其生病,如长期饲养于潮湿地下室的动物易患湿病等。

4. 相兼性

疾病往往不是由单一病因引起的,六淫之邪既可单独致病,又可两种或两种以上同时侵犯机体而为病。如风热感冒、风寒感冒、暑湿感冒、风寒湿痹等。

### (三)六淫的性质和致病特点

1. 风邪

(1)“风为百病之长”,风邪常与其他病因相结合,如风寒、风热、风湿、风燥等,是最常见的病因。

(2)风为阳邪,具有轻扬、发散、透泄、向上、向外的特性。《素问·太阴阳明论》言:“伤于风者,上先受之”。

(3)风性主动,“主动”是指风邪具有动摇不定的特征。“风胜则动”,如感受风邪而出现的面部肌肉颤动或口眼歪斜。

(4)风性善行数变,“善行”是指风性善动不居,游移不定,表现为病位游移、行无定处的特征。如游走性关节疼痛,痛无定处的“行痹”或“风痹”。“数变”是指风邪致病变幻无常,发病迅速。如因风而发的风疹表现为皮肤风团,时隐时现,瘙痒时作,发无定处,此起彼伏等症状。故《素问·风论》言:“风者,善行而数变”。

2. 寒邪

(1)寒为阴邪,易伤阳气。如寒邪侵袭肌表,致卫阳被遏;寒邪直中脾胃,致脾阳受损;寒邪直中少阴,致心肾阳气受损。

(2)寒性凝滞主痛。寒性凝滞,易使气血津液凝结、经脉阻滞,不通则痛。

(3)寒性收引。寒邪使气机收敛,腠理、经络、筋脉收缩而挛急。

3. 暑邪

(1)暑为阳邪,其性炎热。受暑邪伤,表现为一系列阳热症状,如高热、神昏、脉洪大等。

(2)暑性升散,易扰心神,伤津耗气。呈现口渴喜饮、尿赤短少、粪燥、气短、乏力,甚至昏厥等症状。

(3)暑多挟湿。暑邪致病,多挟湿为患。呈现除发热、烦渴等暑热症状外,还常兼见四肢困

重、倦怠乏力、大便溏泄等湿滞症状。

4. 湿邪

(1)湿为阴邪,易伤阳气,易阻气机。“湿胜则阳微”,湿邪侵袭机体,伤及阳气。脾主运化水湿,性喜燥而恶湿,故湿邪常易困脾,导致脾阳不振,水湿运化不利,出现水湿内生、停聚,表现为水肿、痰饮、泄泻等症状。湿邪侵袭机体常滞于脏腑经络,阻遏气机,使脏腑气机升降失常,经络阻滞不畅。

(2)湿性重浊。湿邪致病,常出现以沉重感和附着难移为特点的临床表现。

(3)湿性黏滞。湿邪致病,其黏滞特性主要表现在两个方面。一方面表现在症状的黏滞性。如湿热痢疾的大便排泄不爽,淋证的小便滞涩不畅等。另一方面表现在病程的缠绵性。如湿邪致病,起病缓,病程长,易反复发作或缠绵难愈。

(4)湿性趋下,易袭阴位。湿邪类水属阴多下行,易伤及机体下部。

5. 燥邪

(1)燥性干涩,易伤津液。燥邪致病,主要出现各种干燥、涩滞的症状,如口鼻干燥、咽干口渴、皮肤干涩甚至皲裂、毛发干枯、小便短少、大便干结等。

(2)燥易伤肺。肺喜润而恶燥,燥邪从口鼻入,最易损伤肺津,影响肺气的宣降,甚或燥伤肺络,从而出现干咳少痰,或痰黏难咳,或痰中带血等症状。因肺与大肠相表里,肺津耗伤,大肠失润,出现大便干燥、便秘等症状。

6. 火邪

(1)火为阳邪,其性炎上。实热性病证,多见高热、目赤、舌红、苔黄、脉洪数,或出现疮疡、红肿热痛等。临床常见口舌生疮(心火上炎)、目赤肿痛(肝火上炎)、喉痛咳嗽(肺火上炎)等症状。

(2)火热易伤津耗气。临床除热象显著外,多伴有燥象,表现为口渴喜饮、舌燥少津、粪干尿少等症状。

(3)火热易生风。“生风”是指火热灼耗津液,劫伤肝阴,筋脉失养失润,导致“热极生风”之证。临床多见高热神昏、抽搐、角弓反张等症状。

(4)火热动血,迫血妄行。临床多见尿血、便血、吐血、皮肤出血斑等症状。

(5)火邪易致疮痈。火邪聚于局部,腐蚀血肉,发为痈肿疮疡。临床表现以局部红肿热痛为主。

## 二、疫疠

疫,即瘟疫,是指具有传染性、流行性的疾病。疠,即疠气,是指不是一般的致病因素,感染后具有发病急剧、病情险恶的特点。如临床可见的肺败(鼻疽)、恶黄(炭疽)、脑黄(脑炎)等。疫疠发病多伴于六淫病邪之中,辨证仍按六淫辨证分析。

## 三、痰饮

痰饮都是由于津液积聚变化而来,属于水湿之邪。一般来讲,清稀者为饮,稠浊者为痰。

痰饮的产生与脾、肺、肾等脏腑的功能失调，以及六淫之邪的作用有关。痰阻于肺，肺气宣降不利可见痰喘咳嗽；痰浊积于脾胃，则见口吐黏涎；痰火扰心，则见昏迷躁狂等；痰在肌肤，可见瘰疬痈肿；饮在肌肤，则见浮肿，饮在胸腹，则见胸水、腹水；水湿积于胃肠，则会肠鸣泄泻。

## 四、瘀血

瘀血多由气滞或气虚所致，或因外伤等因素导致内出血且未及时消散而成。瘀血一旦形成，又会影响全身的气血运行，导致血瘀气滞、组织机能障碍。瘀血的临床表现主要有疼痛、肿块以及出血，具体症状因瘀血部位的不同而有所不同。

## 五、其他

### 1. 饥饱劳役

在宠物临床上相对少见。

### 2. 外伤

外伤相对较多，见于车祸、从高处坠落、咬伤等。不同程度的外伤会引起不同程度不同部位的损伤，如损及内脏或(及)大血管，可危及生命。

### 3. 寄生虫

宠物寄生虫较为常见，如蛔虫、绦虫、钩虫等内寄生虫，螨虫、跳蚤、虱子、蜱等外寄生虫。常会引起消化不良、异嗜、腹食、气血虚弱、皮肤瘙痒等症状。

### 4. 中毒

引起犬猫中毒的毒物很多，既包括百合花、吊兰、风信子等各种家庭常养植物，也包括巧克力、樱桃、洋葱等各种食物，还有其他如杀虫剂、冷冻液、强酸、强碱等不常见的毒物。

## 思与练

1. 六淫之首是(　　)。

A. 风邪　B. 寒邪　C. 暑邪　D. 湿邪
E. 燥邪　F. 火邪

2. 具有“生风动血”特点的外邪是(　　)。

A. 风邪　B. 寒邪　C. 暑邪　D. 湿邪
E. 燥邪　F. 火邪

3. 寒邪的特点是(　　)。

A. 升散　B. 凝滞　C. 重浊　D. 开泄

4. 不属于湿邪特点的是(　　)。

A. 趋下　B. 重浊　C. 黏滞　D. 升散

5. 燥邪最易伤的脏是(　　)。

A. 心　B. 肝　C. 脾　D. 肺　E. 肾

6. 好发痈肿疮疡的六淫是(　　)。

A. 风邪　　B. 寒邪　　C. 湿邪　　D. 燥邪　　E. 火邪

7. 火邪致病的特点除高热外常伴有口渴喜饮、小便短赤等症状,是因为(　　)。

A. 火热之邪其性炎上　　B. 火热之邪易生风动血

C. 火热之邪最易耗伤人体津液　　D. 火热之邪易发肿疡

8. 寒邪侵袭,毛孔闭塞,体现了寒邪的(　　)。

A. 寒为阴邪　　B. 寒性收引

C. 寒性凝滞　　D. 寒易伤阳气

9. 最容易导致病位移走不定的是(　　)。

A. 风邪　　B. 火邪　　C. 寒邪　　D. 湿邪

E. 燥邪　　F. 暑邪

10. 有关六淫的下列描述正确的是(　　)。

A. 六淫侵犯机体多由内至外　　B. 春天多湿病,冬天多燥病

C. 一般四季六气不相互转化　　D. 六淫致病常两种或两种以上同时致病

## 答案

1～5　A F B D D　　6～10　E C B A D

二维码 1-10　T/CVMA 139.1—2024 中兽医术语　第 1 部分:基础理论总论与阴阳五行

二维码 1-11　T/CVMA 139.2—2024 中兽医术语　第 2 部分:脏腑与气血津液精

二维码 1-12　T/CVMA 139.3—2024 中兽医术语　第 3 部分:经络

二维码 1-13　T/CVMA 139.4—2024 中兽医术语　第 4 部分:病因病机

二维码 1-14　T/CVMA 139.5—2024 中兽医术语　第 5 部分:治则

二维码 1-15　T/CVMA 139.6—2024 中兽医术语　第 6 部分:疾病

二维码 1-16　T/CVMA 139.7—2024 中兽医术语　第 7 部分:证候

二维码 1-17　T/CVMA 139.8—2024 中兽医术语　第 8 部分:治法

二维码 1-18　T/CVMA 139.9—2024 中兽医术语　第 9 部分:针灸

# 项目二

# 中兽医诊断

# 名医故事

## 神医华佗

图 2-1　华佗之像

华佗，字元化，沛国谯（今安徽省亳州市）人。据考证，他约生于东汉永嘉元年（公元 145 年），卒于建安十三年（公元 208 年）。

著名医学家。精通内、外、妇、儿、针灸各科，对外科尤为擅长。后因不服曹操征召被杀，所著医书已佚。今亳州市有“华佗庵”等遗迹（图 2-1）。

【主要事迹】

（1）华佗继承和发展了前人“圣人不治已病，治未病”的预防理论，为年老体弱者编排了一套模仿虎、鹿、熊、猿和鸟等五种禽兽姿态的健身操——“五禽戏”。

（2）华佗是我国历史上第一位创造手术外科的专家，也是世界上第一位发明麻醉剂“麻沸散”及发明用针灸医病的先驱者、创始人。“麻沸散”为外科医学的开拓和发展开创了新的研究领域。他的发明比美国的牙科医生摩尔顿（1846 年）发明乙醚麻醉获得成功要早 1 600 多年。

# 任务一　诊断的基本原理和原则

**知识目标**

1. 掌握中兽医诊断的基本原理。
2. 掌握中兽医诊断的总原则。

**能力目标**

1. 能够将诊断原则用于临床实践。
2. 能够对患病宠物进行中兽医诊断。

二维码 2-1　诊断原则

**素质目标**

1. 培养传承并弘扬中华优秀传统文化的精神，增强民族自信心和自豪感。
2. 培养知行合一、格物致知的精神。
3. 培养医德高尚、医术精湛的综合型宠物医疗人才。

## 导学

请同学们思考一下，在远古时代，在基本没有医疗设备的时代，我们的古人是如何看病的呢？

假设你现在已经成为一名宠物医生，当你接诊患病宠物时，你对接诊的患病宠物如何进行诊断呢？接受西兽医教育长大的你，是否会开具一堆的化验单？是否会依赖各种各样的仪器设备？试想，如果没有了医疗设备，你该怎样诊治疾病？试想，当你面对一堆没有异常的化验报告时，你又该怎么诊治疾病？

中兽医诊断和西兽医诊断的最大不同是什么？中西医结合治疗疾病的优势在哪儿？通过本任务的学习，相信你会给出答案。

## 知识链接

## 一、诊断的基本原理

### 1. 司外揣内

外，是指疾病在外表现出的“症”，包括症状、体征；内，是指脏腑等内在的病理本质。《灵枢·本脏》言：“视其外应，以知其内脏，则知所病矣”，说明脏腑与体表是内外相应的，通过观察外部的表现，可以测知内在的变化。

2. 见微知著

微，是指微小、局部的变化；著，是指明显的、整体的情况。见微知著，是指局部的细微变化常常能够反映出整体的情况，整体的病变可以从多个方面表现出来。临床常用的舌诊、脉诊、眼诊等诊断手段，就是这一原理的体现。

3. 以常衡变

常，是指健康的、生理的状态；变，是指异常的、病理的状态。以常衡变，就是指在认识正常的基础上，辨别、发现太过或不及的异常变化。在疾病诊断中，一定要注意从正常中发现异常，从对比中找出差别，进而认识疾病的本质。

4. 因发知受

发，是指动物生病后的证候表现；受，是指感受的邪气和机体的反应状态。因发知受就是根据机体在疾病中所反映的证候特征，确定病因性质。如病因是寒还是热，是风还是湿。邪气作用于机体后，是否发病取决于邪正斗争的结果。邪气的性质主要是通过对证候的辨别确定的，主要是由机体的反应状态所决定。

**学以致用**

1. 见微知著的“微”是指微小、局部的变化，如果你见到患犬舌色发白，舌体瘦小，你会知道的“著”是什么？

2. 根据“司外揣内”原理，结合前面所学，如患犬外在表现指甲薄脆，易折断，反映的内在问题是什么？

## 二、诊断的基本原则

1. 整体审察

整体审察，即诊断疾病时要有整体观念，又称“审察内外”，分为两个方面。

(1)动物是一个有机的整体。中兽医认为动物以内部的脏腑为中心，其四肢百骸、五官九窍、皮肉血脉筋骨等无不通过经络与脏腑相联系。因此，局部有病可通过经脉影响全身；脏腑、气血的病变也可通过经络而呈现于五官诸窍、肌肤肢体等局部。

(2)动物与周围环境的统一。动物在长期的进化过程中，其生理机能已与周围环境及自然

界的一般变化相适应。当动物体内部失调，以致不能适应周围环境及自然界的变化，或周围环境变化剧烈，超过动物能适应的限度时，就会引起脏腑、气血的活动失调而得病。需要注意的是，周围环境不仅是指自然环境，也包括家庭关系等“社会环境”。

### 2. 四诊合参

将望、闻、问、切四种诊断方法有机结合起来，即四诊合参，也称为四诊并用或四诊并重。四诊并用，并不等于面面俱到。只有抓住主要矛盾，有目的、系统地重点收集临床资料，才不致浪费时间。四诊并重，是因为四诊是从不同角度来检查病情和收集临床资料的，各有其独特的意义，不能相互取代。

### 3. 病证结合

诊断要明确所患疾病及所属证候，把辨病与辨证结合起来。通过辨别病证，认识疾病的本质，即“辨证求因”。辨证求因的“因”，除六淫、七情、饮食劳倦等通常的致病原因外，还包括疾病过程中产生的某些症结，即问题的关键。

我们要正确理解病、证及症的内涵及三者之间的关系。病，即疾病，是致病邪气作用于机体，机体正气与之抗争而引起的机体阴阳失调、脏腑组织损伤或生理功能障碍的一个完整的病理过程。证，是疾病过程中某一阶段或某一类型的病理概括，包括病因、病位、病性及邪正关系。一般由一组相对固定的、有内在联系的、能揭示疾病某一阶段或某一类型病变本质的症状和体征构成。症，即症状和体征的总称，是疾病过程中表现出的个别，孤立的现象，可以是病患异常的主观感觉或行为表现，如恶寒发热、恶心呕吐、烦躁易怒等（称为症状），也可以是医生检查患者时发现的异常征象，如舌苔、脉象等（称为体征）。三者之间存在着内在联系：病是一种完整的病理过程，在疾病的过程中又有不同的阶段，而证揭示了某一阶段的病理本质，证又由症组成，症是疾病的现象，是内在脏腑病变表现于外的征象。由于证比症更全面、更深刻，比病更具体，所以中医既辨病，又重视辨证论治。

二维码 2-2　T/CVMA 174—2024
中兽医诊疗规程编写通则

## 知识拓展

“整体观念”是中兽医诊断的基本原则，也是与西兽医最大的区别之一。整体，不仅仅指动物机体是一个整体，也包含动物与周边环境的统一。在宠物临床工作中，我们会见到宠物因饲养环境改变、宠物主人改变、家中又增添了其他宠物甚或增添了小宝宝等而出现的疾病，也有因与宠物主人分离而产生的分离焦虑等，这些疾病的出现提示我们，在宠物的饲养管理和临床工作中，勿忽略宠物情感在疾病防治中的作用。

### 思与练

1. 关于中兽医诊断的基本原理正确的是（　　）。

A. 整体审察　　B. 见微知著　　C. 四诊合参　　D. 病证结合

2. 根据“以常衡变”的指导原理，以下说法正确的是（　　）。
A. 要注重生理解剖等基础知识的学习
B. 宠物品种多样化导致疾病诊断更加困难
C. 临床可采用对比的方法进行疾病的诊治，如健康侧和患侧的对比
D. 以上都正确
3. 整体审察的内容包括（　　）。
A. 动物机体的整体性
B. 动物与外界自然环境的关系
C. 动物与外界社会环境的关系
D. 以上全部包括
4. 关于四诊合参的描述，错误的是（　　）。
A. 四诊合参等于面面俱到
B. 四诊包括望闻问切
C. 四诊合参可以避免误诊漏诊
D. 四诊各有其独特意义，不能互相替代
5. 如果将病、证、症三者用线、线段、点来表示，对应正确的是（　　）。
A. 病好比线，证是线段，症是线上的一个个点
B. 证好比线，病是线段，症是线上的一个个点
C. 病好比线，症是线段，证是线上的一个个点
D. 症好比线，病是线段，证是线上的一个个点

### 答案

1～5　B D D A A

# 任务二　四　诊

**知识目标**

1. 掌握四诊的方法和内容。
2. 掌握四诊合参的诊断原则。

**能力目标**

1. 能够对患病宠物进行四诊诊断。
2. 能够将四诊合参用于临床实践。

**素质目标**

1. 培养传承并弘扬中华优秀传统文化的精神，增强民族自信心和自豪感。
2. 培养知行合一、格物致知的精神。
3. 培养医德高尚、医术精湛的综合型宠物医疗人才。

## 导学

医祖扁鹊最早提出了望闻问切四诊法,《难经·六十一难》言:“望而知之谓之神,闻而知之谓之圣,问而知之谓之工,切脉而知之谓之巧。”

《古今医统》最早使用望闻问切四字联称,书中指出“望闻问切四字,诚为医之纲领”(图 2-2)。

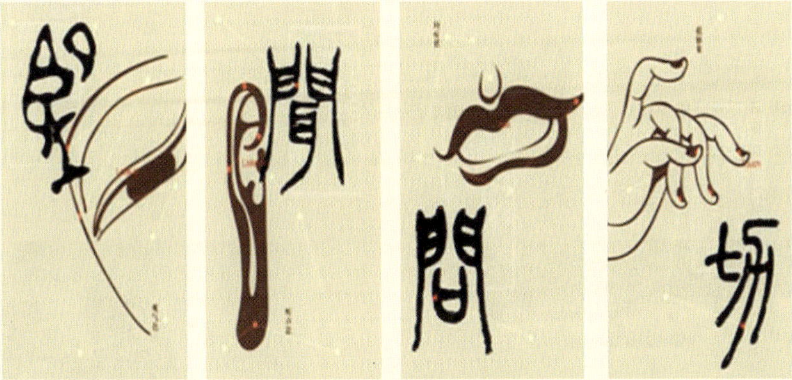

图 2-2　望闻问切四字

## 知识链接

## 一、望诊

望诊,即运用视觉有目的地观察患病动物全身和局部的一切情况及其分泌物、排泄物的变化,以获得有关病情资料的一种诊断方法。望诊作为四诊之首,在临床上具有重要意义。望诊包括望全身和望局部两个方面。

### (一)望全身

#### 1. 望精神

动物精神正常则目光有神,两耳灵敏,人一接近马上就有反应,称为“有神”。“有神”提示动物一般为无病状态或病情较轻的状态。反之,若出现精神不振,倦怠无力,嗜睡,对外界反应不灵敏等状态,则称为“少神”。“少神”则提示动物病情较重或久病虚弱等。如动物处于对外界无反应、躺卧不起、意识模糊、呼吸异常等状态,则称为“无神”。“无神”通常提示病情危重,预后不良。如动物出现烦躁不安、焦虑恐惧、有攻击性或狂吠、抽搐等,则称为“神乱”。如狂犬病、癫痫等。

需要注意的是,在宠物临床上,望精神要与不同品种宠物的性格特征相结合,做到以常衡变。

二维码 2-3　望诊

二维码 2-4　T/CVMA 175.1—2024 中兽医四诊操作规范 第 1 部分:望诊

2. 望形体

形体强壮的动物一般不易患病，一旦发病常表现为实证和热证；形体瘦弱的动物，正气不足较易发病，常表现为虚证和寒证。望形体与望精神一样，要结合不同宠物品种的形体发育特征，如身形瘦削的灵缇犬，不要误认为营养不良。

3. 望皮毛

健康动物的皮肤柔软而有弹性，被毛平顺而有光泽。若皮肤焦枯，弹性降低，被毛粗乱无光甚至脱落或不按时换毛，则多为气血虚弱，营养不良所致。

4. 望动态

动态，即动物的动作和姿态，某些疾病发生时，患病动物会出现特有的动态(图 2-3 至图 2-8)。如破伤风，形如木马；风湿症，呈黏着步样。

通常情况下，动物患一般性疾病时，多表现为喜卧、无力、反应迟钝等；垂危重症时，则见倒地不起、四肢划动、头颈贴地等濒死动态。

图 2-3　后肢无力

图 2-4　左后肢跗跖关节翻转

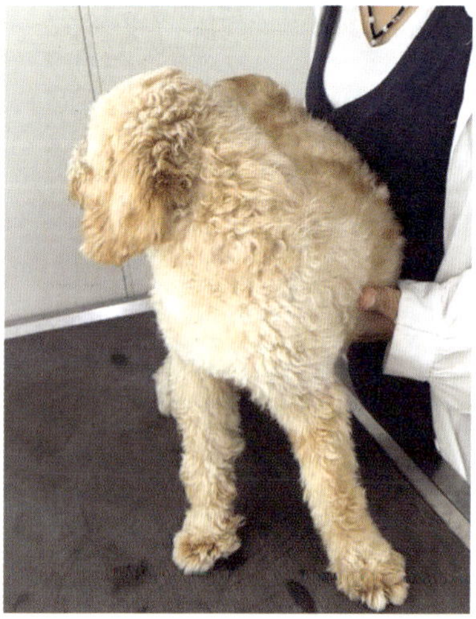

图 2-5　颈部右歪，左侧肢体僵直

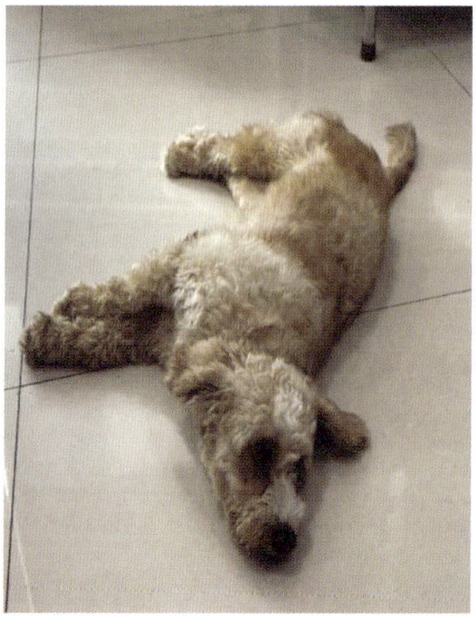

图 2-6　左侧躯体瘫痪

图 2-7 前肢关节变形

图 2-8 右后肢不敢踏地

## 学以致用

1. 不同宠物的性格特征有着非常大的区别，在望诊时我们要充分了解该品种的形体特点和性格特征后，再做出相应的诊断。请大家观察下列常见品种犬猫或选择自己熟悉的犬猫品种，对其形体特点和性格特征加以讨论并填写在下列表格。

| 序号 | 品种 | 形体特征 | 性格特征 |
|---|---|---|---|
| 1 | 贵宾犬 | | |
| 2 | 金毛寻回犬 | | |
| 3 | 威尔士柯基犬 | | |
| 4 | 英国短毛猫 | | |
| 5 | 布偶猫 | | |
| 6 | 狸花猫 | | |
| 7 | | | |
| 8 | | | |

2. 请大家通过望诊中的望全身，观察临床常见不同疾病状态下宠物的外在表现，填写在下面的表格中并进行小组讨论。

| 序号 | 患病宠物 | 精神 | 形体 | 皮毛 | 动态 |
|---|---|---|---|---|---|
| 1 | 犬细小病毒患犬 | | | | |
| 2 | 犬瘟患犬 | | | | |
| 3 | 猫瘟患猫 | | | | |
| 4 | 子宫蓄脓患犬 | | | | |
| 5 | 猫传染性腹膜炎患猫 | | | | |
| 6 | | | | | |
| 7 | | | | | |

## (二)望局部

### 1. 望眼

望眼包括望眼神、望目形、望眼色。健康动物眼珠灵活，明亮有神，眼睛结构正常，结膜粉红(图 2-9、图 2-10)。眼神异常主要表现为无神、呆滞、反应迟钝等(图 2-11)；眼睛结构异常临床多见于上眼睑内翻、下眼睑内翻或外翻、小眼裂、眼睛斜视、眼睛大小不对称等(图 2-12、图 2-13)；眼色异常如结膜发白、发红、发绀、发黄等(图 2-14 至图 2-16)。

图 2-9 健康猫的双眼

图 2-10 健康犬的双眼

图 2-11 双眼无神

图 2-12 眼睛大小不对称

图 2-13　猫传染性腹膜炎致眼病变

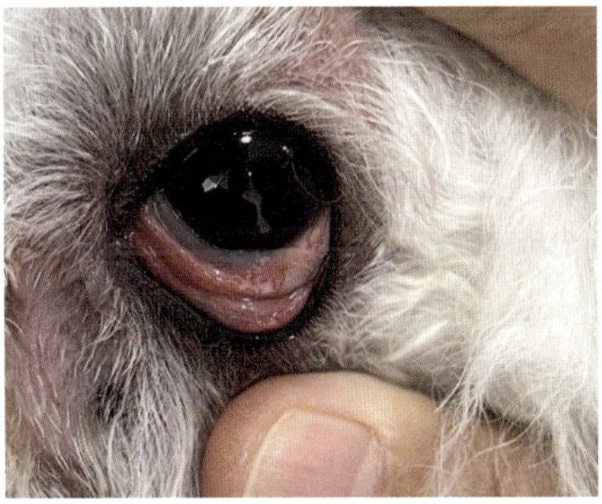

图 2-14　结膜潮红水肿

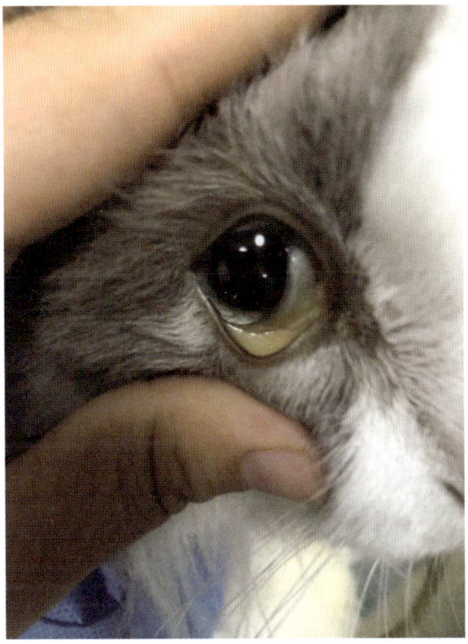

图 2-15　结膜黄染

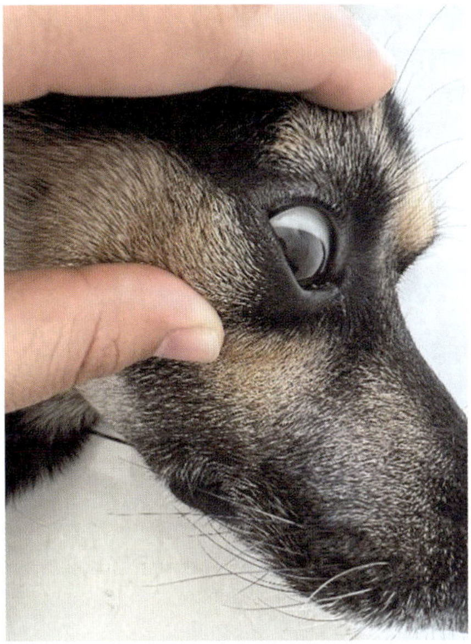

图 2-16　结膜苍白

## 知识拓展

五轮学说作为中医眼科重要理论之一，通过五轮学说，将眼部分为 5 个部分，分别与五脏相对应，用来说明眼的解剖、生理、病理，指导眼病的诊断和治疗。即两眦属于血轮，内应心；上下眼睑属于肉轮，内应脾；黑睛属于风轮，内应肝；白睛属气轮，内应肺；瞳孔属水轮，内应肾（表 2-1）。因此，眼睛的病变可以反映出脏腑的病症。如两目红肿，羞明流泪多为肝经传热；第三眼睑（瞬膜）色红，生有瘀斑，多为心热内盛、过劳等；眼窝凹陷多为津液耗伤等。

表 2-1 五轮与五脏

| 五轮 | 眼睛部位 | 所应五脏 |
| --- | --- | --- |
| 血轮 | 两眦 | 心 |
| 肉轮 | 上下眼睑 | 脾 |
| 风轮 | 黑睛 | 肝 |
| 气轮 | 白睛 | 肺 |
| 水轮 | 瞳孔 | 肾 |

## 2. 望耳

健康动物两耳灵活，听觉正常。若见单侧耳功能障碍，兼有口眼歪斜，多为歪嘴风。两耳凉而背部血管缩小不见者，多为表寒证。呼唤不应，多属耳聋或病情危重。望耳道，观察是否有分泌物、是否有形态结构异常、是否有瘙痒感等(图 2-17、图 2-18)。

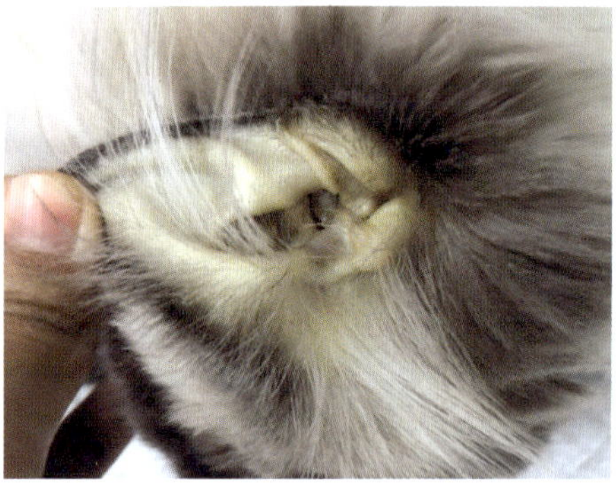

图 2-17 猫耳朵黄染

图 2-18 犬耳朵黄染

## 3. 望鼻

望鼻主要应注意鼻孔的张缩、鼻涕的有无及鼻液的性质。犬、猫等应特别注意观察鼻镜。健康宠物鼻镜湿润，鼻孔周围洁净而湿润，随呼吸鼻孔微有张缩，能够分辨食物的气味。如果发生疾病，则出现异常表现(图 2-19 至图 2-22)。

图 2-19 鼻镜皲裂

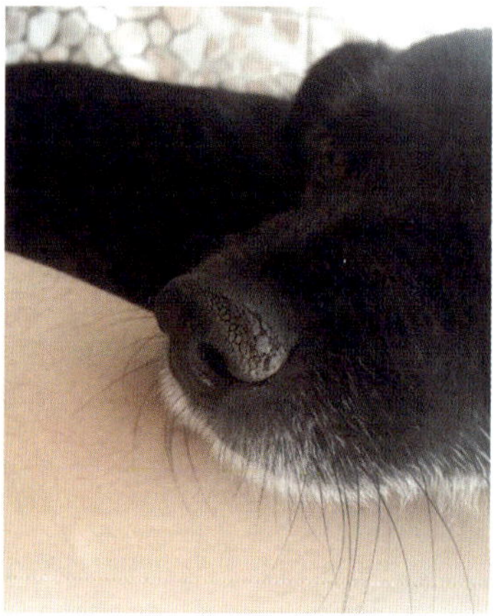

图 2-20 鼻镜干燥，角质增生

图 2-21　流脓鼻涕

图 2-22　流清鼻涕

4. 望口唇

望口唇，包括外部观察唇的形态及运动，内部观察唇、颊、舌、齿、颚、咽等各部分的情况和变化。还应注意观察牙关的松紧，口腔有无水疱、溃烂、斑疹等。

口色的变化反映着脏腑气血的变化。健康动物的口色一般是舌质淡红，舌体不胖不瘦、活动灵活，有薄白舌苔，不滑不燥（图 2-23、图 2-24）。异常的口色包括发紫、发白、发红、发黄、发黑等（图 2-25 至图 2-28）；需要注意的是，口色因气血盛衰会随四季气候变化而变化。例如，夏季炎热，气血相对旺盛，口色就会偏红一些；冬季寒冷，气血略减，口色会相应偏淡一些。有些品种的动物口唇、舌本身就有色素沉着，诊断时要注意区别（图 2-29、图 2-30）。

图 2-23　健康犬舌色

图 2-24　健康猫舌色

图 2-25　舌色红且紫

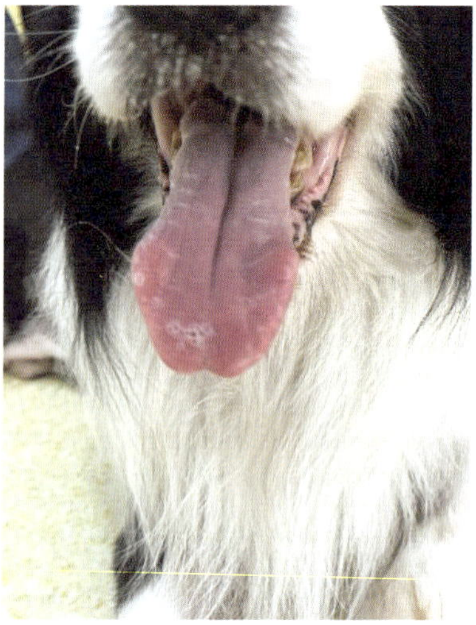

图 2-26　舌色偏紫且津液多

图 2-27　舌体瘦小、色白、干枯

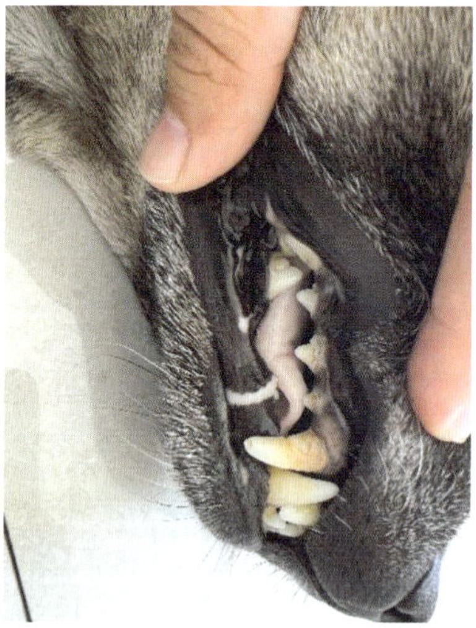

图 2-28　舌白、齿黄

图 2-29　健康松狮犬的紫色舌

图 2-30　健康犬的花斑舌

## 知识拓展

### 1 舌诊的概念

舌诊是中医通过观察病人舌质和舌苔变化诊察疾病的方法，属望诊范畴。舌质和舌苔的变化征象，称为舌象。舌象的变化，能较客观地判断正气盛衰，分辨病位深浅，区别病邪性质，推测病情进退，为辨证论治的依据之一。在中兽医临床上，因动物品种繁多，不同动物的舌质可能存在生理上的不同，但大部分动物的舌诊具有临床诊断意义。

### 2 正常舌象

舌体柔软，活动灵活自如，颜色淡红而色泽鲜明，胖瘦大小适中，无异常形态。舌苔色白，颗粒均匀，薄薄地铺于舌面，揩之不去，其下有根，干湿适中，不黏不腻。肉眼观察，健康犬的舌象为薄白苔、淡红舌（详见图 2-23）。猫的舌头布满倒刺，故舌色呈现倒刺的颜色，整体偏白（详见图 2-24）。

### 3 舌与脏腑的关系

五脏六腑通过经络和经筋的循行，直接或间接地与舌有联系。如前肢少阴心经之别系舌本（舌根），后肢太阴脾经连舌本、散舌下，后肢少阴肾经挟舌本，后肢厥阴肝经络舌本，后肢太阳经筋的分支结于舌本，前肢少阳经筋入系舌本等（图 2-31）。舌通过经脉、经筋、经别与心、肝、脾、肾、胃、膀胱、三焦各脏腑有着直接联系。而肺、胆、大肠、小肠等，通过经络的间接联系与舌相通。五脏六腑均直接或间接地通过与舌相连，其精气可上荣于舌。因此，脏腑的病变会影响精气的变化，同时也会反映到舌象上来。

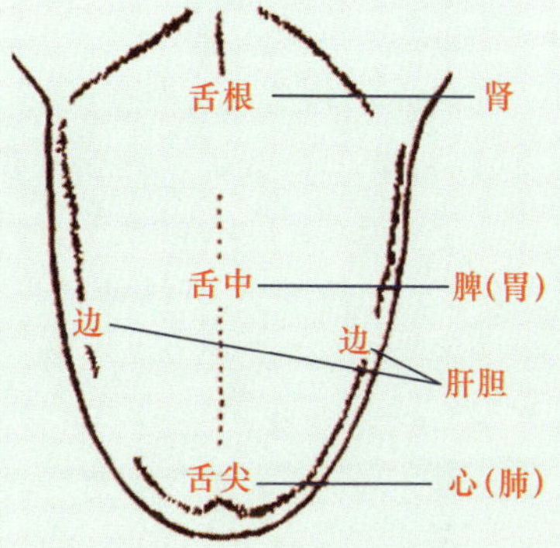


图 2-31 舌诊脏腑部位分属图

在脏腑中，心、脾、胃、肾与舌的关系尤为密切。舌为心之苗窍，心气直接通于舌。心主血脉，主神志，血脉虚则舌质淡，血热盛则舌质深红，神志不清则语言声音失常，舌卷缩。舌苔为胃气熏蒸所生，舌苔的变化直接受脾胃功能变化的影响。肾主水，五脏六腑之精气皆归藏于肾。肾之经脉上挟舌本而通舌下，舌下金津、玉液两穴为津液上泛于口的孔道，而直接影响舌体的润燥、荣枯。因此，肾水的盛衰，甚至全身精气的变化也反映于舌。所以五脏六腑的变化均可从舌象察知（图 2-32 至图 2-34）。

图 2-32 舌与脏腑的关系

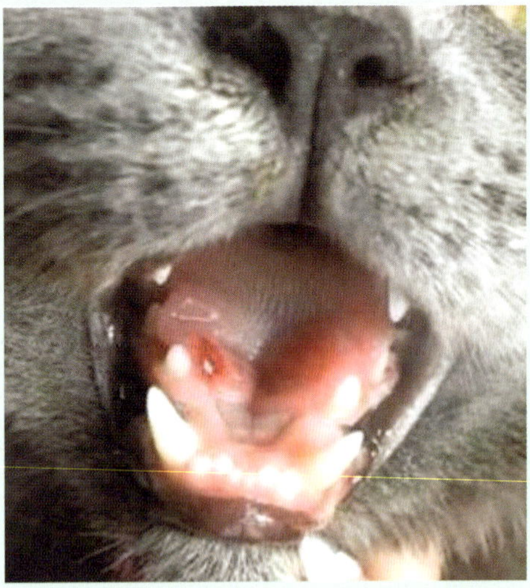
图 2-33 猫舌尖溃疡

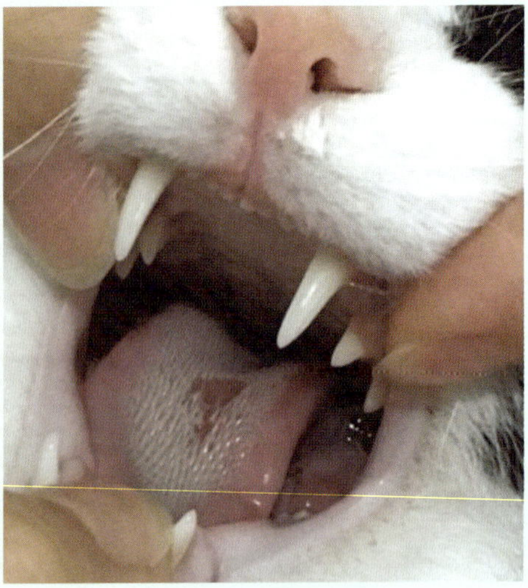
图 2-34 猫舌体溃疡

## 4 舌诊的临床意义

观察舌象的变化有以下几方面的作用。

(1)判断正气盛衰。辨舌质可知气血盛衰,辨舌苔可知脾胃功能正常与否。如舌质红润为气血旺盛,舌质淡白为气血虚亏,舌苔薄白而润为脾胃功能正常,舌苔光剥甚而无苔,则为脾胃功能衰败或阴津枯竭。

(2)分辨病位深浅。无论外感病,还是内伤病,观察舌苔的厚薄和分布,可以了解病位的深浅和病变之所在。如舌苔薄多为疾病初起,病位在表;舌苔厚则病邪入里,病位较深;舌苔分布于舌中,病变在脾胃;舌苔分布于舌边,则病变在肝胆。在热病过程中,舌质的颜色可反映病位深浅,卫分、气分病证舌质颜色不绛,病入营分、血分则舌质绛紫。

(3)区分病邪性质。根据病邪性质的不同,可产生不同的舌象变化。例如,白苔主寒邪,黄苔主热邪,腐腻苔多为食积、痰浊所致,黄厚腻苔为湿热,舌歪为风邪所引起,舌有瘀点或舌质青紫则属瘀血证。

(4)推断病情进退。舌苔的颜色(苔色)和质地(苔质),往往随邪正消长和病情进退而呈相应的动态变化。例如,舌苔由白转黄,又进一步变灰黑,说明病邪由表入里,由寒化热,病情正在发展;舌苔由润转燥,为热邪渐盛而津液渐伤;舌苔由厚变薄,由燥转润,是病邪渐退、津液复生的表现,病情即将好转。

### 学以致用

病理状态下的口色,一般有白、红、黄、青、黑、出血点/斑等颜色。分别提示什么病证?请大家查阅资料并填写下表,然后分小组进行讨论。

| 序号 | 口色 | 提示病证 |
|---|---|---|
| 1 | 发白 | |
| 2 | 发红 | |
| 3 | 发黄 | |
| 4 | 发青 | |
| 5 | 发黑 | |
| 6 | 出血点/斑 | |

5. 望呼吸

健康动物呼吸均匀，胸腹部随呼吸动作而微有起伏，成年犬为胸式呼吸，呼吸次数是10～30次/min；猫为胸腹式呼吸，呼吸次数是15～40次/min。幼年犬猫的呼吸次数均高于成年犬猫；同时需要注意的是，不同生理状态下动物的呼吸次数会有所改变，如处于安静睡眠状态、运动状态，炎热的环境和寒冷的环境等。病理状态下呼吸的次数多少、深浅幅度会提示不同的疾病证候，如动物有实热证，呼吸多快而壅盛。呼吸时，若腹部起伏加快加深，多为胸内有病，如胸痛、肋骨骨折等。

6. 望饮食

望饮食包括观察饮食欲、饮食量、饮食动作和吞咽情况等。在正常情况下，动物脾胃功能良好，食欲旺盛。一般来说，若病情虽重而食欲尚好，表明胃气尚存，预后良好。健康动物唇舌运动灵活，吞咽自如。临床要区分无食欲和有食欲但不敢采食两种情况。需要注意的是，饮食情况的主要信息来源于宠物主人的诉说，医者要辨清信息的真伪。

7. 望躯干

观察胸背、腰、腹部等部位的变化，健康动物的胸背端正，左右对称。例如，胸部陷塌，多为肋骨折伤；腰部拱起，腰背紧硬，常为肾受寒湿；腰胯疼痛，难起难卧，多为闪伤；腹部胀满，伴有腹痛，多为腹胀或结症。

8. 望四肢

观察站立和走动时四肢的姿势和步态，以及四肢各部分的形状变化。健康动物站立时四肢平稳，行走时步调均匀整齐，屈伸灵活有力，各部关节的形态均无异常。在疾病情况下，四肢的异常表现多种多样。如四肢患有疼痛性疾病时，患肢在站立时不敢负重，可表现为患肢点地或提举悬垂等。运步时，因患肢及病变所在部位的不同，相应地出现点头、关节屈伸等变化。

9. 望二阴

二阴，即前阴和后阴。前阴，指雄性的阴茎、睾丸与雌性的阴门；后阴指肛门。检查二阴，对某些疾病的诊断很有参考价值。如肛门松弛、内陷，多为气虚。脱肛，多因中气下陷所致。肛周有粪渣污染，常见于腹泻。

10. 望粪尿

望粪尿，就是观察粪尿数量和颜色、气味、形态等性状的变化。例如，粪便干燥难下，多为实热或津液耗伤；粪便稀软带水或清稀如水，多属虚寒；尿色深而量少，多属热证；尿色淡而量多，多属寒证；尿淋漓，点滴而下，常见于膀胱积热（膀胱炎）、尿结石等症状。

## 二、闻诊

二维码 2-5　闻诊

二维码 2-6　T/CVMA 175.2—2024 中兽医四诊操作规范 第 2 部分：闻诊

闻诊是通过听觉和嗅觉了解病情的一种诊断方法。包括闻声音和嗅气味。

### （一）闻声音

1. 叫声

疾病过程中，叫声可提示病情程度。例如，叫声洪亮者属阳，多为正气未衰，病情较轻；声音嘶哑而低微者属阴，多为正气已衰，病情较重；叫声嘶哑如破锣者，病重难治。各种动物在病情严重及异常痛苦时，可发出低微的呻吟声。

2. 呼吸音

健康动物呼吸平和，一般不易听到声音。剧烈运动和天气炎热时，呼吸音较为粗大。在疾病过程中，若患病动物气息平和，表示病情较轻；若气息不调，则病情较重。呼吸气粗，多属热、属实；气息微弱，多属内伤虚劳。呼吸时伴有痰鸣者，为痰饮壅聚。呼吸困难而急促，甚至发出抽锯声者，多为病重。呼吸时气息急促称为喘，有实喘、虚喘之分。喘气声长，张口者，为实喘；喘息声低，气短而不相接续者，为虚喘。

3. 咳嗽

健康动物一般不咳嗽。由于疾病的性质和病程不同，咳嗽的声音、时间及伴随的症状也不相同。凡咳嗽声音洪大而有力者，属实，多系暴发性新病，常见于外感肺咳；咳嗽声音低弱而无力者，属虚，多见于劳伤久病。咳嗽无痰者，为干咳。夜间咳嗽频繁者，为阴咳，多属肺阴虚。

4. 肠音

肠音，即肠蠕动时发出的鸣响音。健康动物小肠音如流水声，大肠音如远方雷声，均有一定的节律。肠音增强或亢进，多属肠中虚寒，见于冷痛、冷肠泄泻等证。肠音减弱或寂然无声，多为胃肠滞塞不通，见于胃肠积滞、便秘或结症等。在疾病过程中，肠音的变化也可帮助诊断病势的进退。

### （二）嗅气味

1. 口气

健康动物口内无异臭。若口气秽臭，多为胃内有热；若口气酸臭，多属胃内积滞；口气腥臭、腐臭，多是口腔黏膜糜烂溃疡的表现；口气有尿素味、氨味，多是肾脏疾患（图 2-35、图 2-36）。

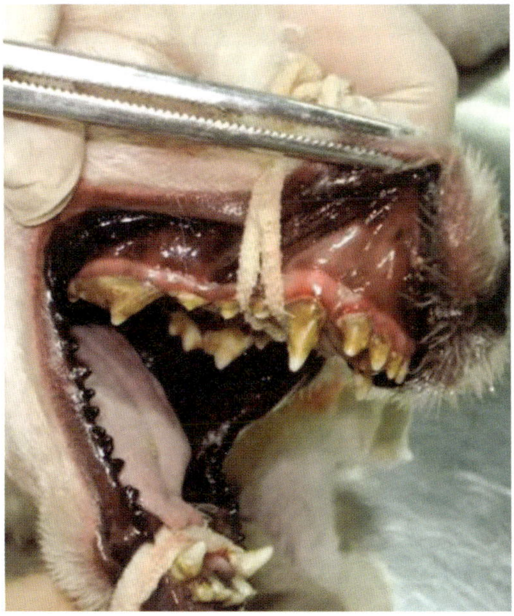
图 2-35 犬牙结石、牙周病

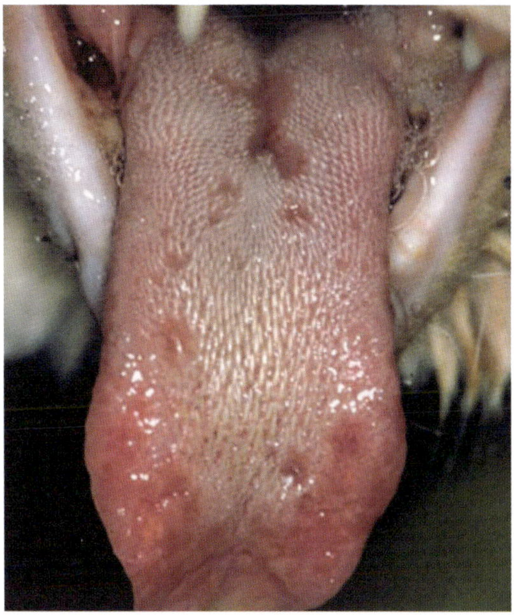
图 2-36 猫舌溃疡

2.鼻气

健康动物没有特殊的鼻气。鼻臭,主要见于肺经疾患。若鼻流黄灰色脓涕,气味腥臭,多属肺痈。鼻流黄色或黄白色脓涕,有尸臭气味,多属肺败,也见于异物呛肺后期、肺脓肿及鼻疽等。一侧鼻孔流出黏稠的灰白色或黄白色鼻液,气味恶臭,多为鼻窦蓄脓。

3.脓

在外科疮疡证方面,辨脓的气味及其性质对于区别其阴阳虚实有十分重要的意义。若脓汁黄稠、浑浊、带有恶臭,属于实证、阳证,多为毒火内盛;若脓汁灰白、清稀、腥臭,属于虚证、阴证,多为毒邪未尽,气血衰败。

4.粪

在某些胃肠疾病过程中,粪便的气味会发生异常变化。粪便稀薄带水,臭味不显,多属脾虚泄泻;粪便气味酸臭,多属伤食;粪便腥臭难闻,多属于湿热证,常见于湿热泄泻、痢疾等。

5.尿

若尿液浓稠短少,气味熏臭,多为实热;若尿液清长,无异常臭味,多属虚寒。如尿液短少,浑浊而有恶臭,多为膀胱积热;如尿色深褐而气味腥臭,则多为肾受损伤。

6.带下

如带下清稀而色白,气味不重,多属脾肾虚寒;带下黏稠而色黄,气味较重,多属湿热下注;带下散发腐败臭味,多为恶露不尽。

## 学以致用

请对腹泻宠物的粪便进行观察，进行小组讨论并填写下表。

| 序号 | 粪便颜色、形态、气味 | 提示病证 |
| --- | --- | --- |
| 1 | | |
| 2 | | |
| 3 | | |
| 4 | | |
| 5 | | |
| 6 | | |
| 7 | | |

## 三、问诊

二维码 2-7 问诊

问诊，即通过与宠物主人进行有目的地交谈，以调查了解有关病情的一种方法。问诊的主要内容有下列几项。

### (一)动物的基本情况

动物的基本情况包括动物来源、免疫情况、驱虫情况、病史、生育史以及药物过敏史等。

### (二)发病及诊疗经过

二维码 2-8 T/CVMA 175.3—2024 中兽医四诊操作规范 第 3 部分:问诊

#### 1. 发病经过

主要是问发病的时间、起病时的主要症状、疾病发展的快慢以及转变过程。这对于判断疾病的轻重、缓急、寒热、虚实有重要意义。如初病者，多为感受外邪，病在表多属实；病久者，多为内伤杂证，病在里多属虚。如病程长，饮食时好时坏，排粪时干时稀，日渐消瘦，可能是脾胃虚弱。如病初排少量干小粪球，随之排粪停止，腹痛也随之加重，则为结症。

#### 2. 诊疗经过

应了解是否进行过诊断治疗，曾诊断为何种病证，用过什么药，用药后有何种变化和反应等。了解这些情况，对于疾病的确诊，合理用药，提高疗效，避免医疗事故的发生，以及判断预后等都非常重要。例如，患有结症的动物在短时期内已用过大量泻剂，而药效尚未完全发挥出来，如不询问清楚，盲目地再用泻剂，必致过量，产生不良后果。

### (三)饲养管理及运动情况

#### 1. 饲养管理

应了解饲喂的种类、来源、品质、调制和饲喂方法等情况。如食物是以商品粮为主还是随主人宠物饮食，是长期饲喂干粮还是湿粮，是否有突然改变饮食结构，或饲喂不洁霉败食物等。应了解饲养环境，是家庭饲养还是犬舍、猫舍饲养，是一只宠物还是多只宠物，饲养环境是否温度适宜、通风良好、光照适宜，最近是否有应激性事件的发生等。

2. 运动情况

应了解运动的形式、运动量等方面的情况。如夏季在烈日下运动，则易引起中暑；奔跑跳跃，又易导致闪伤、骨折等。

## 四、切诊

切诊，即医生依靠手指的感觉，进行切、按、触、叩，从而获得有关病情资料的一种诊断方法。切诊主要包括切脉和触诊两部分。

二维码 2-9 切诊

二维码 2-10 T/CVMA 175.4—2024 中兽医四诊操作规范 第 4 部分：切诊

### （一）切脉

切脉又称为脉诊，是用手指切按患病动物一定部位的动脉，根据脉象了解和推断病情的一种诊断方法。脉象是动物气血盛衰盈亏的反映，而气血又是脏腑活动的物质基础和功能表现。因此，五脏六腑和动物各器官组织的状况，都能不同程度地由脉象反映出来。

1. 切脉的部位和方法

（1）切脉的部位。因动物种类不同，切脉的部位也不同。犬、猫等中小型动物以切股内动脉为主。

（2）切脉的方法。以切犬的股内动脉为例，医者应位于犬的侧面或后面，手指沿腹壁由前到后慢慢伸入股内，摸到动脉即行诊察，体会脉搏的性状。

诊脉时，应注意环境安静。动物若刚刚经过较剧烈的运动，应先使其休息片刻，待其呼吸平稳，气血调匀后再行切脉。医者也应使自己的呼吸保持稳定，全神贯注，仔细体会。每次诊脉时间，一般不应少于 3 min，左右两侧同时诊脉（图 2-37、图 2-38）。

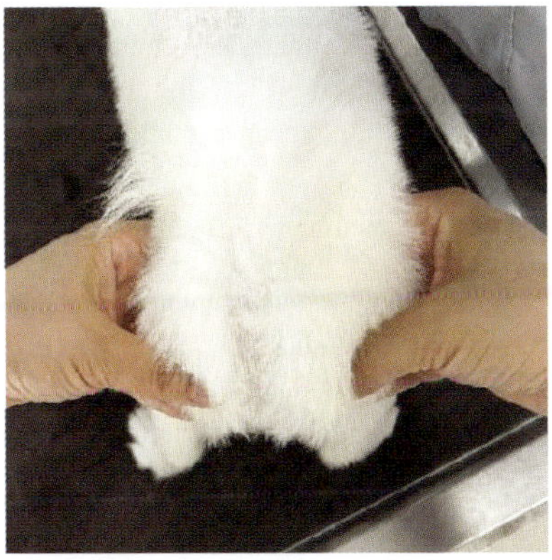

图 2-37 股动脉切诊（一）

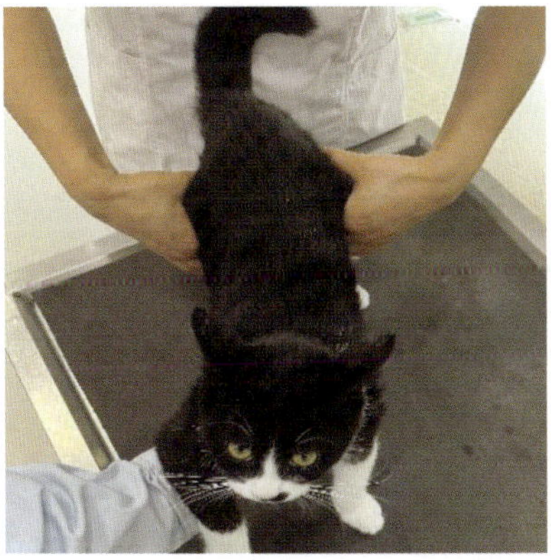

图 2-38 股动脉切诊（二）

切脉时常用三种指力，即浮取、中取、沉取。轻用力，按在皮肤，名浮取（举）；中度用力，按于肌肉，名中取（寻）；重用力，按于筋骨，名沉取（按）。浮、中、沉三种指力反复运用，以此来衡量动物脉搏的沉浮、虚实、迟数程度等，对脉象做出一个完整的判断。

2. 脉象

脉象就是脉搏应指的形象，包括动脉搏动显现的部位、速率、强度、节律、流利度及波幅等。脉象常分为健康无病之脉、反常有病之脉和病情垂危的脉象三种，简称平脉、反脉、易脉。

（1）平脉。即健康无病的正常之脉。表现为不浮不沉，不快不慢，至数一定，节律均匀，中和有力，连绵不断。正常脉象随机体的体格、种类、年龄、性别、气候等内外因素的变化，而有相应的生理性变化。如受四季气候的影响，平脉有“春弦夏洪，秋毛冬石”的变化。犬每分钟正常脉搏次数一般为 70～120 次，猫为 110～130 次。

（2）反脉。即反常有病之脉，前人曾对反脉进行过多种归类和描述。这里仅根据一般辨证的需要，介绍临床上常见的几种。

①浮脉与沉脉：是反映脉搏显现部位深浅相反的两种脉象。

浮脉：轻按即得，重按反觉脉减，如触水中浮木。主表证。

沉脉：轻取不应，重按始得，如触水中沉石。主里证。

②迟脉与数脉：是反映脉搏快慢相反的两种脉象。

迟脉：脉来迟慢，犬每分钟脉搏数低于 70 次，猫低于 110 次。主寒证。

数脉：脉来急促，犬每分钟脉搏数在 120 次以上，猫在 130 次以上。主热证。

③虚脉与实脉：是脉搏力量强弱相反的两种脉象。

虚脉：浮、中、沉取均感无力，按之空虚。主虚证。

实脉：浮、中、沉取均感有力，按之实满。主实证。

（3）易脉。即四时变易之脉，也称“怪脉”“绝脉”，是疾病危重期出现的一种脉象。了解易脉，有助于判断疾病的预后。常见的易脉有雀啄、屋漏、虾游等多种。

## 学以致用

请大家分组对犬进行脉诊，反复体会脉诊的方法，并将脉诊的感受记录下来，进行课堂交流。

| 序号 | 左侧脉 | 右侧脉 |
|---|---|---|
| 1 | | |
| 2 | | |
| 3 | | |
| 4 | | |
| 5 | | |

### （二）触诊

触诊是用手对动物各部位进行触摸按压，以探查冷热温凉、软硬虚实、局部形态及疼痛感觉等方面的变化，获取有关病情资料的一种诊断方法。

### 1. 触凉热

触凉热就是用手触摸动物体有关部位温度的高低，以手感知口、鼻、耳、体表、四肢等部位的温度变化，来判断寒热虚实的一种方法。现在一般用体温计测定直肠或腋下温度，比较准确。在实际诊断过程中，常常将测定体温与以手触摸凉热结合应用。

### 2. 摸肿胀

摸肿胀主要是为了查明肿胀的性质、形状、大小及敏感度等方面的情况。肿胀坚硬如石，多为骨肿；手压有痕，多为水肿；按压软而有波动感，则为脓肿、血肿或淋巴外渗。

### 3. 按胸腹

用手按压或叩打两侧胸壁时，动物躲避或拒按，多为胸内疼痛。按压腹部主要为了探查腹内的虚实。若腹部膨满，叩之如鼓，多为气胀，按之坚实，多为胃肠积食。

对腹腔脏器进行深部触诊，如膀胱的触诊可获取膀胱充盈程度、肠管的触诊是否有异物性梗阻或肠管套叠、腹腔淋巴结是否肿大、腹腔内是否有积液、腹腔内是否有肿块等(图 2-39、图 2-40)。

图 2-39 双手腹腔触诊

图 2-40 单手腹腔触诊

## 学以致用

请大家借助宠物医院教学平台，找一只患病宠物，对其进行望闻问切四诊检查，并将收集到的四诊资料记录下来，用于课堂交流。

| 基本资料 | 品种： | 年龄： | 性别： | 体重： |
|---|---|---|---|---|
| 病情介绍 | | | | |
| 望诊结果 | | | | |
| 闻诊结果 | | | | |
| 问诊结果 | | | | |
| 脉诊结果 | | | | |
| 触诊结果 | | | | |
| 初步诊断 | | | | |

## 思与练

1. 关于“望精神”的描述，错误的是（　　）。

A. 精神正常称为“有神”

B. “无神”通常提示病情危重或久病虚弱

C. 亢奋是精神正常的一种表现

D. 望精神要与不同品种宠物的相关特征相结合

2. 关于望诊的描述，正确的是（　　）。

A. 被毛粗乱无光泽，常提示气血亏虚　　B. 形体瘦弱的动物常提示正气不足

C. 眼的问题常反映肝的问题　　D. 耳朵的听力问题常提示肾的问题

E. 以上都正确

3. 关于“望粪尿”的描述，不正确的是（　　）。

A. 粪便干燥难下，多为实热或津伤　　B. 粪便清稀如水多提示虚寒

C. 尿色深而量少，多提示虚证　　D. 尿色淡而量多，多属寒证

4. 以下描述不正确的是（　　）。

A. 动物叫声洪亮，多提示机体正气未衰，病情较轻

B. 一般情况下，健康动物呼吸平和，不易听到声音

C. 肠音减弱多提示腹中虚寒

D. 口气酸臭多属胃内积滞

5. 问诊的内容包括（　　）。

A. 动物的基本情况　　B. 发病及诊疗的经过

C. 饲养管理以及运动情况　　D. 以上都包括

6. 关于脉象的描述，错误的是（　　）。

A. 脉象是脉搏应指的形象

B. 脉象与宠物的品种、年龄、性别以及气候等因素有关

C. 脉搏应指越强，说明动物越健康

D. 脉象分为平脉、反脉和易脉

7. 表证之脉为（　　）。

A. 迟脉　　B. 数脉　　C. 浮脉　　D. 沉脉

8. 沉脉提示（　　）。

A. 实证　　B. 虚证　　C. 里证　　D. 表证

9. 热证之脉为（　　）。

A. 迟脉　　B. 数脉　　C. 浮脉　　D. 沉脉

10. 久病虚弱，其脉象为（　　）。

A. 虚脉　　B. 实脉　　C. 浮脉　　D. 沉脉

## 答案

1～5　C E C CD　　6～10　C C C B A

# 任务三 八纲辨证

**知识目标**

1. 掌握八纲辨证的内涵。
2. 掌握八纲辨证的方法。
3. 重点掌握八纲辨证在中兽医临床上的应用。

**能力目标**

能够利用八纲辨证解决临床实际问题。

**素质目标**

1. 培养传承并弘扬中华优秀传统文化的精神，增强民族自信心和自豪感。
2. 培养知行合一、格物致知的精神。

## 导学

证，即证候，是对疾病发展过程中某一阶段病因、病位、病机、病性、邪正双方力量对比等方面情况的概括。

辨证，是以脏腑、气血津液、经络、病因等理论为基础，以四诊所获取的资料为依据，认识疾病、诊断疾病的过程。

八纲辨证就是将四诊所收集到的各种病情资料进行综合分析，对疾病的部位、性质、正邪盛衰等加以概括，归纳为表、里、寒、热、虚、实、阴、阳八个具有普遍性的证候类型(图 2-41)。八纲辨证是所有辨证方法的总纲，是对疾病所表现出共性的概括。

图 2-41 八纲辨证

二维码 2-11 八纲辨证

## 知识链接

### 一、阴阳辨证

在临床上，疾病虽然错综复杂，但均可分为阴证和阳证两种。阴阳是概括病证类别的两个纲领。

八纲辨证中，除阴阳外，表里、寒热、虚实是临床辨别病证的主要依据。里、寒、虚多属于阴证，而表、热、实多属于阳证。

### 二、表里辨证

表里是辨别病证的病位深浅、病情轻重及病势进退的两个纲领。

1. 表证

表证病位在肌表，病变较浅，多由皮毛受邪所引起。表证常具有起病急、病程短、病位浅的特点。表证的一般症状表现是舌苔薄白，脉浮，恶风寒(被毛逆立、寒战)。又因肺合皮毛，故表证又常有鼻流清涕、咳嗽、气喘等症状。表证多见于外感病的初期阶段，主要有风寒表证和风热表证两种。

2. 里证

相对表证而言，里证病位在脏腑，病变较深。多因表邪不解，内传入里；外邪直接侵犯脏腑；饥饱劳役及情志因素影响气血的运行，使脏腑功能失调。多见于外感病的中、后期或内伤诸病。因里证的病因复杂，病位广泛，故症状繁多。临诊时，应进一步辨别疾病所在的脏腑，病性的寒热，病势的盛衰(虚实)，具体内容将在脏腑辨证中介绍。

简单地总结，表证的发病部位是被毛、皮肤、肌肉以及经络的浅表部位，发病急，病程短；里证的发病部位是脏腑、气血、骨髓等，慢性病，病程久(表 2-2)。

表 2-2　表证里证的鉴别要点

| 表里 | 发病部位 | 病因 | 病势 | 脉 | 病程 |
|---|---|---|---|---|---|
| 表证 | 皮肤、肌肉、腠理等 | 外感因素 | 急 | 浮 | 短 |
| 里证 | 脏腑、气血、骨髓等 | 外感因素，内伤，劳役、营养等 | 慢 | 沉 | 长 |

3. 半表半里证

在临床上，大部分病例不是简单的非表即里，半表半里证是指病变处于表里进退变化之中，以寒热往来为主要表现的证。

4. 表证与里证的鉴别要点

表证、半表半里证、里证的鉴别要点，主要是审察寒热症状特点、脏腑症状是否突出以及舌象、脉象的变化等，见表 2-3。

表 2-3　表证、半表半里证、里证的鉴别要点

| 鉴别要点 | 表证 | 半表半里证 | 里证 |
|---|---|---|---|
| 寒热 | 恶寒发热 | 寒热往来 | 但热不寒或但寒不热 |
| 脏腑症状 | 不明显 | 胸胁苦满等 | 明显 |
| 舌象 | 变化不明显 | 变化不明显 | 多有变化 |
| 脉象 | 浮脉 | 弦脉 | 沉脉或其他 |

**学以致用**

请根据表证里证的鉴别要点，对下列所述病证进行表里证的初步鉴别。

| 序号 | 病证 | 表证 | 里证 |
|---|---|---|---|
| 1 | 7月龄比格犬，出现急性打喷嚏症状 | | |
| 2 | 15岁中华田园犬，患有长期哮喘病史 | | |
| 3 | 8岁布偶猫，患有黄疸 | | |
| 4 | 2岁英国短毛猫，患有猫癣 | | |
| 5 | 5岁雪纳瑞犬，咳嗽半年多，运动不耐受 | | |
| 6 | 3月龄贵宾犬，近两天出现呕吐、腹泻 | | |
| 7 | 4岁金毛寻回犬，化脓性皮肤病一月有余 | | |
| 8 | 8月龄金吉拉猫，突然尿闭 | | |

## 三、寒热

寒热是辨别疾病性质的两个纲领。寒证与热证是概括机体阴阳的偏盛与偏衰的两种证候。

### 1. 寒证

寒证就是“阴胜其阳”的证候，或为阴盛，或为阳虚，或阴盛阳虚同时存在（图 2-42 至图 2-44）。引起寒证的病因，一是外感风寒，或内伤阴冷；二是内伤久病，阳气耗伤，或在内伤阳气的同时，又感受了阴寒邪气。

寒证的一般症状是口色淡白或淡清，口津滑利，舌苔白，脉迟，尿清长，粪稀，鼻寒耳冷，四肢发凉等。有时还有恶寒，被毛逆立，肠鸣腹痛的症状。

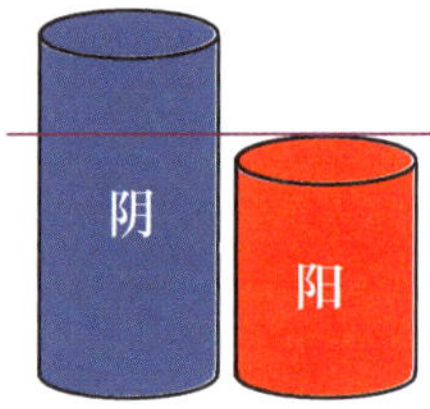


图 2-42　阴盛实寒

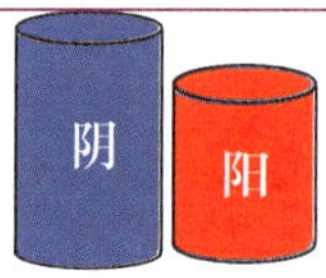


图 2-43　阳虚虚寒

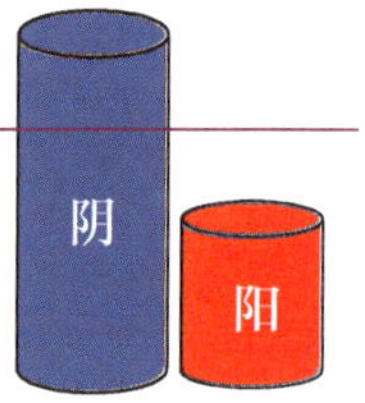


图 2-44　阴盛阳虚

2. 热证

热证就是“阳胜其阴”的证候，或阳盛，或阴虚，或阳盛阴虚同时存在（图 2-45 至图 2-47）。引起热证的病因也主要有两个方面，一是外感风热，或内伤火毒；二是久病阴虚，或在阴虚的同时，又感受热邪。

热证的一般症状表现是口色红，口津减少或干黏，舌苔黄，脉数，尿短赤，粪干或泻痢腥臭，呼出气热，身热。有时还有目赤、气促喘粗、贪饮、恶热等症状。

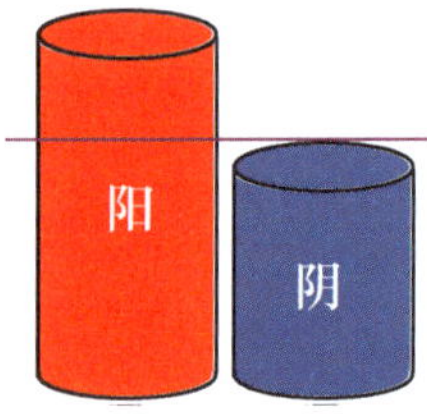


图 2-45　阳盛实热

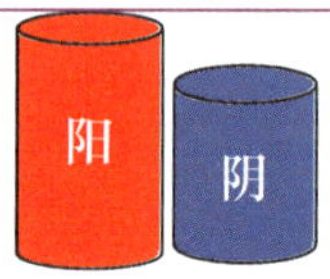


图 2-46　阴虚虚热

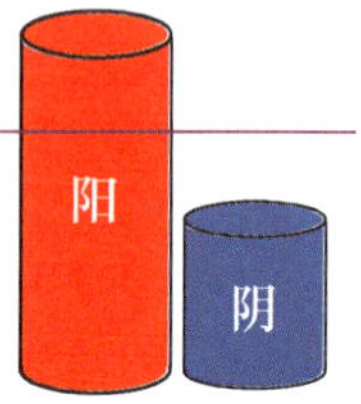


图 2-47　阳盛阴虚

3. 寒证热证的鉴别要点

寒证与热证，是机体阴阳偏盛偏衰的反应，临床鉴别要点见表 2-4。

表 2-4　寒证与热证的鉴别要点

| 项目 | 临床鉴别要点 | |
|---|---|---|
| | 寒证 | 热证 |
| 寒热喜恶 | 恶寒喜温 | 恶热喜凉 |
| 四肢、耳朵及鼻镜 | 凉 | 热 |
| 口渴 | 不渴 | 喜饮凉水 |
| 大便 | 稀薄 | 干燥 |
| 小便 | 清长 | 短黄 |
| 舌象 | 舌淡苔白润 | 舌红苔黄燥 |
| 脉象 | 迟或紧 | 数 |

对于不会言语表达的动物来说，何为恶寒喜温、恶热喜凉呢？我们可以通过动物喜欢进空调房还是喜欢晒太阳、喜欢趴在地板砖上还是趴在窝里、喜欢喝凉水还是喝温水等情况加以鉴别。

对于寒证热证都有表现的动物，我们看哪个症状多，便以哪种证为主。通常，出现 2～3 个症状的为疑似，出现 4 个及以上症状的即可确诊。例如，出现了不想喝水、大便稀薄、恶寒喜温、小便清长的症状，即可诊断为寒证。

## 学以致用

根据下列病证描述，对下列病例进行寒热证的初步鉴别。

| 序号 | 病证 | 寒证 | 热证 |
|---|---|---|---|
| 1 | 5 岁斗牛犬，耳尖热、鼻镜干、呼吸快、喜欢喝冷水 | | |
| 2 | 6 月龄狸花猫，不爱喝水，四肢发冷，后肢瘫痪，脉慢、舌色发紫 | | |
| 3 | 15 岁京巴犬，舌色红、皮肤发干、喜饮凉水、喜卧在地板砖上 | | |
| 4 | 2 岁拉布拉多犬，腹泻、腹痛、舌色发紫、脉沉且慢 | | |

## 四、虚实

虚实是辨别邪正盛衰的两个纲领。一般而言，虚证是正气不足的证候，而实证则是邪气亢盛有余的证候。

### 1. 虚证

虚证是对机体正气虚弱所出现的各种证候的概括。在宠物临床上形成虚证的原因主要是老弱体虚，大病、久病之后，或病中失治、误治等，长期饲喂不足导致阴精、阳气受损而致虚的情况相对少见。

虚证的一般症状表现为口色淡白，舌质如绵，无舌苔，脉虚无力，头低耳耷，体瘦毛焦，四肢无力。有时还表现出虚喘、粪稀或完谷不化等症状。在临诊中，常将虚证分为气虚、血虚、阴虚、阳虚等类型，其鉴别要点见表 2-5。

表 2-5　气虚、血虚、阴虚、阳虚的临床鉴别要点

| 类型 | 临床鉴别要点 |
|---|---|
| 气虚 | 无力，不愿运动，精神不振 |
| 血虚 | 贫血相，舌色淡白，皮肤干，易起皮屑，瘙痒，毛色枯焦无光泽 |
| 阴虚 | 内热，贪凉，贪饮，舌色红，舌干，小便色黄、量少，大便干燥 |
| 阳虚 | 怕冷，喜欢温暖，四肢末梢及耳朵等部位发凉 |

2. 实证

凡邪气亢盛而正气未衰，正邪斗争比较激烈而反映出来的亢奋证候，均属于实证。引起实证的原因有两个方面，一是感受外邪；二是内脏机能活动失调，代谢障碍，以致痰饮、水湿、瘀血等病理产物停留体内。

实证的具体症状表现因病位和病性等的不同有很大差异。但就一般症状而言，常见高热，烦躁，喘息气粗，腹胀疼痛，拒按，大便秘结，小便短少或淋漓不通，舌红苔厚，脉实有力等。

3. 虚证实证的临床鉴别要点

虚证与实证的临床鉴别要点见表 2-6。需要注意的是，疾病是复杂的，常存在虚实夹杂、转化、真假等，临床需根据四诊资料进行全面诊断。

表 2-6　虚证与实证的临床鉴别要点

| 虚实 | 年龄 | 体格 | 病程 | 症状 | 舌苔 | 脉搏 |
|---|---|---|---|---|---|---|
| 虚证 | 老年 | 消瘦 | 长 | 不剧烈 | 薄或无 | 弱、虚 |
| 实证 | 青壮年 | 壮实 | 短 | 剧烈 | 厚 | 强、实 |

## 学以致用

### 一、实证

可以简单地理解为过多，也就是不该有的有了，不该多的多了，如外邪、病原微生物、毒物等入侵；气血瘀滞或脏腑机能亢进，如临床常见的肝阳上亢、肝气瘀滞等。还有任何形式的积聚，如痰饮、肿瘤、结石等。实证的临床表现多见于以下情况，临床辨证时符合4个及以上情况即可诊断为实证。

| | |
|---|---|
| 1. 年龄小于 6 岁 | 7. 病情剧烈 |
| 2. 有积聚 | 8. 舌色发红或发紫 |
| 3. 急性发病 | 9. 发热 |
| 4. 有疼痛感 | 10. 舌苔厚 |
| 5. 身体强壮 | 11. 不喜欢被触摸 |
| 6. 脉洪大 | 12. 可能有结节或肿块 |

### 二、虚证

可以简单地理解为该有的少了或者没有了。临床上根据虚证的表现特点又分为了阴虚、阳虚、气虚、血虚、精虚，其中精虚属于遗传问题。阴虚则内热、阳虚则怕冷、气虚则无力、血虚则焦枯，这是四者之间的简单辨别要点。临床上脏腑的虚证主要表现如下。

| 阴 | 阳 | 气 | 血 |
|---|---|---|---|
| 肝 | — | — | 肝 |
| 心 | 心 | 心 | 心 |
| 脾 | 脾 | 脾 | — |
| 肺 | — | 肺 | — |
| 肾 | 肾 | 肾 | — |

虚证的临床表现多见于以下情况，临床辨证时符合4个及以上情况即可诊断为虚证。

| | |
|---|---|
| 1.年龄大于10岁 | 6.喜欢被触摸 |
| 2.慢性病 | 7.舌红或白 |
| 3.身体弱 | 8.舌苔薄或无 |
| 4.病症不剧烈 | 9.脉弱 |
| 5.低热或不发热 | 10.无结节或肿块 |

## 知识拓展

### 一、八纲之间的关系

八纲中，阴阳、表里、寒热、虚实，各自概括着一个方面的病理本质，它们之间是相互联系的，不是孤立的、静止不变的。在临床上，证与证之间存在着相兼、错杂、转化甚至真假难辨。我们在临床应用时，不仅要掌握八纲基本证的识别，更应该把握八纲之间的相互关系，将八纲综合起来对病情做全面分析考察，才能对证有较为准确的认识。

### 二、八纲证候之间的关系

#### (一)证的相兼

即在疾病的某一阶段，出现不相对立的两纲或两纲以上的证同时存在。

#### (二)证的错杂

即在疾病的某一阶段，同时存在八纲中对立两纲的证。从表里、寒热、虚实角度，分别可概括为三大类。

(1)表里同病，即指在同一个患病宠物身上，既有表证，又有里证。临床常见有表里俱寒、表里俱热、表寒里热、表热里寒、表里俱实、表实里虚六种。

(2)寒热错杂，即指在同一个患病宠物身上，既有寒证，又有热证。寒热错杂的形成可以概括为三种情况：一是先有热证，复感寒邪，或先有寒证，复感热邪；二是先外感寒证，寒郁而化热，虽已入里，但表寒未解；三是机体阴阳失调，出现寒热错杂。

(3)虚实夹杂,即指在同一个患病宠物身上,既有虚证,又有实证。虚实夹杂的形成可概括为两种情况:一是先有实证,邪气太盛损伤正气,导致正气虚而出现虚证;二是先有正气不足的虚证,因虚无力祛除病邪,导致病邪积聚,或复感外邪,而同时出现实证。

### (三)证的转化

即疾病在发展变化过程中,八纲中相互对立的证在一定的条件下可以相互转化。转化的结果通常有两种可能:一是病位由浅入深,病情由轻变重,病情向恶化方向转化;二是病位由深入浅,病情由重变轻,病情向痊愈方向转化。

在临床上,证的转化包括表里出入、寒热转化以及虚实转化三种。

## 思与练

病例分析:请利用所学的八纲辨证知识,对以下病例进行分析,小组讨论给出分析结果,并做课堂交流。

1. 威尔士柯基犬,2岁,雄性,免疫正常,体内外正常驱虫。因2 d前出现咳嗽、流清鼻涕而就诊。精神、饮食欲正常,大小便正常。舌红、脉洪大。请根据所给资料对患犬进行八纲辨证。

2. 贵宾犬,7岁,雌性,已绝育,免疫正常,体内外正常驱虫。主诉:5 d前拉稀,自用蒙脱石后大便正常,之后出现发热、不食、呕吐、小便色黄等现象。脉搏洪大、脉数,舌色红。请根据所给资料对患犬进行八纲辨证。

3. 博美犬,13岁,双眼青光眼,失明1年多,因近3个月食欲逐渐下降而就诊。主诉:犬平时喜欢待在空调房间,睡在瓷砖上,喝冷水,且喝水多。临床检查发现犬舌头外伸,舌色红,舌干,有裂纹,切诊脉数。请根据所给资料对患犬进行八纲辨证。

# 任务四 脏腑辨证

**知识目标**

1. 掌握脏腑辨证的内涵。
2. 掌握脏腑辨证的要点。
3. 重点掌握脏腑辨证在中兽医临床上的应用。

二维码 2-12 脏腑辨证

**能力目标**

能够利用脏腑辨证解决临床实际问题。

**素质目标**

1. 培养传承并弘扬中华优秀传统文化的精神，增强民族自信心和自豪感。
2. 培养知行合一、格物致知的精神。

## 导学

脏腑辨证，是根据脏腑的生理功能，病理变化，对四诊收集的疾病证候资料进行分析归纳，借以推究病因病机，判断病位、病性和正邪盛衰等状况的一种辨证方法。

脏腑辨证作为病位辨证方法之一，其重点是辨别疾病所在的脏腑部位，是各种辨证方法的基础，多用于辨内伤杂病。包括肝与胆、心与小肠、脾与胃、肺与大肠、肾与膀胱的病证（图 2-48）。

图 2-48 脏腑辨证

## 知识链接

## 一、心与小肠病辨证

### (一)心病

心主血脉,藏神;开窍于舌,在液为汗,与小肠相表里,故凡表现为血脉、神志、舌、汗、小肠的异常应考虑为心的病证。心的病证有虚有实,虚证为气血阴阳不足,即心血虚证、心阴虚证、心气虚证、心阳虚证及心阳虚脱证;实证多是火热痰等邪气的侵犯,多见心火亢盛证、痰蒙心神证、痰火扰神证、心脉痹阻证等。这里主要介绍临床常见的几种情况。

#### 1.心血虚证

心血虚证是指血液亏虚,心失所养,以心动失常、多梦(如睡眠过程中做出各种肢体动作)、血虚症状(如可视黏膜苍白、脉细无力)为主证。

#### 2.心阴虚证

心阴虚证是指阴液亏损,心失所养,虚热内扰,以心动失常、消瘦、恶热贪凉、烦渴、舌红少苔乏津、脉细数为主证。

#### 3.心气虚证

心气虚证是指心气不足,鼓动无力,以心动失常、不愿运动或运动后咳喘严重、精神不振、可视黏膜苍白、舌淡、脉虚为主证。

#### 4.心阳虚证

心阳虚证是指心阳虚衰,温润失司,虚寒内生,以心律失常、心胸疼痛(如触诊心胸部位出现抗拒或尖叫表现)、喜暖怕冷、四肢、耳朵及鼻镜发凉、舌色淡或发紫、苔白滑、脉弱或出现结脉、代脉为主证。

#### 5.心热内盛

心热内盛多因感受暑热之邪或其他淫邪内郁化热,或过服温补药所致。以高热、大汗、气促喘粗、粪干尿少、口渴、舌红、脉象洪数为主证。

#### 6.心火上炎

心火上炎是六淫内郁化火而致。以舌尖红、舌体糜烂或溃疡、苔黄、脉数为主证。

### (二)小肠病

小肠病变主要反映在泌别清浊功能和气机的失常,常见实证有小肠实热证,虚证有小肠虚寒证。

#### 1.小肠实热证

小肠实热证是指心火下移小肠,热迫膀胱,气化失司,出现小便带血、口渴、腹胀、舌红、苔黄、脉数等主证。

#### 2.小肠虚寒证

临床以腹部隐痛喜按,肠鸣泄泻,小便频数不爽,舌淡苔薄白,脉细缓等为主证。常见于现代医学之慢性肠炎等疾患,多由于脾胃虚寒发展而成,主要是小肠阳气虚衰,机能减退,泌别清浊失职之故。

**学以致用**

10岁京巴犬，雌性，产过2次，未绝育。主诉近半年来不愿运动，喜欢睡觉，精神变差。临床诊察见其黏膜苍白、舌色淡、脉虚弱，听诊心律失常。通过上述资料，结合所学，请初步判断该犬的病证。

## 二、肺与大肠病辨证

### (一)肺病

肺主气，宣降，外合皮毛；开窍于鼻，在液为涕，与大肠相表里，故凡表现呼吸不利，咳、痰，鼻塞流涕，嗅觉不灵，大便异常应考虑为肺的病证。肺的病证有虚有实。虚证多见于气亏与阴津不足；实证多由风寒燥热等邪气侵袭或痰浊犯肺所致。这里只介绍临床常见的四种情况。

1. 肺气虚证

肺气虚证是指肺气虚弱，宣肃、卫外功能减退，以咳嗽、气喘、叫声弱、精神不振、舌淡苔白、脉弱等为主证。

2. 肺阴虚证

肺阴虚证是指肺阴亏虚，虚热内生，以干咳无痰或痰少而黏、口渴、舌红少津、脉细数等为主证。

3. 风寒犯肺证

风寒犯肺证是指由于风寒侵袭，肺卫失宣，以咳嗽及痰稀色白、恶寒发热、鼻流清涕、舌苔薄白、脉浮紧等为主证。

4. 风热犯肺证

风热犯肺证是指由于风热侵犯，肺卫失宣，以咳嗽及痰稠色黄、发热微恶风寒、鼻塞流涕、口干微渴、舌尖红、苔薄黄、脉浮数等为主证。

### (二)大肠病

1. 大肠湿热证

外感暑湿，或感染疫疠之气，或喂霉败秽浊的或有毒的饲料，以致湿热或疫毒蕴结于肠，损伤气血而发病。见于急性胃肠炎、菌痢等的病程中。以发热、腹痛起卧、泻痢腥臭甚则脓血混杂、口渴、尿少等为主证。

2. 肠热腑实证

肠热腑实证是指热邪入里，与肠中糟粕相搏，以腹满硬痛、便秘及热炽盛症状为主要表现的证。临床表现腹部胀满、疼痛拒按，大便秘结、气味恶臭，小便短黄，舌质红、苔黄厚且燥，脉沉数有力或沉迟有力。

3. 肠虚滑泻证

肠虚滑泻证是指大肠阳气虚衰不能固摄，以大便失禁甚或脱肛、腹隐痛、喜温喜按、舌淡苔白滑、脉弱等为主证。

4. 虫积肠道证

虫积肠道证是指蛔虫等寄居肠道，阻滞气机，消耗营养，以体瘦毛焦、乱食异物、大便排虫或呕吐虫体等为主证。

【思考】

肺与大肠病的辨证还可能有哪些？请查阅资料进行自学。

## 三、脾与胃病辨证

### （一）脾病

脾主运化，统血，主四肢肌肉，主升、喜燥恶湿；开窍于口，在液为涎，与胃相表里，共为后天之本。凡表现为饮食物的受纳、消化、吸收障碍，肿满；升降失常，呕吐泄泻；气虚下陷，内脏下垂；出血应考虑为脾胃的病证。脾胃的病证有虚有实，脾以虚证为多，常为气、阳与津的亏损；胃以实证常见，多为寒、燥、热、食积困扰所致。

脾气虚证是指脾气不足，运化失职，以纳少、腹胀、便溏以及气虚症状为主要表现的证。多由动物体质虚弱，劳役过度或饮喂失调，内伤脾气，以致脾气虚弱。在临床上脾气虚可分为以下三种情况。

（1）脾虚不运。多见食欲不振、体瘦、倦怠、粪稀尿少、消化不良等证。

（2）脾气下陷。在脾不健运基础上兼有久泻不止，脱肛或子宫脱或阴道脱。

（3）脾不统血。在脾不健运基础上兼有便血、尿血、皮下出血等慢性出血。

### （二）胃病

1. 胃热炽盛证

胃热炽盛证是指火热壅滞于胃，胃失和降，以胃脘疼痛、消谷善饥以及实热症状为主要表现的证。以胃部疼痛、拒按、口气臭、牙龈红肿甚或溃疡、喜饮冷水、大便秘结、小便短黄、舌红苔黄、脉滑数为主证。

2. 胃食滞

多由暴饮暴食，伤及脾胃，或饲料不易消化，停滞于胃所致。以不食、肚腹胀满、口腔酸臭、腹痛起卧、粪干或泄泻等为主证。

【思考】

脾与胃病的辨证还可能有哪些？请查阅资料进行自学。

## 四、肝与胆病辨证

### （一）肝病

肝主疏泄，藏血，主筋，开窍于目，在液为泪，与胆相表里。故凡表现为气滞血瘀，胀闷疼痛

或烦躁易怒，以及多种目疾应考虑为肝的病证，肝的病证有虚有实。虚证为肝阴、血的不足；实证气火有余，或为寒、湿热等邪气所侵犯。

1. 肝血虚证

肝血虚证是指肝血不足，机体失养，以视力减退、肢体麻木及血虚症状（如舌淡、脉细、爪甲干枯无光泽）为主要表现的证。

2. 肝阴虚证

肝阴虚证是指肝阴不足，虚热内生，以目涩、两胁痛（如怀抱或触诊时抗拒）以及虚热症状（如口渴、烦热、舌红少苔、脉弦细数）为主要表现的证。

3. 肝郁气滞证

肝郁气滞证是指肝失疏泄，气机郁滞，以胸胁疼痛、精神抑郁、苔薄白、脉弦为主要表现的证。

4. 肝火上炎证

肝火上炎证是多由外感风热或由肝气郁结而化火所致，以两目红肿、羞明流泪、睛生翳膜、视力障碍、粪干、尿浓、口色鲜红、脉象弦数等为主证。

5. 肝风内动证

肝风内动证多因阳亢、火热、阴虚、血虚等所致，根据病因病机不同，又分为肝阳化风、热极生风、阴虚动风、血虚生风四证。四证的临床症状有所不同，但主要以抽搐、震颤等以“动摇”症状为主的一类证。

**（二）胆病**

肝胆湿热多因感受湿热之邪，或脾胃运化失常，湿邪内生，郁而化热所致。以黄疸鲜明如橘色、尿液短赤或黄而浑浊、舌苔黄腻、脉弦数为主证。

**【思考】**

肝阳化风、热极生风、阴虚动风、血虚生风四证的临床表现有哪些不同？

## 五、肾与膀胱病辨证

**（一）肾病**

肾主命门之火，藏精，主水，主纳气，主骨齿生髓；开窍于耳、司二阴，在液为唾，腰为肾府，与膀胱相表里。故凡表现生长发育、生殖、水液、髓、骨、齿、听觉、小便、腰胯异常的应考虑为肾的病证。肾的病证有虚证，无实证。

下面介绍临床中常见的肾阴虚证、肾阳虚证、肾精不足证及肾不纳气证。

1. 肾阳虚证

肾阳虚证是指肾阳亏虚，机体失其温煦，出现畏寒肢冷、腰脊板硬疼痛，腰胯软弱、小便清长、舌淡苔白、脉沉细无力等为主的证。

2. 肾阴虚证

肾阴虚证是指肾阴亏损，失于滋养，虚热内扰，以形体消瘦、腰胯软弱、口渴烦热、舌红少苔

或无苔、脉细数等为主的证。

3. 肾精不足证

肾精不足证是指肾精亏损，脑与骨、髓失充，以生长发育迟缓、生育功能低下、舌淡苔白、脉弱为主的证。多为先天不足。

4. 肾不纳气证

肾不纳气证又称为肺肾气虚证，是指肾气亏虚，纳气无权，以久病咳喘、呼多吸少、动则喘息加重、无力、精神不振、舌淡苔白、脉沉弱或气短息促、口干、舌红少苔、脉细数为主的证。

### (二)膀胱病

膀胱湿热是由湿热下注膀胱，气化功能受阻所致，以尿频而急、尿液排出困难、常作排尿姿势、痛苦不安或尿淋漓、尿浑浊或有脓血或有砂石等为主的证。

【思考】

在临床上，猫常出现尿频或尿闭情况，请利用脏腑辨证和八纲辨证知识对其进行分析。

## 思与练

1. 下列选项不属于"心血虚"的是(　　)。

A. 脉细　　B. 多梦(睡梦中会出现各种肢体动作)

C. 舌红　　D. 黏膜苍白

2. 关于"心阴虚"的描述，不正确的是(　　)。

A. 恶热贪凉　　B. 烦渴喜饮　　C. 舌白胎腻　　D. 脉细数

3. 关于"风寒束肺"的描述，不正确的是(　　)。

A. 咳嗽　　B. 痰稀色白　　C. 鼻流黄涕　　D. 脉浮紧

4. 幼犬慢性腹泻出现脱肛，最符合的证型是(　　)。

A. 脾虚不运　　B. 脾气下陷　　C. 脾不统血　　D. 胃热炽盛

5. 关于肝血虚的临床表现，不包括(　　)。

A. 视力减退　　B. 肢体麻木　　C. 目赤肿痛　　D. 爪甲干枯无光泽

6. 关于肝风内动证的描述，正确的是(　　)。

A. 多因肝阳上亢、火热、阴虚、血虚等所致

B. 以抽搐、震颤等"动摇"症状为主

C. 肝肾亏虚会导致肝阳上亢

D. 以上都对

7. 关于肾阳虚常见的临床表现，不包括(　　)。

A. 畏寒肢冷　　B. 小便清长　　C. 舌红胎腻　　D. 舌淡苔白

## 答案

1～7　C C C B C D C

# 任务五　卫气营血辨证

**知识目标**

1. 掌握卫气营血辨证的内涵。
2. 掌握卫气营血辨证的要点。
3. 重点掌握卫气营血辨证在中兽医临床上的应用。

二维码 2-13　卫气营血辨证

**能力目标**

能够利用卫气营血辨证解决临床实际问题。

**素质目标**

1. 培养传承并弘扬中华优秀传统文化的精神，增强民族自信心和自豪感。
2. 培养知行合一、格物致知的精神。

## 导学

卫气营血辨证，该法为清代著名医学家叶天士（图 2-49）创立的用于辨外感温热病的一种辨证方法。温热病是感受温热病邪所引起的多种急性热病的总称，是外感病的一大类别，以发展迅速，变化较多，热象偏重，易化燥伤阴为特征。

卫、气、营、血是对温热病四类证候的概括，同时又代表着温热病过程中由浅入深，由轻转重的四个阶段。就温热病四个阶段病变的部位来说，卫分主表，病在肺与皮毛；气分主里，病在肺、肠、胃等脏腑；营分是邪热入于心营，病在心与心包；血分是邪热已深入肝、肾，重在动血、耗血。

图 2-49　叶天士之像

## 知识链接

### 一、卫分病证

卫分病证是温热病邪侵犯肌表，卫分功能失常所表现出的证候。一般见于温热病的初期，属于表热证。以发热重，恶寒轻，咳嗽，咽喉肿痛，口干微红，舌苔薄黄，脉浮数为主证。

## 二、气分病证

气分病证是温热病邪深入脏腑，正盛邪实，正邪相争激烈，阳热亢盛的里热证。多由卫分病传来，或由温热之邪直入气分所致。主要表现为但热不寒，呼吸喘粗，口干津少，口色鲜红，舌苔黄厚，脉洪大。但因温热之邪所侵袭的脏腑和部位的不同，又有不同的证候表现。常见的有温热在肺、热入阳明、热结肠道三种证型。

### 1.温热在肺

以发热，呼吸喘粗，咳嗽，口色鲜红，舌苔黄燥，脉洪数为主证。

### 2.热入阳明

以身热，大汗，口渴喜饮，口津干燥，口色鲜红，舌苔黄燥，脉洪大为主证。

### 3.热结肠道

以发热，肠燥便干，粪结不通或稀粪旁流，腹痛，尿短赤，口津干燥，口色深红，舌苔黄厚，脉沉实有力为主证。

## 三、营分病证

营分病证是温热病邪入血的轻浅阶段，以营阴受损，心神被扰为其特点。证见高热，舌质红绛，斑疹隐隐，神昏或躁动不安。营分病证的形成：一是由卫分不经气分而直入营分；二是由气分传来；三是温热之邪直入营分，即温热病邪侵入机体，致使动物起病后便出现营分症状。常见的有热伤营阴和热入心包两种证型。

### 1.热伤营阴

以高热不退，夜甚，躁动不安，呼吸喘促，舌质红绛，斑疹隐隐，脉细数为主证。

### 2.热入心包

以高热、神昏，四肢厥冷或抽搐，舌绛，脉数为主证。

## 四、血分病证

血分病证是温热病的最后阶段，也是疾病发展过程中最为深重的阶段。除具有较重的营分证候外，还有耗血、动血、伤阴、动风的病理变化。血分病或由营分传来，即先见营分病的营阴受损，心神被扰的症状，而后才出现血分病证；或直接由气分传入血分。常见的有血热妄行、气血两燔、肝热动风和血热伤阴等四种证型。

### 1.血热妄行

以身热，神昏，黏膜、皮肤发斑，尿血，便血，口色深绛，脉数为主证。

### 2.气血两燔

以身大热，口渴喜饮，口燥苔焦，舌质红绛，发斑，衄血，便血，脉数为主证。

### 3. 肝热动风

以高热，项背强直，阵阵抽搐，口色深绛，脉弦数为主证。

### 4. 血热伤阴

以低热不退，精神倦怠，口干舌燥，舌红无苔，尿赤，粪干，脉细数无力为主证。

## 五、卫气营血证的传变

### 1. 顺传

顺传是指温热病邪按照卫分—气分—营分—血分的次序传变。顺传是温热病发展演变的一般规律，标志着病邪由表入里，由浅入深，病情逐渐加重。

### 2. 逆传

逆传是指温热病邪不按照顺传的次序及规律传变，如邪入卫分后，不经过气分阶段而直接深入营分、血分，出现昏迷、神乱等症状。逆传标志着邪气太盛或正气大虚，提示病情更加危急凶险。

**注意：**疾病因为病邪不同、患病动物的体质差异以及治疗的影响等，温热病的传变也有不按照上述规律的，临床上需要认真辨别，具体病例具体对待。

### 思与练

1. 卫气营血辨证是由哪位医学家创立的？（　　）

A. 叶天士　　B. 李石

C. 葛洪　　D. 张仲景

2. 关于卫分证的主要临床表现，不包括（　　）。

A. 发热微恶寒　　B. 咽喉红肿

C. 舌绛　　D. 脉浮数

3. 以下描述不正确的是（　　）。

A. 卫气营血辨证是用于辨外感温热病的一种辨证方法

B. 卫分病证一般见于温热病的初期，属于表热证

C. 气分病证是阳热亢盛的里热证

D. 热结肠道是营分病证的一种证型

4. 关于营分病证的描述，正确的是（　　）。

A. 温热病邪入血的轻浅阶段

B. 以营阴受损、心神被扰为特点

C. 可见高热、神昏、舌绛、脉数等证

D. 以上都正确

5. 关于血分病证的描述，正确的是(　　)。

A. 温热病的最后阶段

B. 常见的有血热妄行、气血两燔、肝热动风、血热伤阴等四种证型

C. 可见高热、神昏、舌绛、尿血、便血、脉数等证

D. 以上都正确

## 答案

1~5　A C D D D

# 项目三

# 腧穴篇

- 任务一　腧穴总论
- 任务二　特定穴
- 任务三　腧穴各论

# 名医故事

## "药王"孙思邈

孙思邈(581—682 年,存在争议),京兆华原(今陕西省铜川市耀州区)人,相传为楚大夫屈原的后人,唐代医药学家、道士,被后人尊称为"药王"(图 3-1)。

孙思邈的一生致力于医学临床研究,对内、外、妇、儿、五官、针灸各科都很精通,有二十四项成果开创了中国医药学史上的先河,特别是论述医德思想,倡导建立妇科、儿科,针灸穴位等。

图 3-1　孙思邈之像

(1)医学巨著《千金方》是中国历史上第一部临床医学百科全书,被国外学者推崇为"人类之至宝"。
(2)第一个完整论述医德思想的人。
(3)第一个倡导建立妇科、儿科的人。
(4)第一个麻风病专家。
(5)第一个发明手指比量取穴法。
(6)第一个创绘彩色《明堂三人图》。
(7)第一个将美容药推向民间。
(8)第一个创立"阿是穴"。
(9)第一个扩大奇穴,选编针灸验方。
(10)第一个提出复方治病。
(11)第一个提出多样化用药外治牙病。
(12)第一个提出用草药喂牛,而使用其牛奶治病的人。
(13)第一个提出"针灸会用,针药兼用"和预防"保健灸法"。
(14)系统、全面、具体论述药用植物种植、采集、贮藏的第一人。
(15)第一个提出并试验成功野生药用植物变家种。
(16)首创地黄炮制和巴豆去毒炮制方法。
(17)首用胎盘粉治病。
(18)最早使用动物肝脏治疗眼病,动物肝脏富含维生素 A。
(19)第一个治疗脚气病,并最早用榖树皮煎汤煮粥食用预防脚气病和脚气病的复发,比欧洲人早一千年,榖树皮富含维生素 $B_1$。
(20)首创以砷剂(雄黄等)治疗疟疾病,比英国人用砒霜制成的氧化砷早一千年。
(21)第一个提出"防重于治"的医疗思想。
(22)首次使用羊靥(羊甲状腺)治疗甲状腺肿。
(23)中国历史上第一位深入民间,向群众和同行虚心学习、收集校验秘方的医生。
(24)第一个发明导尿术。

# 任务一　腧穴总论

**知识目标**

1. 掌握腧穴的概念、命名及分类。
2. 掌握腧穴的归经、主治特点及主治规律。
3. 掌握腧穴的定位方法和选配原则。

**能力目标**

1. 能够将腧穴的主治特点和主治规律用于临床指导。
2. 能够根据腧穴的选配原则制定针灸处方。

**素质目标**

1. 培养传承并弘扬中华优秀传统文化的精神，增强民族自信心和自豪感。
2. 培养知行合一、格物致知的精神。
3. 培养医德高尚、医术精湛的综合型宠物医疗人才。

二维码 3-1　穴位基础(一)

二维码 3-2　穴位基础(二)

**导学**

在武侠影视剧中，我们经常看到“点穴”的画面，我们内心深处肯定会存在很多疑问：什么是穴位？什么是点穴？怎样点穴？点穴的作用是什么？不知大家有没有查询相关资料解决心中的困惑？

## 知识链接

## 一、腧穴的概念和发展历程

### (一)腧穴的概念

在黄帝时代，我们的祖先就已经知道了人体皮肤上有着许多特殊的感觉点，称之为“节”“会”“气穴”“气府”等。晋代皇甫谧(图 3-2)编纂了我国现存针灸专科的开山名著《针灸甲乙经》，对人体穴位的名称、别名、位置和主治进行一一论述，称之为“孔穴”。到了宋代，医学家王惟一(图 3-3)重新理订穴位，订正讹谬，撰著《铜人腧穴针灸图经》(图 3-4)，将穴位通称为“腧穴”，并且首创铜人模具(图 3-5)。明代著名医学家张景岳的《类经・人之四海》记载：“输、腧、俞，本经皆通用。”因此，腧穴又有输穴、俞穴之称。清代吴亦鼎的《神灸经纶》则称为“穴位”。现代中医学对“腧穴”“输穴”以及“俞穴”的概念进行了规定。其中，“腧穴”是所有穴位的统称，

“输穴”是特指特定穴中五腧穴“井荥输经合”中的输穴，“俞穴”则特指特定穴中的背俞穴。

图 3-2　皇甫谧之像

图 3-3　王惟一之像

图 3-4　《铜人腧穴针灸图经》

图 3-5　铜人模具

现代中医学认为，穴位是脏腑经络气血输注和聚集于体表的特殊部位。可反映出脏腑经络的生理功能和病理变化，并可接受外界的各种刺激并将其传至体内，以调整内部功能。正如《黄帝内经 · 九针十二原》所言，穴位是“神气之所游行出入也，非皮肉筋骨也”。现代研究证实，穴位多分布于肌肉、血管、淋巴管和神经末梢等处。

### （二）腧穴的发展历程可以概括为三个阶段

#### 1. 最初阶段

远古时代，我们的祖先在日常生活劳动中发现，当身体某一部位或脏器发生疾病时，对这些部位进行砭刺、叩击、按摩、针刺、火灸等刺激，可减轻或消除病痛。这种“以痛为腧”所认识的腧穴，既无定位，又无定名，是认识腧穴的最初阶段。

2. 第二阶段

在医疗实践中，随着对体表施术部位及其治疗作用的逐步了解，人们积累了较多的经验，认识到有些腧穴有确定的位置和主治病证，并给以位置的描述和命名。这是腧穴发展的第二阶段，即定位、定名阶段。

3. 成熟阶段

随着对经络以及腧穴主治作用认识的不断深化，古代医学家对腧穴的主治作用进行了归类，并与经络相联系。通过历代医学家的不断总结、分析归纳，逐步将腧穴分别归属各经。这是腧穴发展的成熟阶段，即定位、定名、归经阶段。

### （三）腧穴数量的发展

《内经》论及穴名约 160 个，并有腧穴归经的记载。晋代皇甫谧所著《针灸甲乙经》记载周身经穴穴名 349 个，除论述了腧穴的定位、主治、配伍、操作要领外，还对腧穴的排列顺序进行了整理，为腧穴学理论和针灸实践的发展做出了重要贡献。北宋王惟一对腧穴重新进行了考定，撰写了《铜人腧穴针灸图经》，详载了 354 个穴名。元代滑伯仁所著《十四经发挥》记载经穴穴名也为 354 个，并将全身经穴按循行顺序排列，称为“十四经穴”。明代杨继洲所著《针灸大成》记载经穴穴名 359 个，并列举了辨证选穴的范例，充实了针灸辨证施治的内容。清代李学川所著《针灸逢源》记载经穴穴名 361 个，并延续至今。目前，人的腧穴国家标准是 362 个经穴，在 361 个的基础上增加了印堂穴。

## 二、兽医针灸的发展历程

通过对我国古代大量甲骨文和金文的分析研究可知，早在商、周时期已普遍使用针灸疗法。据《周礼》记载，周代“疗兽疡”的方法即为针药兼施。西汉时刘向撰（或为东汉人撰）《列仙传・师皇篇》中有“针其唇下及口中，以甘草汤饮之”而治“龙”（古人把八尺以上的马称为“龙”）病的文字记载（图 3-6）；当时已有铁制的九针、金针和银针出现。至隋代，兽医针灸著作《马经孔穴图》问世。唐代刊行的兽医学著作《司牧安骥集》中，收载有以春秋时期畜牧兽医专家孙阳（号伯乐）命名的兽医针灸专篇《伯乐针经》，并有“穴名图”“伯乐画烙图歌诀”“放血法”及表明马体十二经络雏形的“六阴六阳图”等（图 3-7、图 3-8）。明代的《元亨疗马集》也有针灸专篇（图 3-9）；清代《养耕集》等著作则对牛的针灸疗法记述较详。

图 3-6　马师皇之像

图 3-7　孙阳之像

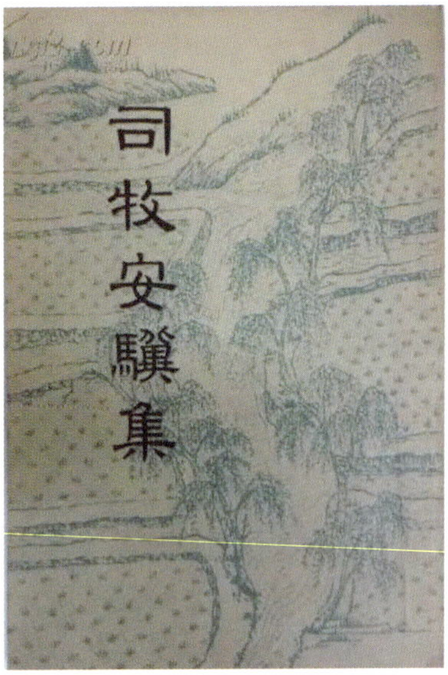


图 3-8 《司牧安骥集》

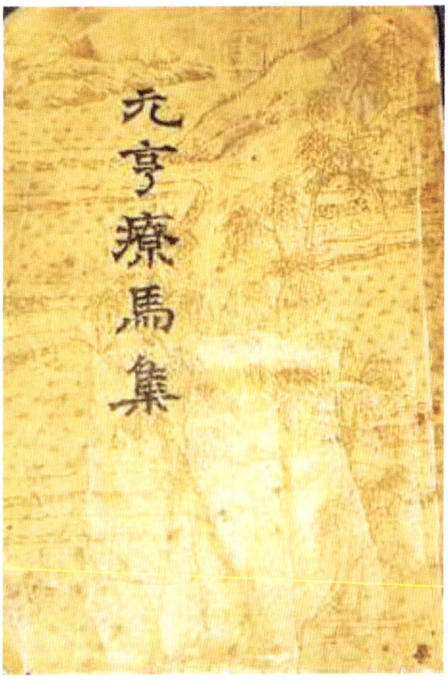


图 3-9 《元亨疗马集》

1949 年后，在发掘和继承传统经验的基础上，通过大量临床和实验研究，在针刺抗炎、针刺麻醉、针治母畜不孕症和实验动物针灸疗法等方面积累了不少经验，兽医针灸疗法又有了新的进展。20 世纪 70 年代以来，兽医针灸在国际上也受到广泛重视，许多国家如日本、朝鲜、俄罗斯、印度、斯里兰卡、美国、加拿大、德国、英国、奥地利、法国、丹麦、芬兰、南斯拉夫等，都已开始进行兽医针灸的应用研究。

《伯乐针经》中载有马的穴名 75 个，《元亨疗马集·附水黄牛经合并大全》载有牛的穴名 34 个。随着实践和研究的开展，新的穴位又有发现。1984 年有资料记载的马的穴名达 173 个（不包括耳针穴和针麻专用穴），牛的穴名 103 个，猪的穴名 85 个，羊的穴名 75 个，骆驼的穴名 77 个，犬的穴名 76 个，兔的穴名 51 个，猫的穴名 32 个，鸡的穴名 34 个，鸭的穴名 35 个。目前，犬的腧穴研究主要借鉴人体经络穴位和马、牛大动物的传统兽医穴位两个方面。

## 三、腧穴的命名和分类

《黄帝内经·阴阳应象大论》言："气穴所发，各有处名"。

孙思邈在《千金翼方》中指出，"凡诸孔穴，名不徒设，皆有深意。穴名近于木者属肝；穴名近于神者属心；穴名近于金玉者属肺；穴名近于水者属肾。是以神之所藏，亦各有所属。穴名府者，神之所集；穴名门户者，神之所出入；穴名舍宅者，神之所安；穴名台者，神所游观。穴名所主，皆有所况，以推百方，度事皆然。"说明腧穴的命名都含有一定的意义。理解了穴位命名，将有助于熟悉穴位的功能和特点。

### （一）腧穴的命名

#### 1. 传统穴位命名法

（1）按体表形象命名，如以动植物形象命名的鹿节、伏兔、雁翅、姜牙、莲花等。

(2)按解剖位置命名,如尾尖、尾根、耳尖等。

(3)按脏腑名称命名,如肝俞、心俞、肾俞、脾俞等。

(4)按照穴位作用命名,如开关、睛明、迎香等。

(5)按会意命名,如承浆、承泣等。

2. 国际标准穴位命名法

国际标准穴位命名法是用经络英文单词的缩写和数字相组合的方式,数字则是穴位在经脉上的序号(表 3-1)。例如,肺经(Lung 缩写为 LU)共有 11 个穴位,肺经上第 1 个穴位的命名是 LU-1,第 5 个穴位的命名则是 LU-5。胃经(Stomach 缩写为 ST),共有 45 个穴位,胃经上第一个穴位的命名是 ST-1,第 15 个穴位的命名是 ST-15,最后一个穴位的命名是 ST-45。

值得注意的是,传统穴位命名法和国际标准穴位命名法各有其优势,传统穴位命名法更能体现穴位名称的内涵,根据穴位名称能够推断出其所在位置或穴位的主治功能;国际标准穴位命名法的好处则是便于推动兽医针灸国际化,利于记忆。

表 3-1 十四经脉的缩写及腧穴数目

| 经脉名称 | 缩写 | 单侧腧穴数目（任督二脉是单条） |
| --- | --- | --- |
| 肺经(Lung) | LU | 11 |
| 大肠经(Large Intestine) | LI | 20 |
| 胃经(Stomach) | ST | 45 |
| 脾经(Spleen) | SP | 21 |
| 心经(Heart) | HT | 9 |
| 小肠经(Small Intestine) | SI | 19 |
| 膀胱经(Bladder) | BL | 67 |
| 肾经(Kidney) | KID | 27 |
| 心包经(Pericardium) | PC | 9 |
| 三焦经(Triple Heater) | TH | 23 |
| 胆经(Gallbladder) | GB | 44 |
| 肝经(Liver) | LIV | 14 |
| 督脉(Governing Vessel) | GV | 28+1 |
| 任脉(Conception Vessel) | CV | 24 |

## (二)腧穴的分类

腧穴的分类可依据不同的针法、不同的经脉、腧穴的大小、所在解剖位置及其功效等而定。

1. 按照针法分类

一般分为常规腧穴和血针腧穴两类。

大部分的腧穴都属于常规腧穴，可使用白针、水针、电针或灸法。例如，后肢阳明胃经上的后三里穴（ST-36），可使用白针、水针、电针或灸法，用于治疗虚证。

血针腧穴位于体表血管部位，针刺腧穴放血，用于治疗急性实热证或气滞血瘀等。例如，临床上常用的耳尖穴，血针耳尖穴是治疗犬发热和风热感冒的常用方法。需要注意的是，血针腧穴禁用于气血虚弱的动物。

### 2. 按照解剖部位分类

腧穴可分为头部腧穴、躯干部腧穴、前肢腧穴和后肢腧穴等，如腕骨、膻中、膝眼、耳门、耳尖、乳中、乳根、脊中、脐中等。对这一类穴位知其名称即可确定其所在部位。这类分类方法较为传统，现在很少使用。

### 3. 按照经脉络属关系分类

可分为经穴、奇穴和阿是穴。

(1)经穴，即十四经穴，即归属于十二经脉及奇经八脉中任脉和督脉的腧穴。每一个经穴都有固定的名称和编号。如前肢太阴肺经上的第一个经穴中府，编码为LU-1。位于十四经脉上的经穴共有361个。

(2)经外奇穴简称奇穴，是指没有归入十四经脉系统的腧穴。如果把经络比喻成大小不等的河流，奇穴就是零星分散的湖泊，奇穴的分布较为分散，有的在十四经循行路线上，有的虽不在十四经循行路线上，但却与经络系统有着密切的关系；有的奇穴并不指某一个部位，而是由多穴位组合成的。目前，常用的奇穴有44个。其中头颈部12个，躯干部11个，四肢部位21个。奇穴只有中文名，国际上用汉语拼音表示其名，如太阳（Tai-yang）、山根（Shan-gen）、耳尖（Er-jian）等。

(3)阿是穴，又名不定穴、天应穴、压痛点。这类穴位既无具体名称，又无固定位置，一般都随病而定，多位于病变的附近，也可在与其距离较远的部位。它的取穴方法以痛为腧，即人们常说的“有痛便是穴”，表示肌肤的压痛点或通过针术缓解疼痛的位点。

### 4. 按照腧穴大小及区域分类

动物的体形大小不同，腧穴大小和形状也有所差异，为此，了解腧穴的大小和形状，有助于发挥针灸的最佳疗效。较大的腧穴很容易定位，但一些小如缝隙的腧穴，定位时容易出现偏差。

(1)方形穴，该类腧穴常位于大的孔洞或大的凹陷内。例如，抢风穴，位于三角肌和肱三头肌交会的凹陷中；百会穴，位于背部正中腰荐结合的凹陷中。

(2)线形穴，穴位沿着经脉的循行方向呈线性分布，如后肢的要穴——后三里（ST-36）。

(3)细小穴，还有些穴位非常狭小，如睛明穴（Bl-1）。

当然，腧穴的大小与动物的体形大小有着直接的关系，但有资料报道，成年人的腧穴大小直径约在3 mm。

### 5. 根据腧穴的功效分类

每个腧穴都具有一定的功效，有些腧穴的作用有相同之处，有些有特殊作用，有些腧穴既有相同作用又有特殊疗效。具有特殊疗效的腧穴我们称为特定穴，在特定穴部分会详细介绍。

## 四、腧穴的归经和子午流注

穴位归属于一定的经脉通路上，称为穴位的归经。现代医学研究证明经络和穴位是客观存在的。

经络是机体气血运行的通道（是线），穴位是这些通道的交叉点或者转折点（是点）。穴位属于经络，经络包括穴位；穴位与穴位之间的连接就是经络，经络的气血运行需要穴位保证畅通。所以穴位和经络的区别可以理解为点和线的区别。

机体有十二正经和奇经八脉，奇经八脉中任脉、督脉具有自身的腧穴和特定的循行路线，和十二正经合称为十四正经（图 3-10 至图 3-21）。

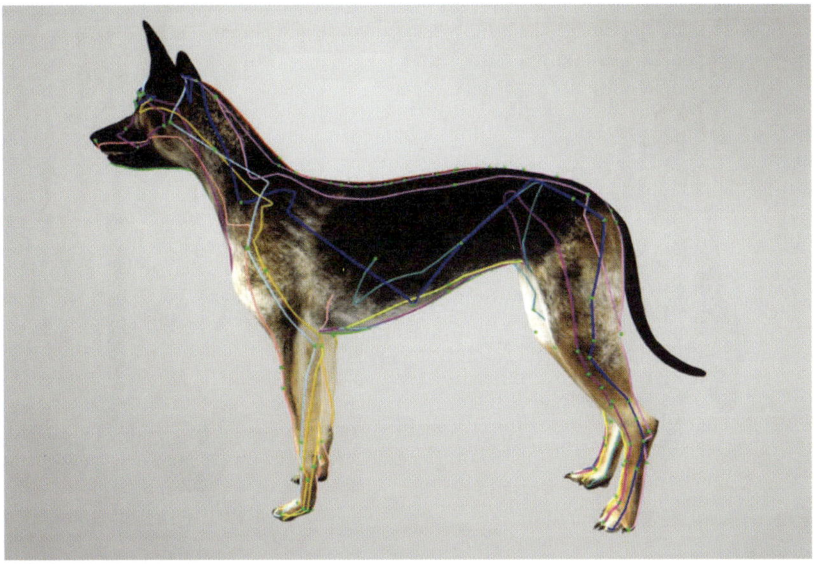

图 3-10　十四正经皮肤层左侧观

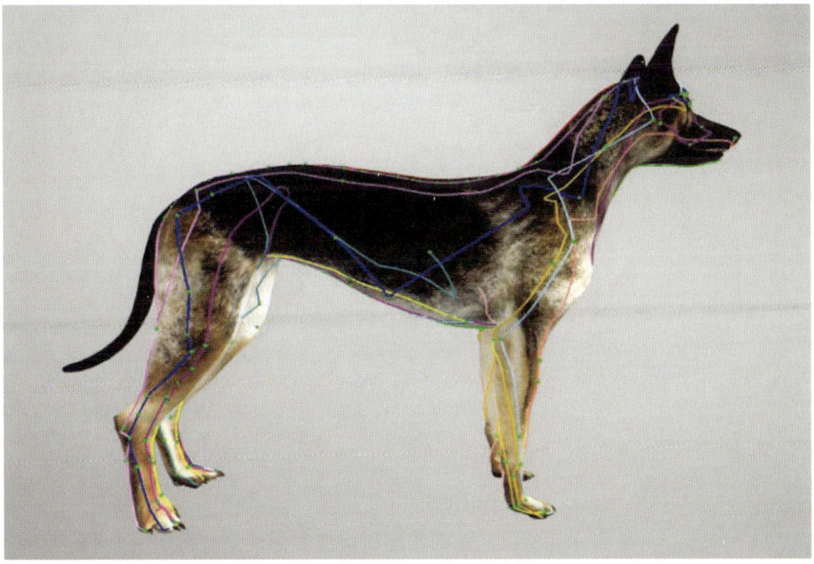

图 3-11　十四正经皮肤层右侧观

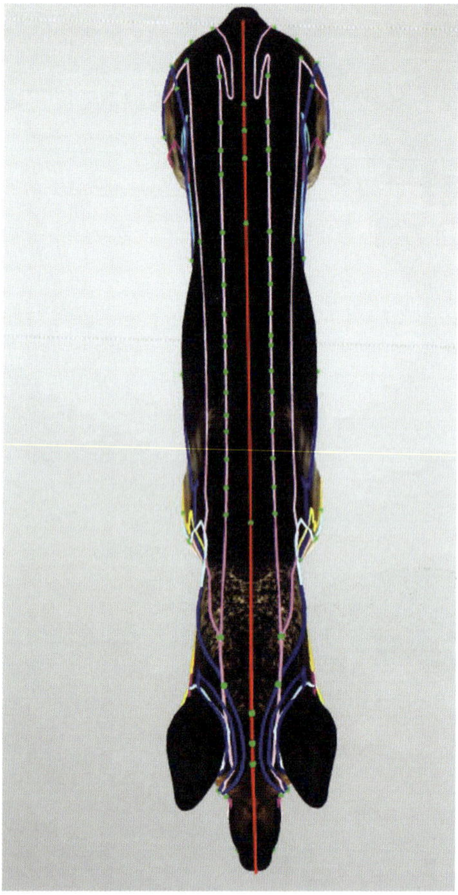

图 3-12　十四正经皮肤层背侧观

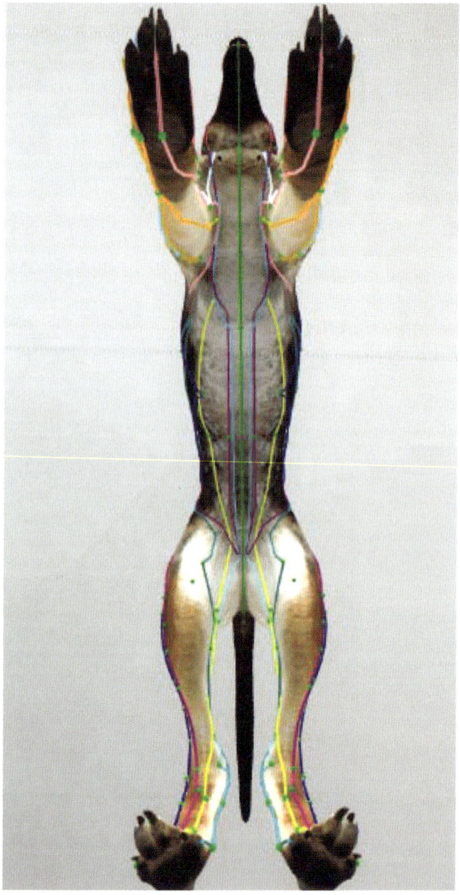

图 3-13　十四正经皮肤层腹侧观

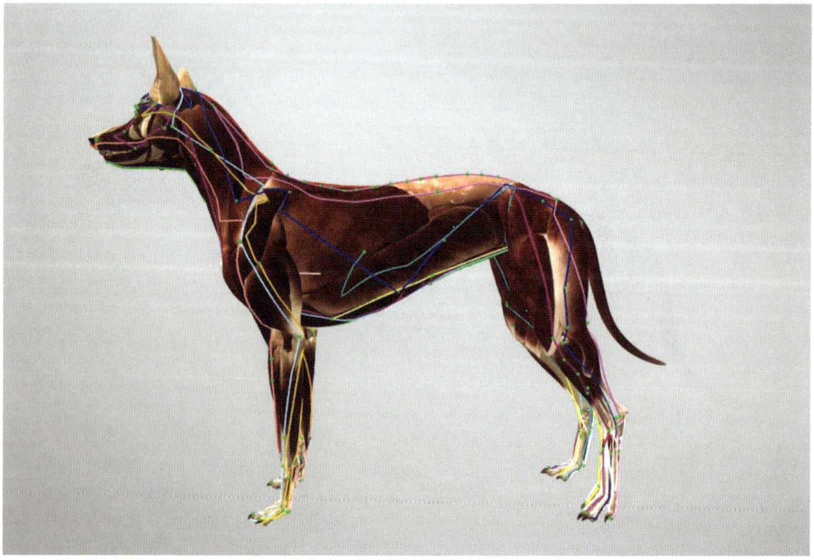

图 3-14　十四正经肌肉层左侧观

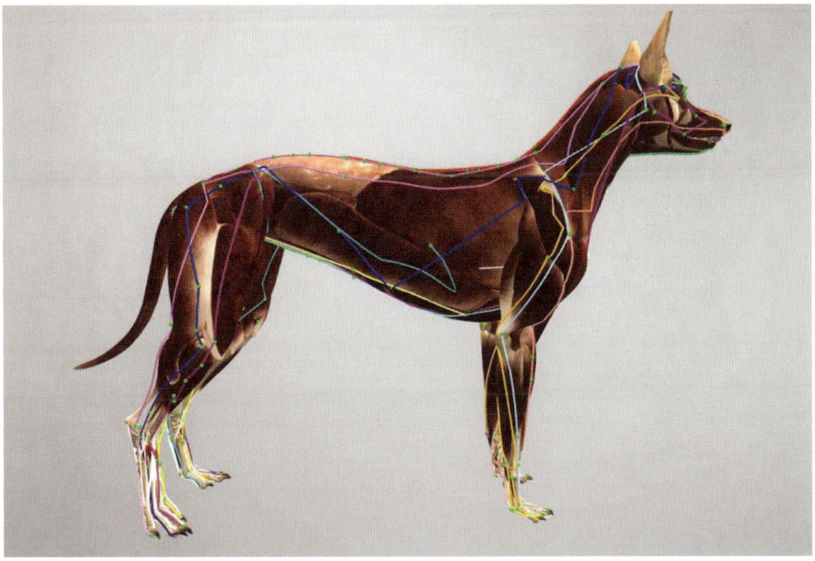

图 3-15 十四正经肌肉层右侧观

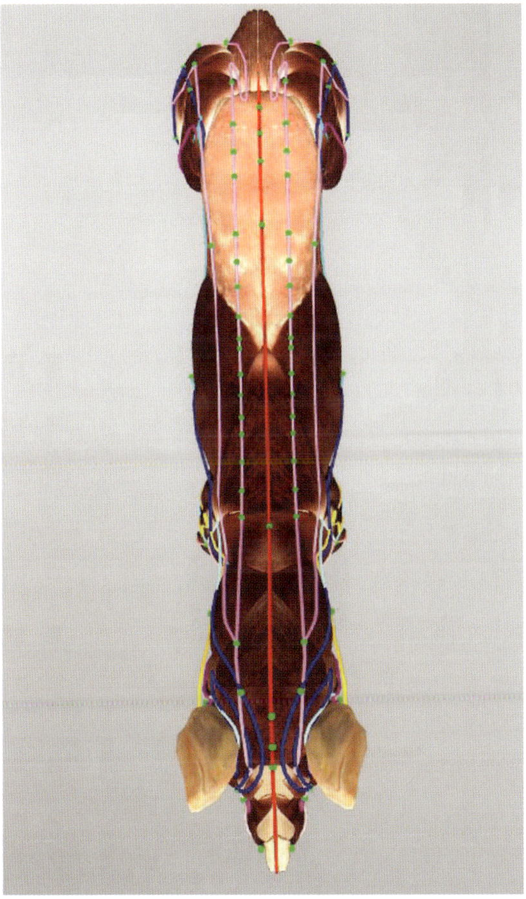

图 3-16 十四正经肌肉层背侧观

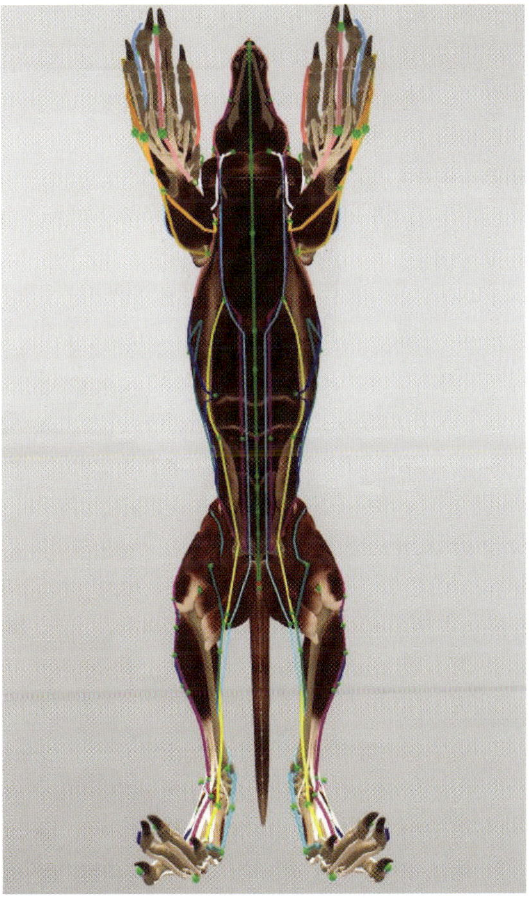

图 3-17 十四正经肌肉层腹侧观

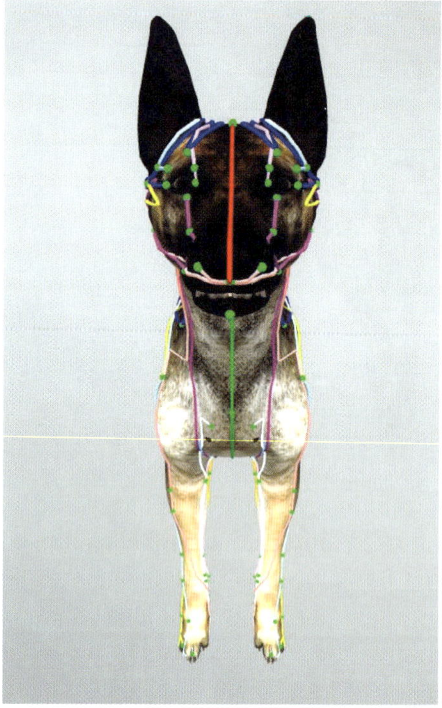

图 3-18　十四正经皮肤层头侧观

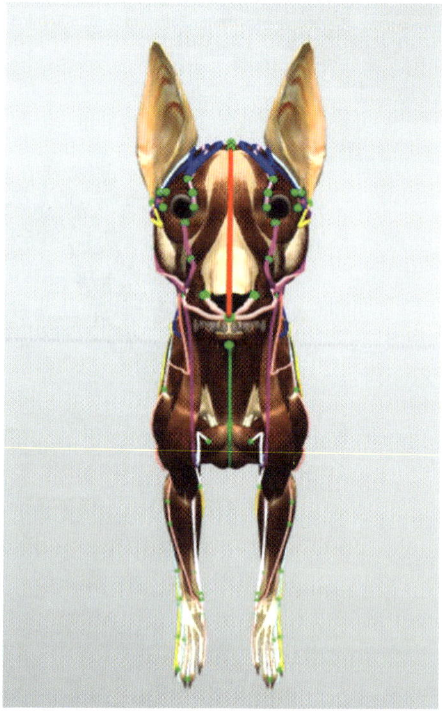

图 3-19　十四正经肌肉层头侧观

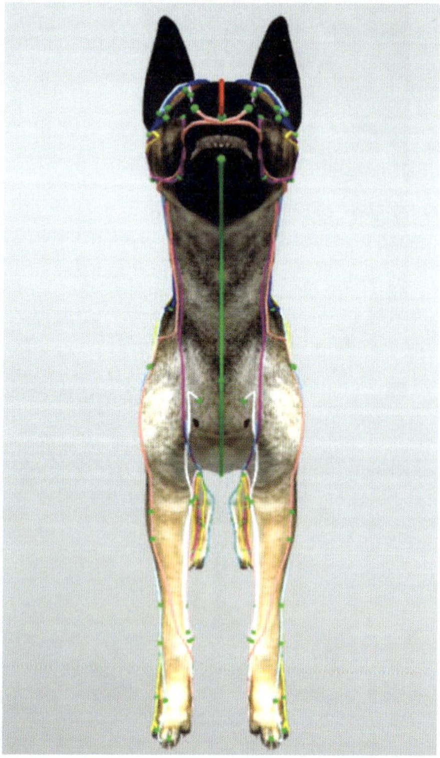

图 3-20　十四正经皮肤层颈腹侧观

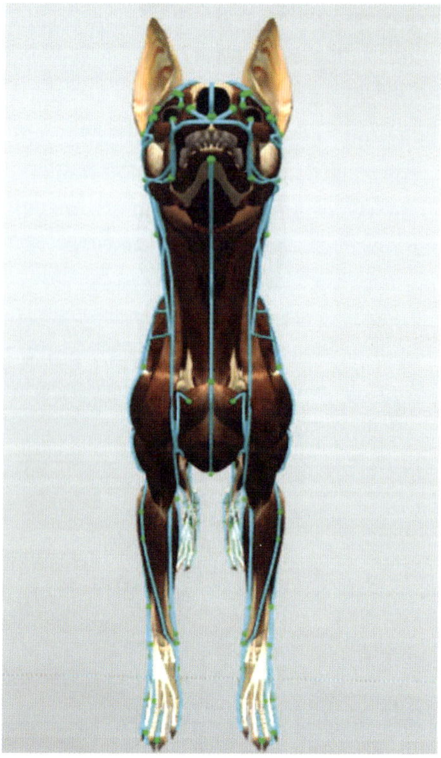

图 3-21　十四正经肌肉层颈腹侧观

十二经脉气血的循行具有一定的特点和规律，起始于前肢太阴肺经，经过前肢阳明大肠经、后肢阳明胃经、后肢太阴脾经、前肢少阴心经、前肢太阳小肠经、后肢太阳膀胱经、后肢少阴肾经、前肢厥阴心包经、前肢少阳三焦经、后肢少阳胆经、后肢厥阴肝经回到前肢太阴肺经，如此循环，如环无端，保证了气血的正常运行。

## 五、腧穴的主治特征和主治规律

一般情况下，针灸可以产生一种或多种治疗效果。

### (一)主治特征

1. 近治作用

所有腧穴均能治疗其所在部位的疾病，也就是说，病变周围区域的腧穴都可用于治疗局部的病症。

(1)眼睛周边的腧穴：如睛明、攒竹、承泣、瞳子髎、太阳等穴位均能治疗结膜炎、角膜炎等眼睛疾患。

(2)咽喉附近的腧穴：如廉泉、人迎等穴位，均可治疗咽喉疾病。

(3)肩胛部的腧穴：如肩髎、肩井、肩髃、抢风等穴位，均可以治疗肩部疼痛。

(4)腰胯部位的腧穴：如巴山、居髎、环跳等穴位，均可以治疗髋关节发育不良。

2. 远治作用

有些腧穴，尤其是十二经脉在四肢肘关节、膝关节以下的腧穴，除局部治疗作用外，还可以治疗本经循行所及的远端部位的脏腑组织或区域的疾病。腧穴的远治作用这一特征，能很好地扩大了腧穴的治疗范围，尤其当病变周围的腧穴不方便使用或无法使用时。同时，利用腧穴的远治作用，内脏疾病可通过体表取穴进行治疗。

(1)前肢阳明大肠经上的合谷穴，不仅治疗所在位置局部的腕关节疾病，而且治疗大肠经循行所及的面部、下颌、口腔疾病。

(2)后肢阳明胃经的后三里穴，不仅治疗所在位置的后肢局部疾病，而且能够调节整个消化系统的功能，对机体的防御、免疫系统有很好的调节作用。

3. 双向调节作用

双向调节作用是指功能亢奋时抑制其亢奋，功能低下时提升其机能。如后海穴，既能治疗泄泻，又能治疗便秘。

(1)胃俞穴，既能在胃肠功能低下时提高胃肠活动，又能在胃肠功能亢进时，降低胃肠活动。

(2)内关穴，既能用于心动过缓，又能治疗心动过速。

4. 相对特异性作用

经过大量的临床实践和现代研究证明，某些腧穴对某些疾病具有特殊的治疗作用。

(1)督脉上的大椎穴，具有很好的解热功效，对各种原因引起的高热，尤其是不明原因高热具有很好的治疗效果。

(2)膀胱经的最后一个腧穴——至阴穴，对于胎位不正具有矫正功能。

(3)厥阴心包经上的内关穴，对恶心呕吐有很好的治疗作用。

(4)少阴心经上的神门穴，具有很好的安神作用，在临床上常用于治疗焦虑不安等。

(5)阳明胃经上的后三里穴、阳明大肠经上的合谷穴、督脉上的大椎穴，三者联合使用，可调节免疫功能，治疗免疫缺陷疾病。

### (二)主治规律

(1)局部病证：根据腧穴的近治作用，哪里有病哪里取穴。

(2)远部病证：根据腧穴的远治作用，“经络所过，主治所及”。

(3)根据腧穴的特殊作用进行主治，主要是特定穴的使用。

## 六、穴位的定位方法

穴位各有一定的位置，针灸治疗时取穴定位是否正确，直接影响治疗效果。要做到定位准确，就应掌握一定的定位方法。临诊常用的定位方法有以下几种。

### (一)解剖标志定位法

#### 1.静态标志定位法

(1)以器官作标志。如唇沟上中 1/3 交界处为水沟穴；耳尖穴，位于耳尖部位耳郭腹侧静脉上；瞳孔直下、眶下缘上方为承泣穴。

(2)以骨骼作标志。如位于背正中线上，第 7 颈椎棘突和第 1 胸椎棘突之间的大椎穴；位于背正中线上，第 13 胸椎棘突和第 1 腰椎棘突之间的天平穴。

(3)以肌沟作标志。如臂三头肌长头、外头与三角肌之间的凹陷取抢风穴。

#### 2.动态标志定位法

(1)摇动肢体定位法。如上下摇尾，在动与不动处取尾根穴。

(2)改变体位定位法。血针穴位大都在体表浅静脉上，取穴时一般要改变动物体位使局部紧张，并在血管的近心端按压使血管怒张，从而出现明显标志。例如，取颈脉穴，应将患病动物头牵向另一侧，在颈静脉沟下段按压。

### (二)体躯连线比例定位法

由于动物个体之间的差异性，不能用统一的丈量标准进行穴位的定位。因而，以人为参照标准，将动物躯体的某些部位规定为相应的距离。例如，将犬的头骨后缘中线到眼睛前缘定义为 12 寸(1 寸≈3.33 cm)；肩胛骨最宽处的前后距离定义为 3 寸；由肩部到肘部为 9 寸；由肘关节到腕关节为 12 寸；股骨头大转子至膝关节中心定义为 18 寸；后肢外侧，由膝关节到外踝为 16 寸；后肢内侧，由胫骨内上端到内踝为 13 寸(图 3-22)。如外关穴(TH-5)位于前肢远端外侧，腕横纹距离肘关节的 1/4 处(腕横纹上 3 寸)，尺骨与桡骨之间。

腹部的体寸定义如下，由耻骨到肚脐定义为 5 寸，由肚脐到剑状软骨末端定义为 8 寸。中脘穴(CV-12)的定位描述是位于胸骨剑突与肚脐连线的中点；巨阙穴(CV-14)位于中脘穴和胸骨剑突连线的中点。将耻骨与肚脐连线均分为 5 分，起点的耻骨位置为曲骨穴(CV-2)，肚脐为神阙穴(CV-8)，肚脐下 1 寸、2 寸、3 寸、4 寸分别是阴交(CV-7)、石门(CV-5)、关元(CV-4)、中极(CV-3)，肚脐下 1.5 寸，也就是阴交和石门连线的中点为气海穴(CV-6)(图 3-23)。

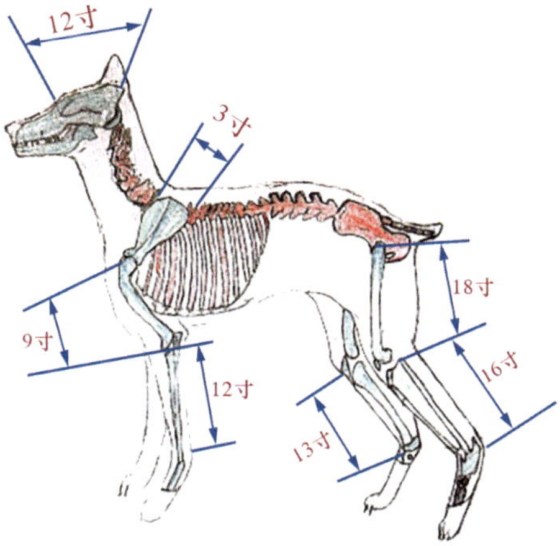


图 3-22 犬的体寸

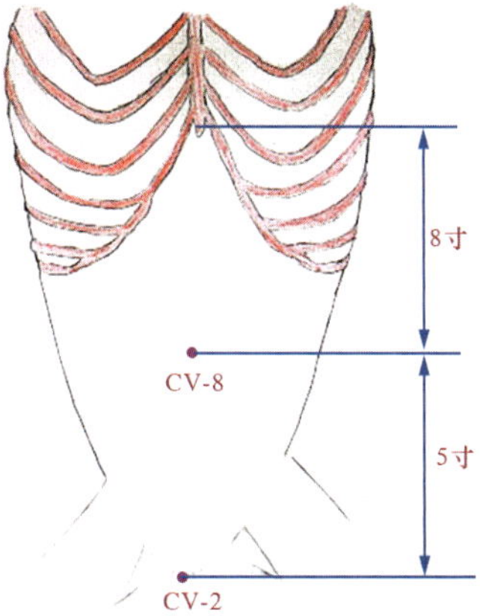


图 3-23 犬腹部的体寸

### (三)肋骨同身寸法

小动物用肋骨同身寸法，以髋结节水平线与倒数第三肋骨交叉处的肋骨宽度为 1 寸。

## 七、腧穴的选配原则

### (一)选穴原则

1.局部选穴/邻近选穴

根据腧穴的近治作用，哪里有病选哪里，或在病变部位附近选穴，临床常见病证的局部穴位如表 3-2 所示。

表 3-2 部分病证的局部选穴

| 病证 | 穴位 | 病证 | 穴位 |
|---|---|---|---|
| 鼻塞、流涕 | 迎香、素髎 | 结膜炎、葡萄膜炎 | 睛明、承泣、瞳子髎 |
| 耳炎 | 听宫、听会、翳风 | 口腔溃疡 | 锁口、抱腮、承浆 |
| 牙痛 | 抱腮、下关 | 咽喉疾病 | 天突、廉泉 |
| 喉偏瘫 | 廉泉、人迎 | 头痛 | 龙会、太阳、百会、大风门 |
| 颈部疼痛 | 天突、扶突、天柱、颈夹脊穴 | 肩部疼痛 | 抢风、肩髎、肩贞 |
| 腰部疼痛 | 腰百会、关元俞、肾俞 | 椎间盘退变 | 华佗夹脊穴 |
| 髋关节发育不良 | 环跳、巴山、居髎 | 膝关节疼痛 | 阳陵泉、犊鼻 |
| 腹部疼痛 | 中脘、大枢 | | |

2.循经选穴

根据经脉循行路线选穴，这些穴位的选择要在经络理论、五行理论和脏腑理论的指导下进行。

又如，按照胃经的循行路线，胃经起于下眼睑，止于后肢末端。内庭(ST-44)是治疗眼睛疾患的远端穴位。

又如，太冲是肝经上位于后肢末端的穴位，可以治疗眼睛。肝经的循行路线虽不与眼直接相连，但根据脏腑理论，肝开窍于目，所以太冲可治疗眼疾。

3. 随证选穴

大量的临床实践证明，某些穴位对某些疾病有很好的治疗效果（表 3-3）。

表 3-3　临床常见疾病的随证选穴

| 疾病 | 穴位 | 疾病 | 穴位 |
|---|---|---|---|
| 发热 | 大椎、曲池、合谷 | 神志昏迷 | 水沟、外关、内关、涌泉 |
| 倦怠无力 | 艾灸神阙、关元 | 癫痫 | 后海 |
| 咳喘 | 天突 | 胸痛 | 膻中、内关 |
| 心痛 | 内关、郄门 | 牙关紧闭 | 抱腮、合谷 |
| 呕吐 | 内关、后三里 | 贫血 | 膈俞、胃俞、血海 |
| 筋腱病 | 阳陵泉、后三里、涌泉 | 高血压 | 太冲、阳陵泉 |
| 尿失禁 | 委阳、委中 | 狂躁不安 | 神门、心俞 |
| 便秘 | 天枢、支沟 | 泄泻 | 后海 |
| 皮肤瘙痒 | 曲池、血海、阴陵泉 | | |

### （二）配穴原则

（1）单、双侧配穴。四肢病常在单侧选穴；脏腑病常在两侧选穴。

（2）远近、前后配穴。胃病选胃俞为主穴，后三里为配穴。

（3）背腹、上下配穴。呕吐选脾俞，中脘配穴；肚胀选大肠俞，天枢为配穴。

（4）表里、内外配穴。肺热咳嗽选肺俞穴为主穴，大肠经的合谷为配穴。

### 学以致用

1. 拟定针灸处方时应考虑哪些方面的因素？请查阅相关资料，分组讨论，并给出答案。

考虑因素 1：________________

考虑因素 2：________________

考虑因素 3：________________

考虑因素 4：________________

2. 以宠物医院实际病案为例，通过所学知识，初步给出针灸处方。

病案描述：________________

初步诊断：________________

针灸处方：________________

## 思与练

1. 睛明穴可以治疗眼疾，体现了穴位的什么主治特征？（　　）

A. 近治作用　　B. 远治作用

C. 相对特异性作用　　D. 双向调节作用

2. 按照经脉络属关系分类，穴位可以分为（　　）。

A. 白针穴位和血针穴位　　B. 经穴、奇穴和阿是穴

C. 头部穴位、躯干部穴位和四肢部穴位　　D. 以上说法都正确

3. 根据体躯连线比例定位法，将犬的耻骨前缘与肚脐之间分为几寸？（　　）

A. 5 寸　　B. 6 寸

C. 7 寸　　D. 8 寸

4. 根据腧穴的近治作用，腹部疼痛可以选择（　　）。

A. 印堂　　B. 环跳

C. 中脘　　D. 睛明

5. 根据腧穴的近治作用，膝关节疼痛可以选择（　　）。

A. 曲池　　B. 大椎

C. 犊鼻　　D. 合谷

6. 根据腧穴的远治作用，眼睛疾患可以选择（　　）。

A. 睛明　　B. 承泣

C. 内庭　　D. 太阳

7. 在临床上，治疗热证可以选择（　　）。

A. 大椎　　B. 后三里

C. 前三里　　D. 阴陵泉

8. 在临床上，治疗虚证可以选择（　　）。

A. 后三里　　B. 合谷

C. 百会　　D. 以上均可

9. 便秘和腹泻皆可选取后海穴，这体现了腧穴的什么主治特征？（　　）

A. 近治作用　　B. 远治作用

C. 双向调节作用　　D. 相对特异性作用

10. 根据体躯连线比例定位法，将犬的后肢内侧膝关节至跗关节之间分为几寸？（　　）

A. 12 寸　　B. 13 寸

C. 15 寸　　D. 18 寸

## 答案

1～5　A B A C C　　　6～10 C A D C B

# 任务二　特定穴

**知识目标**

1. 掌握特定穴的概念及分类。
2. 掌握特定穴的主治特点。
3. 掌握特定穴的配穴原则。

二维码 3-3　特定穴

**能力目标**

1. 能够将特定穴的主治特点用于临床指导。
2. 能够根据特定穴的选配原则制定针灸处方。

**素质目标**

1. 培养传承并弘扬中华优秀传统文化的精神，增强民族自信心和自豪感。
2. 培养知行合一、格物致知的精神。
3. 培养医德高尚、医术精湛的综合型宠物医疗人才。

**导学**

腧穴的作用除近治作用、远治作用、双向调节作用外，有的腧穴还具有特殊的疗效和临床应用，我们把这些穴位称为特定穴。

## 知识链接

特定穴是指十四经中具有特殊性能和治疗作用，并有特定称号的腧穴。根据其不同的分布特点、含义和治疗作用，分成“五腧穴”“原穴”“络穴”“郄穴”“背俞穴”“募穴”“八会穴”“八脉交会穴”“下合穴”和“交会穴”等。

## 一、五腧穴

### 1. 五腧穴概念

十二经在肘、膝关节以下各有五个重要经穴，分别命名为井、荥、输、经、合，合称为“五腧”穴。有关记载首见于《灵枢·九针十二原》：“以上下所出为井、所溜为荥、所注为输、所行为经、所入为合”。但并未指出具体穴名和部位。《灵枢·本输》则详细地阐明了各经井、荥、输、经、合各穴的名称和具体位置，唯独没有手少阴心经，其后《针灸甲乙经》才补充完备。

古人把经气运行过程用自然界的水流由小到大，由浅入深的变化来形容，把五腧穴按井、荥、输、经、合的顺序，从四肢末端向肘、膝方向依次排列。“井”穴多位于手足之端，喻作水的源头，是经气所出的部位，即“所出为井”。“荥”穴多位于掌指或跖趾关节之前，喻作水流尚微，萦迂未成大流，是经气流行的部位，即“所溜为荥”。“输”穴多位于掌指或跖趾关节之后，喻作水流由小而大，由浅注深，是经气渐盛，由此注彼的部位，即“所注为输”。“经”穴多位于腕踝关节以上，喻作水流变大，畅通无阻，是经气正盛运行经过的部位，即“所行为经”。“合”穴位于肘膝关节附近，喻作江河水流汇入湖海，是经气由此深入，进而会合于脏腑的部位，即“所入为合”。

### 2. 五腧穴的临床意义

五腧穴是常用要穴，为古今医学家所重视。在临床上，井穴可用于治疗神志昏迷；荥穴可用于治疗热病；输穴可用于治疗关节痛；经穴可用于治疗喘咳；合穴可用于治疗六腑病证等，这就是《难经・六十八难》所说“井主心下满，荥主身热，输主体重节痛，经主喘咳寒热，合主逆气而泄”的具体应用。

### 3. 五腧穴的五行属性

五腧穴又配属五行，《灵枢・本枢》指出阴经的井穴属木，阳经的井穴属金。《难经・六十四难》补全了阴阳各经脉五腧穴的五行属性，即“阴井木，阳井金；阴荥火，阳荥水；阴输土，阳输木；阴经金，阳经火；阴合水，阳合土”，均依五行相生规律而来(表 3-4、表 3-5)。

### 4. 五腧穴列表

五腧穴的详细内容见表 3-4、表 3-5，五腧穴的主治特性见表 3-6。临床上我们根据五腧穴的主治特性和其五行属性选择使用。

表 3-4　六阴经五腧穴五行配属表

| 经名 | 井(木) | 荥(火) | 输(土) | 经(金) | 合(水) |
|---|---|---|---|---|---|
| 肺(金) | 少商 | 鱼际 | 太渊 | 经渠 | 尺泽 |
| 肾(水) | 涌泉 | 然谷 | 太溪 | 复溜 | 阴谷 |
| 肝(木) | 大敦 | 行间 | 太冲 | 中封 | 曲泉 |
| 心(火) | 少冲 | 少府 | 神门 | 灵道 | 少海 |
| 脾(土) | 隐白 | 大都 | 太白 | 商丘 | 阴陵泉 |
| 心包(相火) | 中冲 | 劳宫 | 大陵 | 间使 | 曲泽 |

表 3-5　六阳经五输穴五行配属表

| 经名 | 井(金) | 荥(水) | 输(木) | 经(火) | 合(土) |
|---|---|---|---|---|---|
| 大肠(金) | 商阳 | 二间 | 三间 | 阳溪 | 曲池 |
| 膀胱(水) | 至阴 | 通谷 | 束骨 | 昆仑 | 委中 |
| 胆(木) | 窍阴 | 侠溪 | 足临泣 | 阳辅 | 阳陵泉 |
| 小肠(火) | 少泽 | 前谷 | 后溪 | 阳谷 | 小海 |
| 胃(土) | 厉兑 | 内庭 | 陷谷 | 解溪 | 后三里 |
| 三焦(相火) | 关冲 | 液门 | 中渚 | 支沟 | 天井 |

表 3-6 五腧穴的主治特性

| 五腧穴 | 功效 | 主治 | 实例 |
|---|---|---|---|
| 井穴 | 经气初出<br>安神作用 | 神志 | 中冲、少冲用于安神 |
| 荥穴 | 经气始动<br>解热作用 | 发热 | 鱼际治疗肺热 |
| 输穴 | 经气渐盛<br>止痛作用 | 气血瘀滞疼痛 | 太冲治疗各种疼痛 |
| 经穴 | 经气充盈<br>止咳平喘 | 咳喘 | 经渠治疗肺虚咳嗽 |
| 合穴 | 经气汇合<br>脏腑疾病 | 脏腑疾病 | 曲泉、阴谷、阴陵泉治疗肾衰竭；后三里、阳陵泉治疗呕吐 |

### 5.五腧穴的五行理论

根据五行理论，每条经脉上的五腧穴分别有其母穴和子穴，因此运用五腧穴时，同样遵循虚则补其母、实则泻其子的基本原则。

以肺经为例，肺为金，其母为土（脾），其子为水（肾），其输穴是太渊，五行属土，因此太渊可视作肺经的母穴；其合穴尺泽，五行属水，因此尺泽可视作肺经的子穴（图 3-24）。

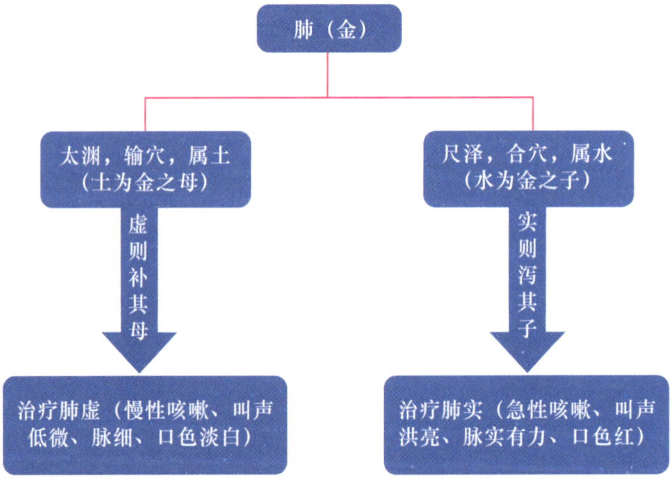


图 3-24 肺经的母穴和子穴

以脾经为例，脾为土，其母为火，其荥穴大都为火，因而，大都是脾经的母穴，根据虚则补其母的原则，脾经虚证则选大都穴；其经穴商丘为金，金为土之子，因而商丘是脾经的子穴，根据虚则泻其子的原则，脾经实证则选商丘穴。

同理可知，十二经脉的母穴和子穴见表 3-7。

表 3-7　十二经的母穴和子穴

| 经脉 | 母穴 | 子穴 |
|---|---|---|
| 肺经 | 太渊 | 尺泽 |
| 大肠经 | 曲池 | 二间 |
| 胃经 | 解溪 | 厉兑 |
| 脾经 | 大都 | 商丘 |
| 心经 | 少冲 | 神门 |
| 小肠经 | 前缠腕 | 小海 |
| 膀胱经 | 至阴 | 束骨 |
| 肾经 | 复溜 | 涌泉 |
| 心包经 | 中冲 | 大陵 |
| 三焦经 | 中渚 | 天井 |
| 胆经 | 侠溪 | 阳辅 |
| 肝经 | 曲泉 | 行间 |

## 二、原穴

### 1. 原穴的概念

十二经脉在腕、踝关节附近各有一个重要经穴，是脏腑原气经过和留止的部位，称为“原穴”，因其有十二个，又名“十二原”。

二维码 3-4　十二原穴

《灵枢・九针十二原》中提出了五脏原穴：肺原出于太渊，心原出于大陵，肝原出于太冲，脾原出于太白，肾原出于太溪。《灵枢・本输》补充了六腑原穴：大肠原过于合谷，胃原过于冲阳，小肠原过于腕骨，膀胱原过于京骨，三焦原过于阳池，胆原过于丘墟。并指出了各原穴的位置，但其中尚缺心经原穴神门，后由《针灸甲乙经》补齐。

### 2. 原穴的临床意义

原气源于肾间动气，是人体生命活动的原动力，通过三焦运行于脏腑，是十二经的根本。原穴是脏腑原气所留止之处，因此脏腑发生病变时，就会相应地反映到原穴上来，正如《灵枢・九针十二原》言：“五脏有疾也，应出十二原，十二原各有所出，明知其原，睹其应而知五脏之害矣”。因此原穴具有很好的诊断意义。

在治疗方面，《灵枢・九针十二原》言：“五脏有疾也，当取之十二原”。针刺原穴能使三焦原气通达，从而发挥其维护正气，抗御病邪的作用，说明原穴有调整其脏腑经络虚实各证的功能。

例如，太溪（KID-3）是肾经的原穴，常用于治疗肾阴虚或者肾阳不足；太冲（LIV-3）是肝经原穴，常用于调理肝气。

### 3. 原穴与五腧穴的关系

阴经五脏之原穴，即是五腧穴中的输穴，就是以输为原，阳经六腑则不同，腧穴之外，另有原穴。

### 4. 十二原穴

十二原穴见表 3-8。

表 3-8 十二原穴表

| 经脉 | 肺经 | 大肠经 | 胃经 | 脾经 | 心经 | 小肠经 | 膀胱经 | 肾经 | 心包经 | 三焦经 | 胆经 | 肝经 |
|---|---|---|---|---|---|---|---|---|---|---|---|---|
| 原穴 | 太渊 | 合谷 | 冲阳 | 太白 | 神门 | 腕骨 | 京骨 | 太溪 | 大陵 | 阳池 | 丘墟 | 太冲 |

## 三、络穴

二维码 3-5 十五络穴

### 1. 络穴的概念

络脉在经脉别出部位各有一个腧穴，称为络穴。它具有联络表里两经的作用。络穴名称首载于《灵枢·经脉》篇。十二经的络穴皆位于肘膝关节以下，加上任脉络发于鸠尾，督脉络发于长强，脾之大络出于大包，合称十五络穴。另外，《素问·平人气象论》言："胃之大络，名曰虚里，贯鬲络肺，出于左乳下，其动应衣，脉宗气也。"故又有"十六络"之说。

### 2. 络穴的临床意义

络穴各主治其络脉的病证，如手少阴心经别络，实则胸中支满，虚则不能言语，皆可取其络穴通里来治疗。余皆仿此。络穴又能沟通表里二经，故有"一络通二经"之说。因此，络穴不仅能够治本经病，也能治其相表里之经的病证，如手太阴经的络穴列缺，既能治肺经的咳嗽、喘息，又能治手阳明大肠经的齿痛、头项等疾患。

络穴在临床上可单独使用，也可与其相表里经的原穴配合使用，即谓之"原络配穴"。以脏腑经络先病、后病为依据，进行原穴络穴的配合使用，称为"主客原络配穴"。运用时一般是先病脏腑为主，取其经之原穴；后病脏腑为客，取其经之络穴。

原络配穴口诀：太渊配穴于偏历，合谷配穴点列缺（其意思是若肺先病，则取肺经的原穴太渊配合表里经大肠经的络穴偏历穴，反过来，若大肠先病，则取大肠经的原穴合谷配合表里经肺经的络穴列缺穴）；冲阳配穴按公孙，太白配穴至丰隆（脾胃相表里）；神门配穴找支正，腕骨配穴寻通里（心与小肠相表里）；京骨配穴行大钟，太溪配穴定飞扬（肾与膀胱相表里）；大陵配穴是外关，阳池配穴走内关（心包与三焦相配）；丘墟配穴到蠡沟，太冲配穴见光明（肝胆相表里）。

### 3. 十五络穴

十五络穴见表 3-9。

表 3-9 十五络穴表

| 本经 | 肺经 | 心经 | 心包经 | 大肠经 | 小肠经 | 三焦经 | 膀胱经 | 胆经 | 胃经 | 脾经 | 肾经 | 肝经 | 任脉 | 督脉 | 脾 |
|---|---|---|---|---|---|---|---|---|---|---|---|---|---|---|---|
| 络穴 | 列缺 | 通里 | 内关 | 偏历 | 支正 | 外关 | 飞扬 | 光明 | 丰隆 | 公孙 | 大钟 | 蠡沟 | 鸠尾 | 长强 | 大包 |

## 四、郄穴

### 1. 郄穴的概念

郄穴是各经经气所深聚的地方，郄通隙，是空隙、间隙之意。大多分布在肘膝以下。十二

经脉、阴阳跷脉及阴阳维脉各有一个郄穴，合而为十六郄穴。

二维码 3-6　郄穴

2. 临床意义

（1）诊断作用。当某脏腑有病变时，可按压郄穴进行检查虚实的征象。

（2）治疗作用。郄穴可治疗本经循行部位及所属脏腑的急性病证。阴经郄穴多治血证，如手太阴肺经的郄穴孔最治咳血，足厥阴肝经的郄穴中都治崩漏。阳经郄穴多治急性疼痛，如颈项痛取足少阳胆经郄穴外丘，胃脘疼痛取足阳明胃经郄穴梁丘等。

3. 十六郄穴

十六郄穴见表 3-10。

表 3-10　十六郄穴表

| 经脉 | 郄穴 | 主治 |
|---|---|---|
| 肺经 | 孔最 | 急性上呼吸道感染、咳血 |
| 心包经 | 郄门 | 急性胸痛 |
| 心经 | 阴郄 | 突发心痛 |
| 脾经 | 地机 | 腹痛、腹泻 |
| 肝经 | 中都 | 疝气 |
| 肾经 | 水泉 | 雌性动物发情周期紊乱、不发情 |
| 阴维脉 | 筑宾 | 亢奋 |
| 阴跷脉 | 交信 | 雌性动物发情周期紊乱 |
| 大肠经 | 温溜 | 急性腹胀、腹痛 |
| 三焦经 | 会宗 | 突发癫痫、耳聋 |
| 小肠经 | 养老 | 突发肩痛 |
| 胃经 | 梁丘 | 突发腹痛 |
| 胆经 | 外丘 | 肝阳上亢 |
| 膀胱经 | 金门 | 头痛、癫痫 |
| 阳维脉 | 阳交 | 胸部胀闷 |
| 阳跷脉 | 跗阳 | 腰骶疼痛 |

## 五、背俞穴

1. 背俞穴的概念

背俞穴，是脏腑经气输注于背腰部的腧穴。背俞穴位于背腰部足太阳膀胱经的第一侧线上，大体依脏腑位置而排列，分别冠以脏腑之名，共十二穴。背俞穴，首见于《灵枢·背腧》篇，载有五脏背俞穴名称和位置。《素问·气府论》提出“六府之俞各穴”，但未列出穴名。《脉经》才明确了肺俞、肾俞、肝俞、心俞、脾俞、大肠俞、膀胱俞、胆俞、小肠俞、胃俞等十个背俞穴的名称和位置。此后《针灸甲乙经》又补充了三焦俞，并记载了背俞穴的刺灸方法，到唐朝《备急千

金要方》又补充了厥阴俞，至此十二背俞穴才完备（表 3-11）。

表 3-11　背俞穴和募穴

| 脏腑 | 背俞穴 | 募穴 | 脏腑 | 背俞穴 | 募穴 |
|---|---|---|---|---|---|
| 心包 | 厥阴俞 | 膻中 | 肺 | 肺俞 | 中府 |
| 肝 | 肝俞 | 期门 | 心 | 心俞 | 巨阙 |
| 脾 | 脾俞 | 章门 | 胆 | 胆俞 | 日月 |
| 三焦 | 三焦俞 | 石门 | 胃 | 胃俞 | 中脘 |
| 大肠 | 大肠俞 | 天枢 | 肾 | 肾俞 | 京门 |
| 膀胱 | 膀胱俞 | 中极 | 小肠 | 小肠俞 | 关元 |

需要注意的是，背俞穴是脏腑之气输注于背腰部的部位，是脏腑之气而不是经络之气，也就是说，背俞穴是直接与脏腑相通的部位所在。虽然背俞穴皆在膀胱经脉上，但不能称为膀胱经的背俞穴，因各背俞穴是与各脏腑相对应，是各脏腑相通应的部位，所以背俞穴应称为脏腑之背俞，不能称为某经背俞穴，也不能称为膀胱的背俞穴，如肺俞应称为肺的背俞穴，而不能称为肺经背俞穴。

二维码 3-7　背腧穴

### 2. 背俞穴的临床意义

（1）诊断作用。背俞穴是五脏六腑之气传输、聚集于背部的重要腧穴，各背俞穴与各脏腑内外相应，因此各脏腑无论在生理还是病理上都与相应的背俞穴密切相关。脏腑有病就能在相应的背俞穴上表现出来，背俞穴的发现与多数疾病证候反应有关。古代医学家就是根据内脏疾病与背部这种表现关系而逐渐认识这一规律，随着进一步的认识，以按压法等找到了具体的反应点，也就是所说的观其外而知其内。《灵枢・背俞》言："则欲得而验之，按其处，应在中而痛解，乃其俞也。"此句中的"解"读作懈，为酸软懈散之意。即按压时出现的敏感点、压痛点，与内部相应。即用手指按压所取的背俞穴有酸胀痛之感，或按压时其病缓而痛懈，均为病与穴相应之征。所以，背俞穴有诊断内脏疾病的作用。凡诊断脏腑疾患均可在背部俞穴进行探查，如发现压痛、酸胀、麻木、条索、结节等变化，则为重要的诊断信息。也可以用知热感度、经络测定仪器来协助诊断。背俞穴的诊断作用有较强的特异性，是各类特定穴中诊断作用最强的一类，在临床运用时常与其他类特定穴相互参照结合，可有效地提高诊断率。

（2）治疗作用。背俞穴是治疗各脏腑病证之常用要穴。凡脏腑有病可以取用相关的背俞穴。《素问・长刺节论》言："迫脏刺背，背俞也。"就是指邪气迫近脏腑，针刺背部俞穴的作用能够直达内脏。《素问・咳论》言："治脏者治其俞。"就是《难经》中的阴病行阳的运用，治疗五脏病取用其背俞穴，为治脏病重要取穴方法。如肺病的咳嗽、喘憋取用肺俞，心悸、胸闷等心脏病取用心俞、厥阴俞，脾脏疾病取用脾俞，肝脏疾病取用肝俞，肾脏疾病取用肾俞治疗等。

背俞穴不但可以治疗与其相应的脏腑病证，也可以治疗与脏腑相关的五官九窍、皮肉筋骨等病证。如肝俞既能治疗肝病，又能治疗与肝有关的目疾、筋脉挛急等病；肾俞既能治疗肾病，也可治疗与肾有关的耳鸣、耳聋、阳痿及骨病等。

在临床上，背俞穴和募穴（后面介绍）常作为穴位配伍使用，有很好的治疗意义和广泛的应用价值。

## 六、募穴

### 1. 募穴的概念

脏腑经气聚于胸腹部的腧穴，称为募穴。六脏六腑共有十二募穴。募穴，始见于《素问・奇病论》："胆虚气上溢而口为之苦，治之以胆募俞"。《难经・六十七难》有"五藏募在阴而俞在阳"的记载，但无具体穴名。至《脉经》才明确了期门、日月、巨阙、关元、章门、太仓（中脘）、中府、天枢、京门、中极等十个募穴的名称和位置。《甲乙》又补充了三焦募石门，后人又补充了心包募膻中，始臻完备。

二维码 3-8　募穴

### 2. 募穴的分布

募穴之分布，有在本经者，有在他经者；有呈双穴者，有为单穴者。分布于肺经的有本脏募中府；分布于胆经的有本腑募日月，肾脏募京门；分布于肝经的有本脏募期门，脾脏募章门；分布于胃经的有大肠募天枢。以上均为双穴。

其余募穴都分布于任脉，有心包募膻中；心募巨阙；胃募中脘；三焦募石门；小肠募关元；膀胱募中极。均为单穴。

### 3. 临床意义

（1）诊断意义。《难经本义》言："阴阳经络，气相交贯，脏腑腹背，气相通应"，说明脏腑之气与俞募穴是相互贯通的。因此，俞募二穴可相互诊察病证，作为协助诊断的一种方法。所谓"审募而察俞，察俞而诊募"。

（2）治疗意义。《难经・六十七难》言："阳病行阴，故令募在阴"。《素问・阴阳应象大论》言："阳病治阴"。说明六腑病证多取募穴治疗。如胃病多取中脘，大肠病多取天枢，膀胱病多取中极等。

在临床上，募穴可以单独使用，也可与背俞穴配合使用，即谓之"俞募配穴"。俞募配穴法就是按脏腑各自所属的俞穴和募穴进行相互配合应用。二者的配用充分体现了经络调节阴阳的作用。二者一背一腹，一阴一阳，相互协调，相得益彰，这种配穴方法，不仅可以治疗脏腑病变，而且还可以用来治疗与其脏腑经脉相连属的组织器官疾病，这是针灸临床处方配穴最基本的方法之一，这一组穴法一直指导着临床的实践运用。

### 4. 十二募穴

详见表 3-11 脏腑的背俞穴和募穴。

## 七、八会穴

### 1. 八会穴的概念

八会穴，是指脏、腑、气、血、筋、脉、骨、髓等精气所会聚的腧穴。八会穴首载于《难经・四十五难》："腑会太仓（中脘），脏会季胁（章门），筋会阳陵泉，髓会绝骨，血会鬲俞，骨会大杼，脉会太渊，气会三焦外一筋直两乳内（膻中）也。"

二维码 3-9　八会穴

### 2. 临床意义

八会穴是机体重要八大类脏器组织精气会聚之处，对各自的生理功

能有着特殊的关系，因此八会穴的临床运用主要是以所关联而取用，如各种与血相关的疾病可取血会膈俞来治疗，包括各种出血、瘀血、贫血等。再如髓会悬钟穴，除治疗与肝胆经相关的疾病外，也可治疗贫血、白血病、紫斑、造血功能低下、脑瘤等多种顽固性疑难杂症，其根据是髓能生血、骨能生髓、脑为髓之海等系列中医相关理论。

《难经·四十五难》提出了“热病在内者，取其会之气穴也”的治疗原则，这些所谓的热病则是因脏腑、经脉、气血、骨髓之病变而产生的内热。其实这八穴不仅仅治疗热病，他们治疗的范围非常广泛，正如著名针灸家李鼎对此所言：“按理既能治其热证，也应可治其寒证，才不失于全面。”后世医家把这八穴主治范围扩展到八种脏器组织之一切病变。

### 3. 八会穴

八会穴见表 3-12。

**表 3-12　八会穴表**

| 八会 | 穴名 | 主治 | 八会 | 穴名 | 主治 |
|---|---|---|---|---|---|
| 脏会 | 章门 | 六脏疾病 | 腑会 | 中脘 | 六腑疾病 |
| 气会 | 膻中 | 一切气病、呼吸系统疾病 | 血会 | 膈俞 | 一切与血相关疾病 |
| 骨会 | 大杼 | 一切与骨相关疾病 | 髓会 | 绝骨 | 与脊髓和脑髓相关疾病 |
| 筋会 | 阳陵泉 | 与筋相关疾病 | 脉会 | 太渊 | 与血管脉搏相关疾病 |

## 八、八脉交会穴

二维码 3-10　八脉交会穴

### 1. 八脉交会穴的概念

奇经八脉与十二正经脉气相通的八个腧穴，称为八脉交会穴。均分布在肘膝以下。

奇经八脉与十二正经的八穴相互交会的关系是：公孙通过后肢太阴脾经入腹会于关元，与冲脉相通；内关通过前肢厥阴心包经起于胸中，与阴维脉相通；外关通过前肢少阳三焦经上肩循天髎，与阳维脉相通；临泣通过后肢少阳胆经过季胁，与带脉相通；申脉通过后肢太阳膀胱经，与阳跷脉相通；后溪通过前肢太阳小肠经交肩会于大椎，与督脉相通；照海通过后肢少阴肾经循阴股入腹达胸，与阴跷脉相通；列缺通过前肢太阴肺经循喉咙，与任脉相通。

### 2. 临床意义

由于奇经与正经的经气以八穴相会通，所以此八穴既能治奇经病，又能治正经病。如公孙通冲脉，故公孙既能治后肢太阴脾经病，又能治冲脉病；内关通阴维脉，故内关既能治前肢厥阴心包经病，又能治阴维脉病。

在临床上，常采用上下相应的配穴法，如公孙配内关治疗胃、心、胸部病症和疟疾，后溪配申脉治疗内眼角、耳、项、肩胛部位病及发热恶寒等表证，外关配足临泣治疗外眼角、耳、颊、颈、肩部病及寒热往来证，列缺配照海治疗咽喉、胸膈、肺病和阴虚内热等。

### 3. 八脉交会穴

八脉交会穴见表 3-13。

表 3-13 八脉交会穴表

| 经属 | 八穴 | 通八脉 | 会合部位 |
|---|---|---|---|
| 后肢太阴脾经 | 公孙 | 冲脉 | 胃、心、胸 |
| 前肢厥阴心包经 | 内关 | 阴维脉 | |
| 前肢少阳三焦经 | 外关 | 阳维脉 | 目外眦、颊、颈、耳后、肩 |
| 后肢少阳胆经 | 足临泣 | 带脉 | |
| 前肢太阳小肠经 | 后溪 | 督脉 | 目内眦、颈耳、肩胛 |
| 后肢太阳膀胱经 | 申脉 | 阳跷脉 | |
| 前肢太阳肺经 | 列缺 | 任脉 | 胸、肺、膈、喉咙 |
| 后肢少阴肾经 | 照海 | 阴跷脉 | |

## 九、下合穴

### 1. 下合穴概念

下合穴，又称六腑下合穴。它是根据《灵枢·邪气脏腑病形》"合治内府"的理论而提出来的。即指"胃合于三里，大肠合于巨虚上廉，小肠合入于巨虚下廉，三焦合入于委阳，膀胱合入于委中央，胆合入于阳陵泉"。因大肠、小肠、三焦三经在上肢原有合穴，而以上六穴都在下肢，为了区别，故以下合穴命名。

二维码 3-11 下合穴

### 2. 临床意义

下合穴是治疗六腑病证的主要穴位，《素问·咳论》言："治府者治其合"。例如，后三里治疗胃脘痛；下巨虚治疗泄泻；上巨虚治疗肠痈、痢疾；阳陵泉治疗厥；委阳、委中治疗三焦气化失常而引起的癃闭、遗尿等，都为临床所习用。

### 3. 下合穴

下合穴见表 3-14。

表 3-14 下合穴表

| 前肢后肢三阳经 | | 六腑 | 下合穴 |
|---|---|---|---|
| 前肢三阳 | 太阳 | 小肠 | 下巨虚 |
| | 阳明 | 大肠 | 上巨虚 |
| | 少阳 | 三焦 | 委阳 |
| 后肢三阳 | 太阳 | 膀胱 | 委中 |
| | 阳明 | 胃 | (足)后三里 |
| | 少阳 | 胆 | 阳陵泉 |

## 十、交会穴

二维码 3-12　交会穴

### 1. 交会穴的概念

交会穴是指两经或数经相交会合的腧穴。其中主要的一经即腧穴所归属的一经称为本经，相交会的经称为他经。交会穴的分布多在头面、躯干部位。

### 2. 临床意义

交会穴不但能治本经的疾病，还能兼治所交会经脉的疾病。如关元、中极是任脉的经穴，又与三阴经相交会，既可治任脉疾患，又可治后肢三阴经疾患；大椎是督脉的经穴，又与三阳相交会，既可治督脉的疾患，又可治诸阳经的全身性疾患；三阴交是太阴脾经的经穴，又与少阴肾和厥阴肝经的经脉相交会，它不但能治脾经病，也能治疗肝、肾两经的疾病。

### 学以致用

在临床上，根据疾病的性质，利用特定穴分阶段配合选用。以下提供的选穴思路仅供参考。

#### 1. 第一阶段选穴

八脉交会穴和六总穴的配合（表 3-15）。

表 3-15　八脉交会穴和六总穴的选择

| 疾病部位 | 八脉交会穴 | 六总穴 |
|---|---|---|
| 内脏疾病 | 内关-公孙 | 消化系统疾病加后三里、生殖系统疾病加三阴交 |
| 背部（运动、神经、皮肤、耳鼻） | 后溪-申脉 | 运动系统疾病加委中 |
| 侧面（神经、运动、眼） | 外关-足临泣 | |
| 呼吸系统（呼吸、面部、口） | 列缺-照海 | 面部、口腔疾病加合谷 |

#### 2. 第二阶段选穴

八会穴的选择（表 3-16）。

表 3-16　八会穴的选择

| 病证 | 穴位（八会穴） | 部位 |
|---|---|---|
| 脏病 | 章门 | 六脏 |
| 腑病 | 中脘 | 六腑 |
| 筋病 | 阳陵泉 | 筋腱肌肉 |
| 骨病 | 大杼 | 骨骼 |
| 气病 | 膻中 | 胸腔疾病（呼吸困难） |
| 血病 | 膈俞 | 血液疾病 |
| 脉病 | 太渊 | 循行系统 |
| 髓病 | 悬钟 | 骨髓、脑疾病 |

### 3. 第三阶段选穴

背俞穴和募穴的选择(表 3-17)。

**表 3-17　背俞穴和募穴的选择**

| 部位 | 肺 | 心 | 心包 | 肝 | 脾 | 肾 | 小肠 | 大肠 | 三焦 | 膀胱 | 胃 | 胆 |
|---|---|---|---|---|---|---|---|---|---|---|---|---|
| 背俞穴 | 肺俞 | 心俞 | 厥阴俞 | 肝俞 | 脾俞 | 肾俞 | 小肠俞 | 大肠俞 | 三焦俞 | 膀胱俞 | 胃俞 | 胆俞 |
| 募穴 | 中府 | 巨阙 | 膻中 | 期门 | 章门 | 京门 | 关元 | 天枢 | 石门 | 中极 | 中脘 | 日月 |

### 4. 第四阶段选穴

原穴、络穴、郄穴、五输穴的选择(表 3-18 至表 3-20)。

**表 3-18　五输穴的选择**

| 性质 | 名称 | 肺 | 心 | 心包 | 脾 | 肾 | 肝 | 大肠 | 小肠 | 三焦 | 胃 | 膀胱 | 胆 |
|---|---|---|---|---|---|---|---|---|---|---|---|---|---|
| 急救 | 井穴 | 少商 | 少冲 | 中冲 | 隐白 | 涌泉 | 大敦 | 商阳 | 少泽 | 关冲 | 厉兑 | 至阴 | 足窍阴 |
| 热病 | 荥穴 | 鱼际 | 少府 | 劳宫 | 大都 | 然谷 | 行间 | 二间 | 前谷 | 液门 | 内庭 | 足通谷 | 侠溪 |
| 关节 | 输穴 | 太渊 | 神门 | 大陵 | 太白 | 太溪 | 太冲 | 三间 | 后溪 | 中渚 | 合谷 | 束骨 | 足临泣 |
| 经脉 | 经穴 | 经渠 | 灵道 | 间使 | 商丘 | 复溜 | 中封 | 阳溪 | 阳谷 | 支沟 | 解溪 | 昆仑 | 阳辅 |
| 脏腑 | 合穴 | 尺泽 | 少海 | 曲泽 | 阴陵泉 | 阴谷 | 曲泉 | 曲池 | 小海 | 天井 | 后三里 | 委中 | 阳陵泉 |

**表 3-19　六脏疾病原穴、络穴、郄穴的选择**

| 疾病范围 | 肺、鼻、皮肤 | 心脉、舌、精神 | 心包 | 脾、胰腺、肌肉、口 | 肾、泌尿生殖、耳、骨髓 | 肝胆、眼、筋腱 |
|---|---|---|---|---|---|---|
| 必选：原穴 | 太渊 | 神门 | 大陵 | 太白 | 太溪 | 太冲 |
| 急性：郄穴 | 孔最 | 阴郄 | 郄门 | 地机 | 水泉 | 中都 |
| 慢性：络穴 | 偏历 | 支正 | 外关 | 丰隆 | 飞扬 | 光明 |

**表 3-20　六腑疾病原穴、络穴、郄穴的选择**

| 疾病范围 | 大肠 | 小肠<br>耳内 | 三焦<br>全身辅助 | 胃 | 膀胱<br>津液 | 肝胆<br>精神 |
|---|---|---|---|---|---|---|
| 必选：原穴 | 合谷 | 腕骨 | 阳池 | 冲阳 | 京谷 | 丘墟 |
| 急性：郄穴 | 温溜 | 养老 | 会宗 | 梁丘 | 金门 | 外丘 |
| 慢性：络穴 | 列缺 | 通里 | 内关 | 公孙 | 大钟 | 蠡沟 |

注：鸠尾可用于所有阴经的慢性疾病，长强可用于所有阳经的慢性疾病。

## 思与练

1. 五腧穴中用于治疗热病的是(　　)。

A. 井穴　　B. 荥穴　　C. 输穴　　D. 经穴　　E. 合穴

2. 根据"实则泄其子"的指导原则,肺实热应选以下哪个穴位?(　　)

A. 中府　　B. 尺泽　　C. 列缺　　D. 少商

3. 肺经的原穴是(　　)。

A. 中府　　B. 尺泽　　C. 太渊　　D. 鱼际

4. 肾经的原穴是(　　)。

A. 涌泉　　B. 然谷　　C. 太溪　　D. 阴谷

5. 根据"一络通二经"之说,下列哪个穴位既可以治疗肺经的咳嗽,又可以治疗大肠经的齿痛、头项等疾患?(　　)

A. 列缺　　B. 合谷　　C. 中府　　D. 太渊

6. 如肺经先病,累及大肠经,那么原络配穴正确的是(　　)。

A. 太渊配穴于偏历　　B. 合谷配穴点列缺

C. 太渊配穴于合谷　　D. 合谷配穴点偏历

7. 关于郄穴的描述,错误的是(　　)。

A. 郄穴多用于治疗急性病证

B. 阴经郄穴多治血证

C. 阳经郄穴多治急性疼痛

D. 肺经的郄穴是列缺

8. 关于背俞穴的描述,错误的是(　　)。

A. 背俞穴是脏腑经气输注于背腰部的腧穴

B. 背俞穴可用于诊断脏腑疾患

C. 背俞穴可用于治疗脏腑疾患

D. 背俞穴皆位于膀胱经,因而是膀胱经的背俞穴

9. 大肠的募穴是(　　)。

A. 天枢　　B. 中脘　　C. 关元　　D. 石门

10. 关于八会穴的描述,错误的是(　　)。

A. 脏会中脘　　B. 血会膈俞　　C. 气会膻中　　D. 骨会大杼

## 答案

1～5　B B C C A　　　6～10　A D D A A

# 任务三 腧穴各论

**知识目标**

1. 掌握十二经脉的循行路线及其主要经穴的定位。
2. 掌握任脉、督脉临床常用腧穴的定位。

**能力目标**

1. 能够在动物体上定位主要腧穴。
2. 能够根据经络腧穴的特点掌握腧穴的主治功能。

**素质目标**

1. 培养传承并弘扬中华优秀传统文化的精神，增强民族自信心和自豪感。
2. 培养知行合一、格物致知的精神。
3. 培养医德高尚、医术精湛的综合型宠物医疗人才。

## 导学

宠物针灸相关书籍资料如下。

- 杨宏道、李世骏《兽医针灸手册》，农业出版社 1985 年 3 月第二版。系统提出犬、猫的针灸穴位以及相关疾病的针灸治疗。犬有 72 个穴位，猫有 32 个穴位。
- 于船《中国兽医针灸学》，1984 年 7 月出版。
- 李长卿、范文学《中国兽医针灸图谱》，1989 年 11 月出版。
- 何静荣、陈耀星《犬猫的按摩与针灸》，2002 年出版。
- 董君艳《犬病针灸疗法》，2006 年出版。
- XieHS、Preast《XIE'S VETERINARY ACUPUNCTURE》，2007 年出版。
- 胡元亮《小动物针灸技法》，2009 年 1 月出版。
- 宋大鲁等《犬猫针灸疗法》，2009 年 6 月出版。
- 陆钢等《犬疑难病的诊疗与针灸图谱》，2014 年 3 月出版。
- 何静荣《犬猫中医入门》，2014 年 5 月出版。
- 罗超应等《犬体针灸穴位刺灸方法》，2016 年 6 月出版。
- 金熙永《犬的经穴与针灸图谱》，2018 年出版。
- 罗超应等《犬病针灸按摩治疗图解》，2019 年出版。

## 知识链接

### 一、前肢太阴肺经及其腧穴

前肢太阴肺经(Lung Channel)起始于胸肌浅表,沿着前肢内侧前缘下行,至前肢第一指骨指甲内侧,分支至前肢第二指末端,与前肢阳明大肠经相接。

前肢太阴肺经左右各有 11 个经穴(图 3-25、图 3-26),其中临床常用的有 4 个穴位,分别是中府(LU-1)、尺泽(LU-5)、列缺(LU-7)、太渊(LU-9)。前肢太阴肺经腧穴定位及主治功能见表 3-21。

二维码 3-13 前肢太阴肺经、前肢阳明大肠经主要穴位

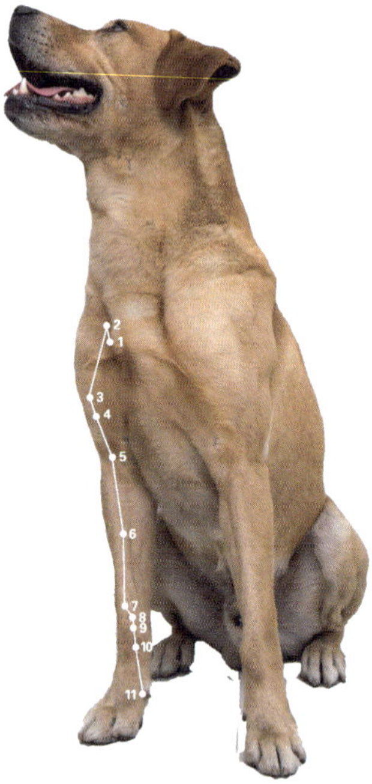


图 3-25 肺经循行路线皮肤层

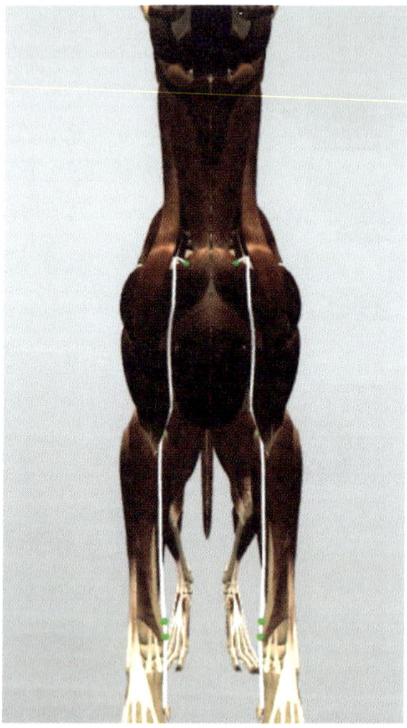

图 3-26 肺经循行路线肌肉层

表 3-21 前肢太阴肺经腧穴定位及主治功能

| 穴位 | 定位 | 主治功能 |
| --- | --- | --- |
| LU-1 中府 | 浅表胸肌外侧,平齐第一肋间隙,肱骨大结节内侧 | 肺的募穴,治疗咳嗽、哮喘、肺热、胸痛、肩痛等,调节免疫力 |
| LU-2 云门 | 介于肩与腹正中线之中点,浅表胸肌外侧部位 | 主治咳嗽、气喘、胸痛、肩痛等 |
| LU-3 天府 | 位于肱二头肌内侧,云门与尺泽连线的上 1/3 处 | 主治咳嗽、哮喘、鼻衄、肩痛、行为异常、心神不安等 |
| LU-4 侠白 | 位于肱二头肌内侧,天府下 1 寸的凹陷处 | 主治咳嗽、哮喘、肩痛等 |
| LU-5 尺泽 | 肘横纹中,肱二头肌腱桡侧缘的凹陷处 | 肺经合穴、子穴,治疗肺热、突发咳嗽、哮喘、胸痛、咽炎、腹泻、尿潴留、荨麻疹、趾间皮炎、免疫介导性皮肤病等 |

续表 3-21

| 穴位 | 定位 | 主治功能 |
| --- | --- | --- |
| LU-6<br>孔最 | 位于前肢内侧、尺泽下 5 寸，桡侧腕伸肌和桡侧腕屈肌之间 | 肺经郄穴，主治急性上呼吸道感染、肺出血、肺热、咽炎、肩痛、肘关节痛等 |
| LU-7<br>列缺 | 前肢内侧，桡骨茎突上方，桡腕关节上 1.5 寸 | 头颈部的总穴，肺经的络穴，通任脉的八脉交会穴。治疗咳嗽、哮喘、鼻炎、咽喉炎、气管炎、颈部僵硬疼痛、牙痛、头痛、肩痛、腕部疼痛、充血性心衰、尿潴留、面瘫等。 |
| LU-8<br>经渠 | 列缺下半寸之凹陷处 | 肺经的经穴、本穴，主治腕关节疼痛、胸痛、咽炎、哮喘、咳嗽等 |
| LU-9<br>太渊 | 桡腕关节内侧桡动脉前缘处，桡骨茎突内侧下 | 肺经的输穴、母穴、原穴，八会穴之脉会穴；治疗肺气虚、慢性咳嗽、哮喘、叫声无力、腕关节疼痛、肘部疼痛、四肢发凉、血液循环不良等 |
| LU-10<br>鱼际 | 前肢第 1 掌指关节上凹陷处，第 1 掌骨中点桡侧处 | 肺经荥穴，主治肺热或上焦之热、咽炎、腕关节疼痛、免疫介导性皮肤病等 |
| LU-11<br>少商 | 前肢第 1 指骨内侧甲床基部 | 肺经井穴，主治肺病、感冒、咳嗽、哮喘、鼻衄、发热、中风昏迷等 |

## 二、前肢阳明大肠经

前肢阳明大肠经(Large Intestine Channel)起于动物前肢第三指骨末端内侧，经掌背侧行于腕骨前缘，沿前肢外侧前缘上行，经肘部、肩关节以及颈腹部，上行入鼻翼侧缘鼻唇沟，与后肢阳明胃经相接。前肢阳明大肠经左右各有 20 个经穴(图 3-27、图 3-28)，其中临床常用的有 5 个穴位，分别是合谷(LI-4)、前三里(LI-10)、曲池(LI-11)、肩髃(LI-15)、迎香(LI-20)。前肢阳明大肠经腧穴定位及主治功能见表 3-22。

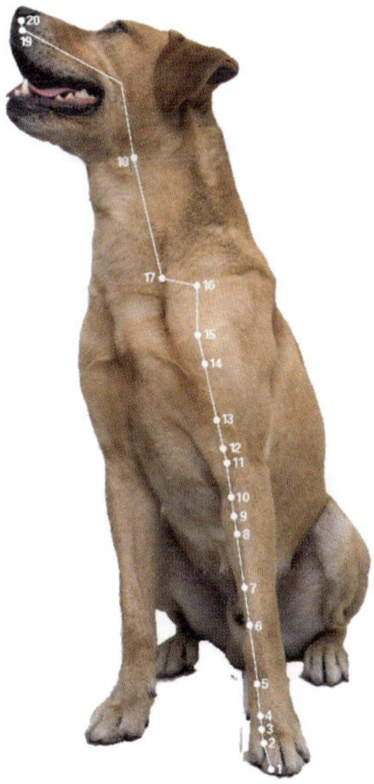

图 3-27 大肠经循行路线皮肤层

图 3-28 大肠经循行路线肌肉层

表 3-22　前肢阳明大肠经腧穴定位及主治功能

| 穴位 | 定位 | 主治功能 |
|---|---|---|
| LI-1<br>商阳 | 前肢第 3 指骨内侧甲床基部 | 大肠经的井穴；主治齿痛、咽炎、流涕、前肢跛行、肩痛、发热、中风昏迷、风热感冒等 |
| LI-2<br>二间 | 前肢第 3 指骨内侧，掌指关节远端 | 大肠经的荥穴；主治发热、肺热、大肠湿热、齿痛、咽炎、鼻衄、腹泻等 |
| LI-3<br>三间 | 前肢第 3 掌骨内侧，掌指关节近端 | 大肠经的输穴；主治腕部疼痛、齿痛、咽炎、肠鸣、腹泻等 |
| LI-4<br>合谷 | 掌背侧，前肢第 2 掌骨和第 3 掌骨之间，靠近第 3 掌骨中点 | 作用非常广泛：四总穴之一，用于治疗面部或口腔疾病；大肠经的原穴，治疗大肠经异常引起的疾病；局部治疗作用；治疗免疫缺陷病、免疫介导性皮肤病等；镇痛效果明显；与太冲合用称为开四关；有催产作用，怀孕时禁针 |
| LI-5<br>阳溪 | 桡腕关节内侧上方凹陷处 | 大肠经的经穴，主治咳嗽、哮喘、咽炎、腕部疼痛、风热感冒、肺热、行为异常等 |
| LI-6<br>偏历 | 前肢前外侧，阳溪与曲池连线上，阳溪上 3 寸 | 大肠经的络穴，主治鼻衄、咽炎、结膜炎、面部水肿、尿淋漓等 |
| LI-7<br>温溜 | 前肢前外侧，阳溪与曲池连线上，阳溪上 5 寸 | 大肠经的郄穴，主治急性前肢疼痛、肩痛、腹痛、头痛、面部肿大等 |
| LI-8<br>下廉 | 前肢前外侧，阳溪与曲池连线上，曲池下 4 寸 | 主治腹部疼痛、肘关节疼痛等 |
| LI-9<br>上廉 | 前肢前外侧，阳溪与曲池连线上，曲池下 3 寸 | 主治肩关节或前肢疼痛、前肢瘫痪、痿证、腹痛、偏瘫等 |
| LI-10<br>前三里 | 前肢前外侧，曲池下方 2 寸，肘部到腕部连线上 1/6 处，介于桡侧腕伸肌和总指伸肌之间的凹陷处 | 前肢是补气的重要穴位；可治疗胃肠溃疡、腹痛、腹泻、消化不良等胃肠疾病；对头部的中风、牙痛、咽喉疼痛、前肢疼痛等有止痛作用；对良性肿瘤、疖等皮肤病有疗效；治疗蓄脓症效果佳 |
| LI-11<br>曲池 | 屈肘时位于前肢肘横纹外侧端，介于肱骨外上髁和肱二头肌腱连线之中点 | 大肠经的合穴，对大肠性腹泻有效；清热的要穴，用于治疗高热；祛风解表作用，用于治疗中风、前肢麻痹、高血压、行为异常、癫痫等疾病；皮肤病的主治穴，用于治疗瘙痒、荨麻疹、皮炎等；局部作用，用于治疗肘关节疼痛、前肢瘫痪等；调和营血，对贫血及血液病有效 |
| LI-12<br>肘髎 | 前肢外侧，肱骨边缘，曲池上 1 寸处 | 主治肩关节、肘关节疼痛等 |
| LI-13<br>前五里 | 前肢外侧，曲池与肩髃连线上，曲池上 3 寸处 | 主治肘臂挛急、前肢麻痹等 |
| LI-14<br>臂臑 | 前肢外侧，三角肌止点，曲池与肩髃连线上，曲池上 7 寸处 | 主治前肢不利、肩颈僵硬疼痛等 |
| LI-15<br>肩髃 | 位于肩部三角肌上，肩峰前下方凹陷处 | 主治肩关节疾病、半身不遂、颈部疼痛或椎间盘疾病、荨麻疹、淋巴结疾病等 |

续表 3-22

| 穴位 | 定位 | 主治功能 |
|---|---|---|
| LI-16<br>巨骨 | 位于肩胛骨前缘，肩胛骨背部端点与肩峰连线约 2/3 的凹陷处 | 大肠经与阳跷脉的交会穴，主治肩关节疼痛、肘关节疼痛、前肢跛行、前肢轻瘫或瘫痪 |
| LI-17<br>天鼎 | 位于颈部外侧，胸锁乳突肌后缘，巨骨前上方 2 寸 | 主治甲状腺疾病、喉中痰鸣、咽肿、颈椎病、腕关节慢性疼痛、摇摆综合征等 |
| LI-18<br>扶突 | 位于颈部上方外侧、胸锁乳突肌前方，仰头取穴，在颈静脉沟上方凹陷处，寰椎翼腹侧 | 主治甲状腺疾病、咳嗽、哮喘、咽肿、喉中痰鸣等 |
| LI-19<br>口禾髎 | 位于鼻孔外缘正下方，平齐水沟 | 主治面瘫、鼻衄、鼻塞、流涕等 |
| LI-20<br>迎香 | 位于鼻唇沟，鼻孔最宽处，有毛与无毛交界处 | 主治所有鼻腔疾病，如鼻炎、鼻窦炎、鼻出血、鼻塞、流涕等，对面瘫、牙齿痛、结膜炎等也有效 |

## 三、后肢阳明胃经及其腧穴

后肢阳明胃经起于瞳孔直下的眶下缘上方，经鼻外侧至嘴角，向后经咀嚼肌和颞颌关节，沿颈部于胸部腹外侧下行，后沿腹中线旁开 1.5 寸处，行于大腿前外侧至髋结节下方，再沿后肢前外侧下行，止于第 3 趾骨外侧端，与后肢太阴脾经相接。后肢阳明胃经左右两侧各有 45 个经穴（图 3-29 至图 3-32，表 3-23），其中临床常用的有 15 个穴位，分别是承泣（ST-1）、三江或四白（ST-2）、地仓或锁口（ST-4）、抱腮或颊车（ST-6）、天枢（ST-25）、犊鼻或外膝眼（ST-35a）、膝凹或内膝眼（ST-35b）、后三里（ST-36）、上巨虚（ST-37）、下巨虚（ST-39）、丰隆（ST-40）、解溪（ST-41）、冲阳（ST-42）、内庭（ST-44）、厉兑（ST-45）。

图 3-29 胃经的循行路线头面部

二维码 3-14 后肢阳明胃经、后肢太阴脾经主要穴位

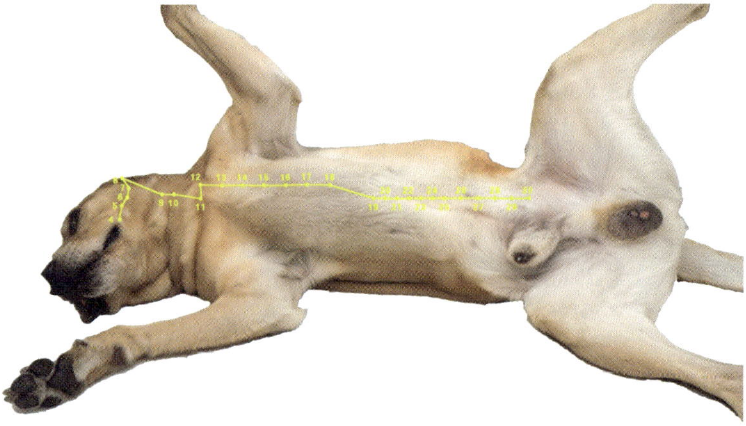

图 3-30　胃经的循行路线胸腹部

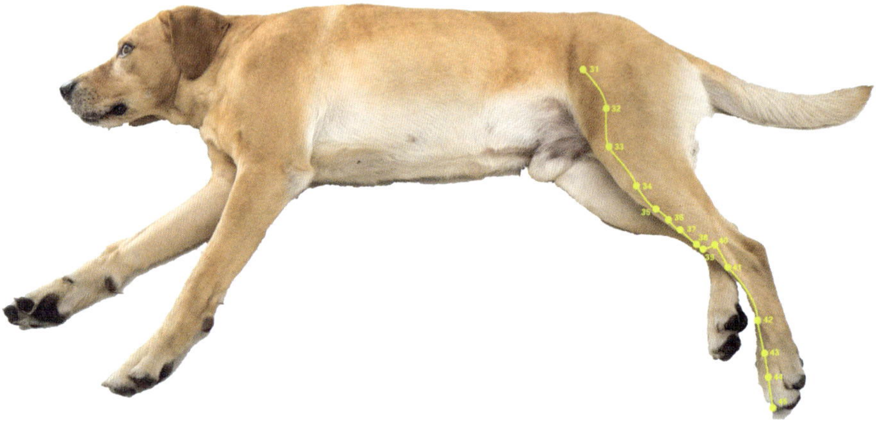

图 3-31　胃经循行路线后肢部分

图 3-32　胃经的循行路线肌肉层

**表 3-23 后肢阳明胃经腧穴定位及主治功能**

| 穴位 | 定位 | 主治功能 |
|---|---|---|
| ST-1<br>承泣 | 位于瞳孔直下方，眶下缘上方 | 主治所有眼疾：急、慢性结膜炎，斜视，青光眼、视神经炎，葡萄膜炎、角膜炎、眼睑痉挛、白内障等；该穴不宜捻针，禁灸 |
| ST-2<br>三江 | 又名四白，位于眼睛下方，眶下孔中心点 | 主治眼睛疾病，如角膜炎、结膜炎、泪溢症等，也可用于面部神经麻痹、三叉神经麻痹、面部水肿等 |
| ST-3<br>巨髎 | 位于瞳孔直下，平齐鼻翼下缘处 | 主治面瘫、齿痛、鼻衄、唇颊肿等 |
| ST-4<br>锁口 | 又名地仓，位于嘴角外侧，唇黏膜和皮肤连接处外侧 0.1 寸 | 用于口腔疾病，如下颌功能障碍、口腔溃疡、口炎、流涎等；也用于治疗牙齿疼痛、三叉神经痛、眼睑肌麻痹等 |
| ST-5<br>大迎 | 又名开关，位于面颊部，咬肌前缘，嘴角后方 4 寸处 | 主治面瘫、牙关紧闭、齿痛、颊肿等 |
| ST-6<br>抱腮 | 又名颊车，位于面颊部咬肌中央凹陷处，下颌骨角正前方 | 主治面瘫、牙关紧闭、咬肌痉挛、下颌疼痛、牙龈炎等下颌相关疾病 |
| ST-7<br>下关 | 位于面部，颧弓与下颌切迹形成的凹陷中 | 主治齿痛、面痛、面部肿胀、颞颌关节痛、胃溃疡等 |
| ST-8<br>头维 | 位于颞窝后缘凹陷处，耳基部前缘前方 1 寸 | 主治目眩、目痛、视物不明、眼睑抽搐、面神经麻痹等 |
| ST-9<br>人迎 | 位于下颚后方凹陷处，横平下颌骨下缘，胸锁乳头肌前缘 | 主治咽喉肿痛、呕吐、呼吸困难、哮喘、咽炎、血压异常、甲状腺疾病等 |
| ST-10<br>水突 | 位于颈部外侧胸锁乳头肌前缘，人迎与气舍连线中点 | 主治咳嗽、哮喘、呼吸困难、咽炎等 |
| ST-11<br>气舍 | 位于颈部，胸骨柄与第一肋骨链接部上方的凹陷中 | 主治哮喘、呼吸困难、咽喉肿痛、气管炎、支气管炎、甲状腺疾病、椎间盘疾病等 |
| ST-12<br>缺盆 | 位于胸部前方，气舍外侧 2 寸凹陷处 | 主治咳嗽、哮喘、呼吸困难、咽喉肿痛、恶心呕吐、颈部疼痛等 |
| ST-13<br>气户 | 位于胸部，腹正中线旁开 4 寸，平齐第 1 肋骨前缘 | 主治咳嗽、气喘、胸痛等 |
| ST-14<br>库房 | 位于胸部第 1 肋间隙，腹正中线旁开 4 寸 | 主治咳嗽、气喘、胸痛等 |
| ST-15<br>屋翳 | 位于胸部第 2 肋间隙，腹正中线旁开 4 寸 | 主治咳嗽、气喘、胸痛、乳腺炎等 |
| ST-16<br>膺窗 | 位于胸部第 3 肋间隙，腹正中线旁开 4 寸 | 主治咳嗽、气喘、胸痛、乳腺炎等 |
| ST-17<br>乳中 | 位于胸部第 4 肋间隙，腹正中线旁开 4 寸 | 主治咳嗽、气喘、乳痈、胸胁胀满、充血性心力衰竭等 |

续表 3-23

| 穴位 | 定位 | 主治功能 |
|---|---|---|
| ST-18<br>乳根 | 位于胸部第 5 肋间隙，腹正中线旁开 4 寸 | 主治咳嗽、气喘、乳腺炎、胸痛、产后缺乳等 |
| ST-19<br>不容 | 位于腹部，脐上 6 寸，腹正中线旁开 2 寸 | 主治呕吐、腹胀、厌食、咳喘、胸胁痛等 |
| ST-20<br>承满 | 位于腹部，脐上 5 寸，腹正中线旁开 2 寸 | 主治呕吐、厌食、腹胀、胃脘痛、胃溃疡、呼吸困难等 |
| ST-21<br>梁门 | 位于腹部，脐上 4 寸，腹正中线旁开 2 寸 | 主治呕吐、厌食、腹胀、胃脘痛、腹泻、胃热等 |
| ST-22<br>关门 | 位于腹部，脐上 3 寸，腹正中线旁开 2 寸 | 主治厌食、腹胀、腹痛、腹泻、便秘、水肿、脾胃不和等 |
| ST-23<br>太乙 | 位于腹部，脐上 2 寸，腹正中线旁开 2 寸 | 主治厌食、腹胀、胃脘痛、腹泻、心脾不和等 |
| ST-24<br>滑肉门 | 位于腹部，脐上 1 寸，腹正中线旁开 2 寸 | 主治呕吐、胃脘痛、腹泻、癫狂、急慢性胃炎、急慢性肠炎等 |
| ST-25<br>天枢 | 肚脐旁开 2 寸，横平于肚脐 | 大肠的募穴，对腹部疾病有治疗作用。主治呕吐、腹泻、腹痛、食积、便秘、炎性肠病、寄生虫性肠炎等，对不孕也有治疗作用 |
| ST-26<br>外陵 | 位于腹部，肚脐后 1 寸，腹正中线旁开 2 寸 | 主治腹胀、腹痛、疝气、脾胃不和等 |
| ST-27<br>大巨 | 位于腹部，肚脐后 2 寸，腹正中线旁开 2 寸 | 主治腹胀、疝气、淋证、失眠等 |
| ST-28<br>水道 | 位于腹部，肚脐后 3 寸，腹正中线旁开 2 寸 | 主治泌尿道疾病、小便不利、淋证、水肿、疝气、子宫疾病等 |
| ST-29<br>归来 | 位于腹部，肚脐后 4 寸，腹正中线旁开 2 寸 | 主治疝气、子宫疾病、腹痛等 |
| ST-30<br>气冲 | 位于腹部，肚脐后 5 寸，腹正中线旁开 2 寸，平齐耻骨前缘 | 主治腹痛、疝气、不孕、发情紊乱、阴器肿大等 |
| ST-31<br>髀关 | 位于大腿外侧，髋结节与梁丘的连线上 1/3 处 | 主治腹痛、膝关节疼痛、大腿疼痛、痿证、痹症等 |
| ST-32<br>伏兔 | 位于大腿外侧，髀关与梁丘的连线上 1/3 处 | 主治膝关节疾病、后肢轻瘫或瘫痪、痿证、痹症、腰痛、疝气等 |
| ST-33<br>阴市 | 位于大腿外侧，梁丘上 1 寸 | 主治后肢轻瘫或瘫痪、痿证、痹症、腹胀、腹痛、疝气等 |
| ST-34<br>梁丘 | 位于大腿外侧，髌骨上方 2 寸，股外肌腹缘上 | 主治后肢轻瘫或瘫痪、胃痛、呕吐、尿血、乳腺炎、痿证等 |

续表 3-23

| 穴位 | 定位 | 主治功能 |
| --- | --- | --- |
| ST-35a<br>犊鼻 | 位于髌骨下方，膝韧带外侧凹陷中。 | 主治膝关节疾病，如膝关节炎、膝关节疼痛、风湿、黏液囊、膝韧带疾病等；对后肢无力、痿证等有效 |
| ST-35b<br>膝凹 | 位于髌骨下方，髌韧带内侧凹陷中 | 主治膝关节疾病：如膝关节炎、膝关节疼痛、风湿、黏液囊、膝韧带疾病等；对后肢无力、痿证等有效 |
| ST-36<br>后三里 | 犊鼻下 3 寸，犊鼻与解溪连线上，胫骨前肌上 | 治疗范围广泛。后肢补气的要穴，胃肠疾病的总穴，胃经的合穴。对所有消化系统疾病都有效；对于后肢疾病、呼吸系统疾病、心脏疾病、脑神经疾病引起的麻痹、行为异常等有效 |
| ST-37<br>上巨虚 | 犊鼻下 6 寸，犊鼻与解溪连线上，胫骨前肌上 | 大肠经的下合穴，主治大肠疾病，如便秘、腹泻、腹胀、腹痛、结肠炎、肠溃疡、食积、痿证等 |
| ST-38<br>条口 | 位于后肢外侧，犊鼻下 8 寸，胫骨前肌外侧 0.5 寸 | 主治腹痛、后肢轻瘫或瘫痪、韧带或肌腱疾患、肩部疼痛、痿证等 |
| ST-39<br>下巨虚 | 犊鼻下 9 寸，犊鼻与解溪连线上，胫骨前肌上 | 小肠经的下合穴，主治小肠疾病，如小肠炎、血便、小肠痛症、食欲不振等；局部作用，用于治疗后肢麻痹 |
| ST-40<br>丰隆 | 位于后肢外侧，腓骨外髁至犊鼻连线中点，胫骨前嵴外侧 2 寸，介于胫骨前肌与长趾伸肌之凹陷处 | 胃经的络穴，八会穴之一（痰会），主治肥胖、痰湿、脂肪瘤、瘙痒、皮肤湿热、水肿、便秘、癫痫、行为异常、后肢瘫痪、痿证等，对化痰湿，对呼吸系统疾病痰多、咳嗽有效 |
| ST-41<br>解溪 | 位于跗关节前方正中，介于胫骨前肌韧带与长趾伸肌韧带之凹陷处 | 胃经的经穴、母穴，作用广泛。治疗头部疾病包括面神经麻痹、脑神经障碍、前庭疾病、癫痫、行为异常等；治疗胃肠疾病包括腹痛、腹泻、便秘等；局部作用包括跗关节疼痛；后肢瘫痪等 |
| ST-42<br>冲阳 | 位于解溪下方 1 寸，后肢第 3 跖骨与第 4 跖骨结合处 | 胃经的原穴，用于诊断和治疗胃肠疾病，如呕吐、腹胀、消化不良等；头部疾病，如面瘫、牙痛、面部肿胀、癫痫；局部治疗跖骨疼痛等 |
| ST-43<br>陷谷 | 位于后肢足背上，第 3 跖骨与第 4 跖骨之间，跖趾关节上方 | 主治跗关节疼痛、足痿无力、腹胀、腹痛、面部水肿、目赤肿痛等 |
| ST-44<br>内庭 | 位于后肢足背上，跖趾关节下方，介于第 3 趾骨与第 4 趾骨之间的蹼缘内 | 胃经的荥穴，主治伴有发热的胃肠疾病；头部疾病：牙痛、面神经麻痹、鼻衄；镇痛效果显著，对食物中毒治疗效果好 |
| ST-45<br>厉兑 | 位于后肢第 3 趾骨外侧甲床角 | 胃经的井穴、子穴，用于治疗胃肠疾病，如腹胀、腹膜炎性腹水、肝炎；用于治疗头部疾病，如昏迷、中风、行动异常等急症时，用泻血疗法 |

## 四、后肢太阴脾经及其腧穴

后肢太阴脾经始于后肢第2趾骨末端内侧，经第2跖骨内侧、过内踝后缘，沿胫骨内侧中线上行，通过膝关节内侧行至髋结节前方，然后走向腹部外侧，胸部外侧第四肋间隙，而后折至第7肋间隙入心，与前肢少阴心经相接。后肢太阴脾经左右各有21个经穴（图3-33至图3-35，表3-24），其中临床常用的有7个穴位，分别是太白（SP-3）、公孙（SP-4）、三阴交（SP-6）、地机（SP-8）、阴陵泉（SP-9）、血海（SP-10）、大包（SP-21）。

图3-33 脾经循行路线后肢部位

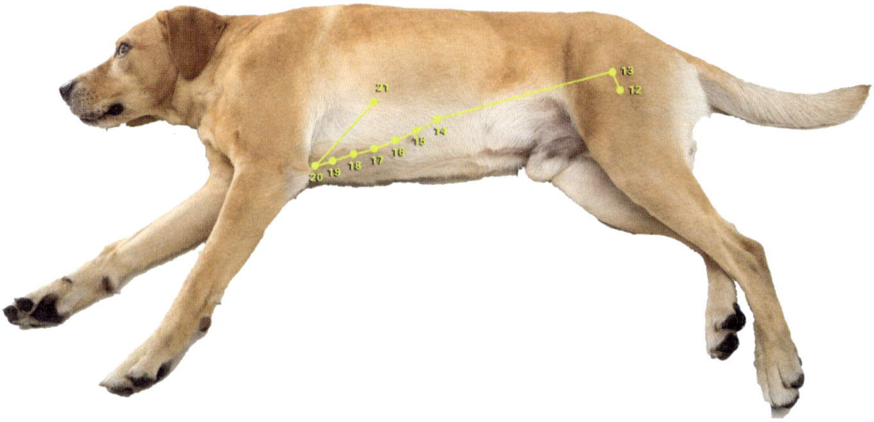


图3-34 脾经循行路线躯干部

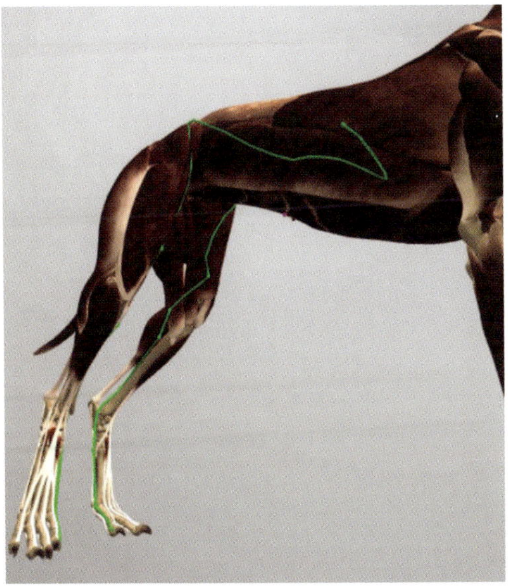

图 3-35　脾经循行路线肌肉层

表 3-24　后肢太阴脾经腧穴定位及主治功能

| 穴位 | 定位 | 主治功能 |
| --- | --- | --- |
| SP-1 隐白 | 位于后肢第 2 趾骨内侧甲床基部 | 脾经的井穴，主治腹痛、尿血、便血、子宫出血、癫痫等 |
| SP-2 大都 | 位于后肢第 2 趾骨内侧，跖趾关节远端 | 脾经的荥穴，主治腹痛、腹泻、便秘、消化不良、发热、烦躁不安等 |
| SP-3 太白 | 位于后肢第 2 趾骨内侧，跖趾关节近端 | 脾经的原穴，用于消化系统疾病(便秘、腹痛、消化不良、呕吐、泄泻、脾胃湿寒、脾胃不和)的诊断和治疗；脾经的输穴，用于治疗脾经所过部位的关节、骨的无力和疼痛 |
| SP-4 公孙 | 位于后肢内侧，第 2 跖骨近端基底部凹陷处 | 脾经的络穴，有调节脾胃的作用，主治慢性消化系统疾病；八脉交会穴，通冲脉，用于生殖系统疾病(子宫内膜炎、分娩迟缓)的治疗；局部治疗作用 |
| SP-5 商丘 | 位于后肢内侧，内踝后下缘与胫侧跗骨之间凹陷处 | 脾经的经穴、子穴，主治腹痛、腹泻、便秘、黄疸、跗关节疼痛、行为异常、脾胃气滞等 |
| SP-6 三阴交 | 位于后肢内侧，内踝尖上 3 寸，胫骨后缘凹陷处(对应 GB-39) | 后肢三阴经的交会穴，用于治疗生殖系统、消化系统、肝胆疾病等，是治疗下腹和生殖系统疾病的要穴，也用于治疗后肢的疾病 |
| SP-7 漏谷 | 位于后肢内侧胫骨后缘，内踝尖上 6 寸 | 主治腹泻、后肢疾患、小便不利、水肿、湿热等 |
| SP-8 地机 | 位于后肢内侧胫骨后缘，SP-9 下方 3 寸 | 脾经的郄穴，营养血、调胞宫，对急性胃肠疾病(急性腹泻、腹痛、消化不良、胃肠炎等)和泌尿生殖系统(发情周期紊乱、小便不利、子宫出血等)有效，对水肿、腹水、腹部肿块等有效 |

续表 3-24

| 穴位 | 定位 | 主治功能 |
|---|---|---|
| SP-9<br>阴陵泉 | 位于后肢内侧，胫骨内髁下方，介于胫骨后缘与腓肠肌之间凹陷处 | 应用广泛，脾经的合穴，主水湿、利下焦，对泌尿生殖系统疾病、消化系统疾病以及局部疾病的治疗均有效 |
| SP-10<br>血海 | 髌骨内侧上端到股骨头中央连线的1/6处，股内侧肌隆起处 | 主血，主治血虚、血热、血瘀、子宫出血、贫血等；也用于皮肤瘙痒、神经性皮肤病等治疗 |
| SP-11<br>箕门 | 位于大腿内侧，血海与冲门连线上，血海上6寸 | 主治小便不利、腹胀、腹痛、尿失禁等 |
| SP-12<br>冲门 | 位于臀肌外侧，髋结节下方凹陷处 | 主治腹痛、小便不利、疝气等 |
| SP-13<br>府舍 | 位于臀肌外侧，髂前上棘下0.5寸，背正中线旁开4寸 | 主治髋关节发育不良、疝气、后腹部疼痛等 |
| SP-14<br>腹结 | 位于胸部外侧第10肋间，平齐肩端下方2寸 | 主治腹痛、腹泻、食积、便秘等 |
| SP-15<br>大横 | 位于胸部外侧第9肋间，平齐肩端下方2寸 | 主治腹痛、腹泻、便秘、食积、大肠气滞等 |
| SP-16<br>腹哀 | 位于胸部外侧第8肋间，平齐肩端下方2寸 | 主治腹痛、腹泻、便秘、食积等 |
| SP-17<br>食窦 | 位于胸部外侧第7肋间，平齐肩端下方2寸 | 主治胸痛、咳嗽、呕吐、水肿等 |
| SP-18<br>天溪 | 位于胸部外侧第6肋间，平齐肩端下方2寸 | 主治胸痛、咳嗽、乳腺炎、乳汁分泌不足等 |
| SP-19<br>胸乡 | 位于胸部外侧第5肋间，平齐肩端下方2寸 | 主治胸痛、咳嗽、气短等 |
| SP-20<br>周荣 | 位于胸部外侧第4肋间，平齐肘突 | 主治胸胁痛、咳嗽、气喘、呼吸困难等 |
| SP-21<br>大包 | 位于胸部外侧第7肋间，平齐肩端点 | 脾之大络，具有统领全身络穴的功能，用于治疗全身疼痛和所有慢性疾病 |

## 五、前肢少阴心经及其腧穴

二维码 3-15 前肢少阴心经、前肢太阳小肠经主要穴位

前肢少阴心经起于心中，浅出腋下，循行于前肢内侧后缘，经过肘内侧，行于前肢外侧，下行进入前掌中，沿第5指骨内侧止于其末端，于前肢太阳小肠经相接。前肢少阴心经左右各有9个经穴（图3-36至图3-38，表3-25），其中临床常用的有5个穴位，分别是极泉或夹气（HT-1）、少海（HT-3）、神门（HT-7）、少府（HT-8）、少冲（HT-9）。

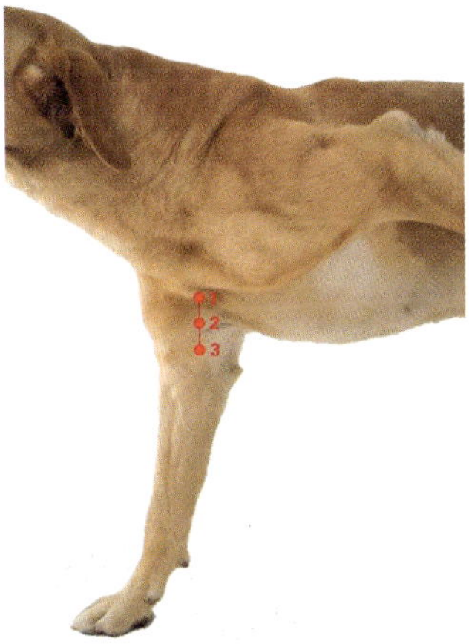

图 3-36 心经循行路线皮肤层

图 3-37 心经循行路线皮肤层

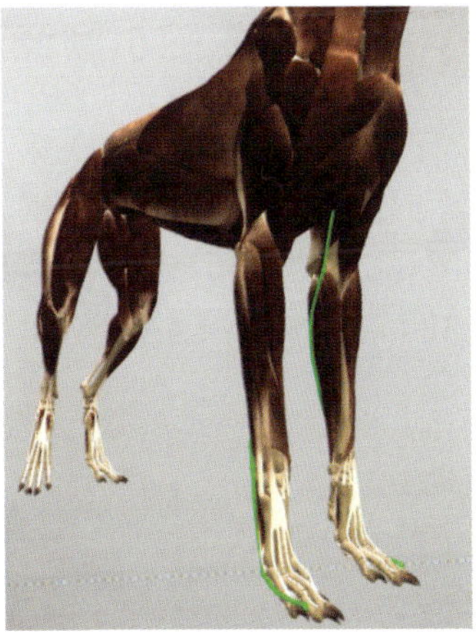

图 3-38 心经循行路线肌肉层

表 3-25 前肢少阴心经腧穴定位及主治功能

| 穴位 | 定位 | 主治功能 |
|---|---|---|
| HT-1<br>极泉 | 又名夹气，位于腋窝正中点，胸浅肌上 | 心经穴位，主治心神不安、阴虚、烦渴、胸痛等；局部作用用于肩关节炎、肩周炎、肩部疼痛、肩胛背神经麻痹等 |
| HT-2<br>青灵 | 位于臂部内侧，极泉和少海连线中点处 | 主治胸痛、肩痛、肘痛、心悸、气短等 |
| HT-3<br>少海 | 肘内侧，屈肘时，肘横纹内侧端与肱骨内侧髁之间的凹陷处 | 心经的合穴，主治行为异常、心神不安、癫狂、不寐等；局部作用用于肘部疼痛、胁肋痛等 |
| HT-4<br>灵道 | 位于前臂掌侧，尺侧弯屈肌腱的桡侧，桡腕关节上 1.5 寸 | 主治腕臂挛痛、胸痛、行为异常、心神不安、心悸等 |
| HT-5<br>通里 | 位于前臂掌侧，尺侧弯屈肌腱的桡侧，桡腕关节上 1 寸 | 心经的络穴，主治腕臂挛痛、胸痛、行为异常、心神不安、心悸等 |
| HT-6<br>阴郄 | 位于前臂掌侧，尺侧弯屈肌腱的桡侧，桡腕关节上 0.5 寸 | 心经的郄穴，主治急性心区疼痛、心神不安、心经热证等 |
| HT-7<br>神门 | 腕关节外侧，尺侧腕屈肌腱前外侧凹陷处（桡侧缘） | 心经的输穴、子穴、原穴，用于与心经相关疾病的治疗（心脏病、精神疾病、睡眠障碍、癫痫、狂躁、胸痛等）；局部作用于踝关节疾病 |
| HT-8<br>少府 | 前肢掌骨掌面，介于第 4 掌骨与第 5 掌骨之间，掌指关节近端，掌骨足垫前缘 | 心经的荥穴，对热性症状的心脏病、精神疾病有效，还可用于排尿困难、膀胱无力、阴部瘙痒等 |
| HT-9<br>少冲 | 前肢第 5 指骨内侧甲床角侧上方 0.1 寸 | 心经的井穴，急救多用，如昏迷、急症的心脏病、狂躁性行动异常等。三棱针泻血疗法 |

## 六、前肢太阳小肠经及其腧穴

前肢太阳小肠经起于第 5 指骨末端外侧，沿着前肢外侧后缘上行，经肘部，过肩胛，前至颈椎背外侧，止于耳基部外侧，与后肢太阳膀胱经相交。前肢太阳小肠经左右各有 19 个经穴（图 3-39、图 3-40，表 3-26），其中临床常用的有 6 个穴位，分别是前缠腕或后溪（SI-3）、腕骨（SI-4）、小海（SI-8）、抢风（SI-9）、天窗（SI-16）、听宫（SI-19）。

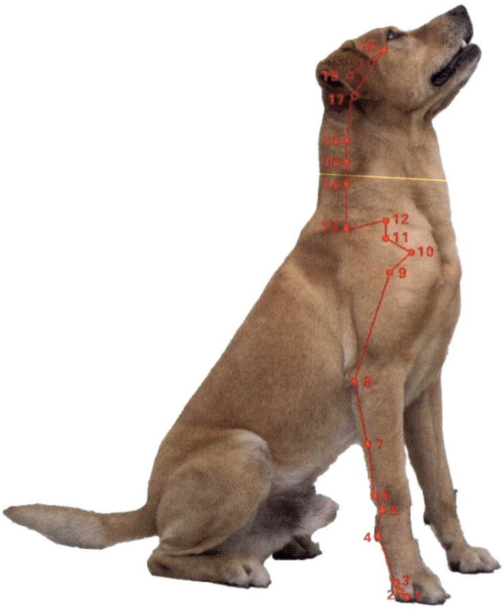


图 3-39　小肠经循行路线皮肤层

图 3-40　小肠经循行路线肌肉层

表 3-26　前肢太阳小肠经穴位定位及主治功能

| 穴位 | 定位 | 主治功能 |
|---|---|---|
| SI-1 少泽 | 位于前肢第 5 指骨外侧甲床基部 | 小肠经的井穴，主治发热、中风昏迷、中暑、肩痛、乳腺炎、乳汁不足等 |
| SI-2 前谷 | 位于前肢第 5 指骨外侧，掌指关节远端处 | 小肠经的荥穴，主治发热、咽炎、中耳炎、目赤肿痛、颈项痛、乳汁不足等 |
| SI-3 后溪 | 又名前缠腕，位于前肢第 5 掌骨外侧（尺侧），掌指关节近端处 | 小肠经的输穴、母穴、八脉交会穴，通督脉；主治小肠经所经之处的关节疼痛及肌无力。用于脑部疾病、前肢疾病及背部疾病等；对结膜炎、角膜炎、青光眼、白内障等眼疾也有效 |
| SI-4 腕骨 | 位于前肢外侧，腕关节下方，第 5 掌骨近端外侧处 | 小肠经的原穴，用于小肠经所经之处疾病的诊断与治疗，即前肢、头部、颈部、胃肠、耳、眼部等疾病，也用于糖尿病、胆囊炎的治疗 |
| SI-5 阳谷 | 位于迁至外侧，胫骨茎突外侧凹陷处，副腕骨前侧，外指伸肌后缘 | 小肠经的经穴、本穴，主治掌腕痛、热证、行为异常、心神不安等 |

续表 3-26

| 穴位 | 定位 | 主治功能 |
| --- | --- | --- |
| SI-6<br>养老 | 位于前肢外侧尺骨小头近端桡侧凹陷处 | 小肠经的郄穴，主治急性肩痛或前肢疼痛、颈项疼痛、视物不清等 |
| SI-7<br>支正 | 位于前肢外侧，阳谷与小海的连线上，阳谷上 5 寸 | 小肠经的络穴，主治头颈疼痛、发热、行为异常、心神不安等 |
| SI-8<br>小海 | 前肢肘部内侧，肱骨内上髁与鹰嘴突之间凹陷处 | 小肠经的合穴、子穴，用于头痛、项痛、肘痛、肩痛、癫痫、行为异常、急性腹痛等 |
| SI-9<br>抢风 | 三角肌后缘与肱三头肌长头以及外头相接之凹陷处，平齐肩端 | 广泛治疗前肢疾病，如肩痛、肘痛、前肢跛行或瘫痪、桡神经麻痹等；也可用于牙痛、下颌肿胀 |
| SI-10<br>肩贞 | 位于肩关节上方，抢风前上方 2 寸 | 主治肩胛骨疼痛等 |
| SI-11<br>天宗 | 位于肩关节上方，肩贞后上方 2 寸，肩胛冈后缘 | 主治肩痛、乳腺炎、乳汁不足、哮喘等 |
| SI-12<br>秉风 | 位于肩胛冈前缘，曲垣下 3 寸 | 主治肩胛疼痛、肩部肌肉萎缩等 |
| SI-13<br>曲垣 | 位于肩胛冈后缘，肩胛骨背缘下方 3.5 寸 | 主治肩胛疼痛、肩部肌肉萎缩等 |
| SI-14<br>肩外俞 | 位于肩胛骨前缘，肩胛骨上缘至肩端点连线上 1/3 处 | 主治肩痛、项强、项痛、背痛、咳嗽、哮喘等 |
| SI-15<br>肩中俞 | 位于颈后侧，肩外俞前方 1 寸 | 主治肩痛、项强、项痛、背痛、咳嗽、哮喘等 |
| SI-16<br>天窗 | 位于颈部前侧，肱头肌前缘，平齐第二颈椎和第三颈椎间隙 | 用于颈前部疾病，如颈部疼痛、耳部疾病、突然失声等 |
| SI-17<br>天容 | 位于颈部前侧，下颌骨后缘，平齐天窗 | 主治喉偏瘫、咽炎、颈部疼痛、胃气上逆、耳聋等 |
| SI-18<br>颧髎 | 位于面部，颧骨下方，平齐目外眦 | 主治面瘫、面痛、面肌痉挛、面肿、齿痛、鼻塞等 |
| SI-19<br>听宫 | 耳屏前凹陷处，微张口，即耳屏前方与下颌髁突之间凹陷处 | 小肠经、胆经、三焦经的交会穴，治疗中耳炎、外耳道炎、听力障碍等疾病，也治疗行为异常、颞颌关节紊乱、牙齿疼痛、癫痫等 |

## 七、后肢太阳膀胱经及其腧穴

后肢太阳膀胱经起于目内眦，向后循行至头顶，后分两支后行，过寰椎翼和颈部背侧。一支沿脊柱正中线旁开 1.5 寸，向后经臀部，从大腿外侧后缘下行至腘窝中。另一支沿脊柱正中线旁开 3 寸下行至大腿外侧后缘，在腘窝中与前一支汇合。然后沿后肢外侧后缘下行，止于第 5 趾骨外侧端，与后肢少阴肾经相接。后肢太阳膀胱经左右各有 67 个经穴，是十二正经中腧穴最多的经脉(图 3-41 至图 3-44，表 3-27)，其中临床常用的有 30 个穴位，分别是睛明(BL-1)、攒竹(BL-2)、天柱(BL-10)、大杼(BL-11)、风门(BL-12)、肺俞(BL-13)、厥阴俞(BL-14)、心俞(BL-15)、督俞(BL-16)、膈俞(BL-17)、肝俞(BL-18)、胆俞(BL-19)、脾俞(BL-20)、胃俞(BL-21)、三焦俞(BL-22)、肾俞(BL-23)、气海俞(BL-24)、大肠俞(BL-25)、关元俞(BL-26)、膀胱俞(BL-28)、会阳(BL-35)、承扶(BL-36)、委阳(BL-39)、委中(BL-40)、志室(BL-52)、巴山(BL-54)、昆仑(BL-60)、申脉(BL-62)、京骨(BL-64)、至阴(BL-67)。67 个经穴中，BL-41 至 BL-52 位于膀胱经外侧线上，与 BL-12 至 BL-23 的主治功能相似，故在表 3-27 中，将相对应的腧穴放在一起介绍。

二维码 3-16　后肢太阳膀胱经、后肢少阴肾经主要穴位

图 3-41　膀胱经循行路线头面部

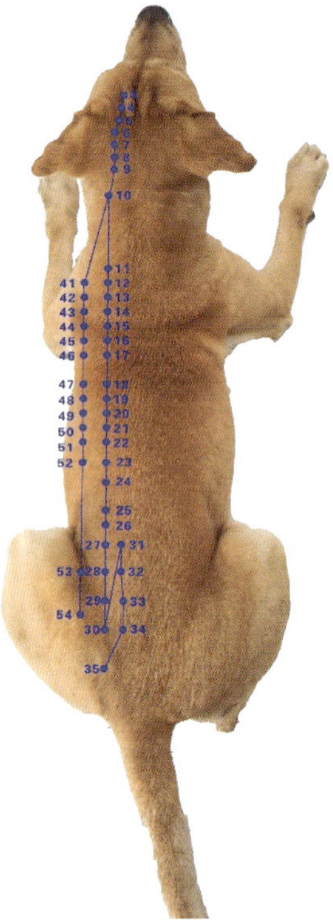

图 3-42　膀胱经循行路线背部观

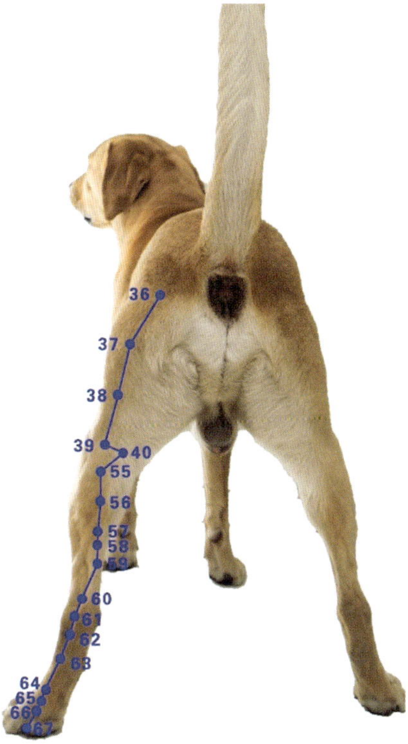


图 3-43　膀胱经循行路线尾侧观

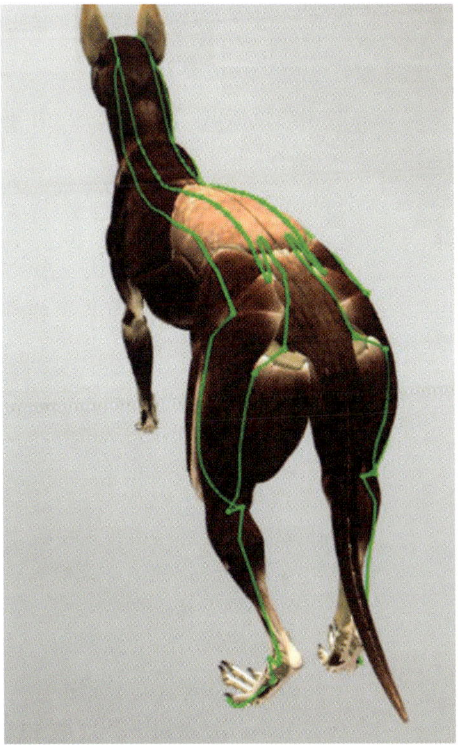

图 3-44　膀胱经循行路线肌肉层

表 3-27　后肢太阳膀胱经腧穴定位及其主治功能

| 穴位 | 定位 | 主治功能 |
| --- | --- | --- |
| BL-1 睛明 | 位于目内眦上方 0.1 寸 | 主治各种眼疾、行为异常、面神经麻痹等，禁灸 |
| BL-2 攒竹 | 位于眉毛内侧端下方，BL-1 上方眶上切迹处 | 主治各种眼疾、面神经麻痹、头痛等，禁灸 |
| BL-3 眉冲 | 位于头顶部，攒竹上后方 3.5 寸 | 主治头痛、癫痫、鼻塞、内风证等 |
| BL-4 曲差 | 位于头顶部，头维与神庭连线上 1/3 处 | 主治目视不清、目痛、鼻塞、鼻衄、癫痫等 |
| BL-5 五处 | 位于头顶部，曲差后 0.5 寸，背正中线旁开 1.5 寸 | 主治目视不清、目痛、目翳、鼻塞、鼻渊、惊风、癫痫等 |
| BL-6 承光 | 位于头顶部，五处后 1.5 寸，背正中线旁开 1.5 寸 | 主治目视不清、目痛、目翳、鼻塞、呕吐不安、癫痫等 |
| BL-7 通天 | 位于头顶部，头百会旁开 1.5 寸 | 主治头痛、鼻塞等 |

续表 3-27

| 穴位 | 定位 | 主治功能 |
|---|---|---|
| BL-8<br>络却 | 位于头顶部，通天后 1.5 寸，背正中线旁开 1.5 寸 | 主治视力下降、鼻塞、行为异常、风寒感冒等 |
| BL-9<br>玉枕 | 位于头顶部，平齐耳朵后缘，背正中线旁开 1.5 寸 | 主治鼻塞、目痛、视物不清、癫痫、风寒感冒等 |
| BL-10<br>天柱 | 寰椎翼外侧缘末端和背正中线之间的中线上，平齐 C1～C2 | 用于治疗头部疾病及颈项疼痛、僵硬、肩背疼痛等 |
| BL-11<br>大杼 | 寰椎翼外侧缘末端和背正中线之间的中线上，平齐第 1 胸椎棘突与肩胛骨前缘之间 | 八会穴之一，骨会大杼，可治疗任何骨骼相关的疾病；局部与肺相关，治疗咳嗽、发热、气喘、肺炎、胸膜炎等 |
| BL-12<br>风门<br>BL-41<br>附分 | 寰椎翼外侧缘末端和背正中线之间的中线上，平齐第 2 胸椎棘突后缘（背正中线旁开 1.5 寸、3 寸） | 用于治疗与肺系相关的疾病，如气管炎、感冒、肺炎、发热等，也用于皮肤瘙痒的治疗 |
| BL-13<br>肺俞<br>BL-42<br>魄户 | 寰椎翼外侧缘末端和背正中线之间的中线上，平齐第 3 胸椎棘突后缘（背正中线旁开 1.5 寸、3 寸） | 肺的背俞穴，用于所有呼吸系统疾病的治疗。肺主皮毛，也可用于皮肤病的治疗 |
| BL-14<br>厥阴俞<br>BL-43<br>膏肓 | 寰椎翼外侧缘末端和背正中线之间的中线上，平齐第 4 胸椎棘突后缘（背正中线旁开 1.5 寸、3 寸） | 心包的背俞穴，广泛用于心脏病、呼吸系统疾病 |
| BL-15<br>心俞<br>BL-44<br>神堂 | 寰椎翼外侧缘末端和背正中线之间的中线上，平齐第 5 胸椎棘突后缘（背正中线旁开 1.5 寸、3 寸） | 心的背俞穴，用于所有心血管疾病和精神疾病的治疗 |
| BL-16<br>督俞<br>BL-45<br>譩譆 | 寰椎翼外侧缘末端和背正中线之间的中线上，平齐第 6 胸椎棘突后缘（背正中线旁开 1.5 寸、3 寸） | 用于胸痛、咳嗽、哮喘、背痛、皮肤瘙痒等疾病的治疗；治疗督脉相关疾病（脊椎病）。 |
| BL-17<br>膈俞<br>BL-46<br>膈关 | 寰椎翼外侧缘末端和背正中线之间的中线上，平齐第 7 胸椎棘突后缘（背正中线旁开 1.5 寸、3 寸） | 八会穴之一，血会膈俞，用于所有血液疾病的治疗；膈的背俞穴，治疗横膈膜痉挛、中枢性呕吐、食管狭窄等与横膈膜相关的疾病 |
| BL-18<br>肝俞<br>BL-47<br>魂门 | 寰椎翼外侧缘末端和背正中线之间的中线上，平齐第 10 胸椎棘突后缘（背正中线旁开 1.5 寸、3 寸） | 肝的背俞穴，用于任何肝胆疾病及眼疾的治疗。此外对高血压、癫痫、易怒、背部疼痛、肌肉或筋腱疾病、内风证等有效 |

续表 3-27

| 穴位 | 定位 | 主治功能 |
| --- | --- | --- |
| BL-19<br>胆俞<br>BL-48<br>阳纲 | 寰椎翼外侧缘末端和背正中线之间的中线上，平齐第 11 胸椎棘突后缘（背正中线旁开 1.5 寸、3 寸） | 胆的背俞穴，用于任何肝胆疾病或消化系统疾病，尤其是胆囊炎的治疗 |
| BL-20<br>脾俞<br>BL-49<br>意舍 | 寰椎翼外侧缘末端和背正中线之间的中线上，平齐第 12 胸椎棘突后缘（背正中线旁开 1.5 寸、3 寸） | 脾的背俞穴，用于任何消化系统的疾病、胰腺疾病、糖尿病、呕吐、腹泻、水肿、贫血、出血、黄疸等 |
| BL-21<br>胃俞<br>BL-50<br>胃仓 | 寰椎翼外侧缘末端和背正中线之间的中线上，平齐第 13 胸椎棘突后缘（背正中线旁开 1.5 寸、3 寸） | 胃的背俞穴，用于所有胃病的治疗 |
| BL-22<br>三焦俞<br>BL-51<br>肓门 | 寰椎翼外侧缘末端和背正中线之间的中线上，平齐第 1 腰椎棘突后缘（背正中线旁开 1.5 寸、3 寸） | 三焦的背俞穴，主治消化系统疾病，如胃炎、肠炎、腹水、水肿、排尿困难、内分泌失调、后背疼痛等 |
| BL-23<br>肾俞<br>BL-52<br>志室 | 寰椎翼外侧缘末端和背正中线之间的中线上，平齐第 2 腰椎棘突后缘（背正中线旁开 1.5 寸、3 寸） | 肾的背俞穴，用于任何泌尿生殖系统疾病的治疗。也用于脊椎疾病和耳部疾病的治疗 |
| BL-24<br>气海俞 | 寰椎翼外侧缘末端和背正中线之间的中线上，平齐第 4 腰椎棘突后缘（背正中线旁开 1.5 寸） | 主治因气虚而致的腹泻、消化不良、生殖系统疾病等。对后背疼痛、腰痛、四肢麻痹等有效 |
| BL-25<br>大肠俞 | 寰椎翼外侧缘末端和背正中线之间的中线上，平齐第 5 腰椎棘突后缘（背正中线旁开 1.5 寸） | 大肠的背俞穴，用于治疗便秘、腹泻、腹痛等消化系统疾病，也用于腰背疼痛、膝关节炎的治疗 |
| BL-26<br>关元俞 | 寰椎翼外侧缘末端和背正中线之间的中线上，平齐第 6 腰椎棘突后缘（背正中线旁开 1.5 寸） | 主治腰椎疼痛和生殖系统疾病 |
| BL-27<br>小肠俞 | 寰椎翼外侧缘末端和背正中线之间的中线上，平齐第 7 腰椎棘突后缘（背正中线旁开 1.5 寸） | 小肠的背俞穴，主治腹泻、腹痛、便秘、食积、腰胯疼痛、尿失禁、膀胱湿热等 |
| BL-28<br>膀胱俞 | 寰椎翼外侧缘末端和背正中线之间的中线上，平齐第 1 荐椎棘突后缘（背正中线旁开 1.5 寸） | 膀胱的背俞穴，主要用于泌尿生殖系统疾病的治疗。对坐骨神经麻痹、脊椎疾病也有效 |
| BL-29<br>中膂俞 | 寰椎翼外侧缘末端和背正中线之间的中线上，平齐第 2 荐椎棘突后缘（背正中线旁开 1.5 寸） | 主治腰胯疼痛、腹痛、腹泻、便秘、疝气等 |

续表 3-27

| 穴位 | 定位 | 主治功能 |
|---|---|---|
| BL-30<br>白环俞 | 寰椎翼外侧缘末端和背正中线之间的中线上，平齐荐尾间隙（背正中线旁开 1.5 寸） | 主治腰胯疼痛、排尿困难、尿失禁、便秘、里急后重、脱肛、疝气、阳痿、隐睾等 |
| BL-31<br>上髎 | 位于背正中线外侧，第 7 腰椎后缘，介于小肠俞与背正中线之中点 | 主治后背疼痛、后肢轻瘫或瘫痪、便秘、尿失禁、生殖系统疾病等 |
| BL-32<br>次髎 | 位于背正中线外侧，第 1 荐椎后缘，介于膀胱俞与背正中线之中点 | 主治后背疼痛、后肢轻瘫或瘫痪、便秘、尿失禁、生殖系统疾病等 |
| BL-33<br>中髎 | 位于背正中线外侧，第 2 荐椎后缘，介于中膂俞与背正中线之中点 | 主治后背疼痛、后肢轻瘫或瘫痪、便秘、尿失禁、生殖系统疾病等 |
| BL-34<br>下髎 | 位于背正中线外侧，荐尾椎间隙，介于白环俞与背正中线之中点 | 主治后背疼痛、腹痛、排尿困难、便秘、痿证等 |
| BL-35<br>会阳 | 位于尾根部折痕外侧，背正中线旁开 1.5 寸 | 前肢太阳小肠经、后肢太阳膀胱经、督脉三条阳脉交会之处。局部治疗作用强，用于脱肛、慢性泄泻以及生殖系统疾病的治疗 |
| BL-36<br>承扶 | 又名邪气，位于大腿后外侧，坐骨结节外缘下方，介于股二头肌与半腱肌之凹陷处 | 主治腰胯疼痛、后肢瘫痪、后肢麻痹、肛周疾病、便秘、脱肛、痿证等 |
| BL-37<br>汗沟 | 又名殷门，位于大腿后外侧，承扶与委阳连线 1/3 处，股二头肌与半腱肌之凹陷处 | 主治腰胯疼痛、后肢轻瘫或瘫痪、后肢麻痹、髋关节疼痛、跗关节疼痛、痿证等 |
| BL-38<br>仰瓦 | 又名浮郄，位于大腿后外侧，承扶与委阳连线 2/3 处，股二头肌与半腱肌之凹陷处 | 主治腰胯疼痛、后肢轻瘫或瘫痪、后肢麻痹、髋关节疼痛、跗关节疼痛、痿证等。 |
| BL-39<br>委阳 | 膝腘窝外侧，股二头肌腱内侧缘 | 三焦经的下合穴，用于治疗排尿困难、后肢疾病、跗关节疾病、膝关节炎等 |
| BL-40<br>委中 | 膝腘窝中点，股二头肌腱与半腱肌腱的中间 | 腰背委中求，腰背部疾病的总穴；膀胱经的合穴，用于治疗后躯疾病、腰椎疾病、排尿困难 |
| BL-53<br>胞肓 | 位于臀外侧，膀胱俞外侧 1.5 寸 | 主治腰胯疼痛、排尿困难等 |
| BL-54<br>秩边 | 又名巴山，髋关节处，股骨大转子正上方 | 后肢疾病的治疗要穴，主治腰胯疼痛、后肢瘫痪、跛行或肌肉萎缩、肛周疾病、生殖疾病、排尿困难、便秘等 |
| BL-55<br>合阳 | 位于后肢外侧，膝关节下方，委中下 2 寸 | 主治后肢疼痛、后肢轻瘫或瘫痪、生殖系统疾病、痿证等 |
| BL-56<br>承筋 | 位于后肢外侧，膝关节下方，合阳和承山连线的中点，腓肠肌肌腹中央 | 主治后背疼痛、后肢挛缩、后肢跛行、肛周疾病、痿证等 |

续表 3-27

| 穴位 | 定位 | 主治功能 |
|---|---|---|
| BL-57<br>承山 | 位于后肢外侧，膝关节下方，委中和昆仑连线的中点 | 主治后背疼痛、后肢跛行、足垫疼痛、便秘等 |
| BL-58<br>飞扬 | 位于后肢外侧，膝关节下方，昆仑上 7 寸，腓骨后缘 | 膀胱经的络穴，主治后背疼痛、后肢疼痛、肛周疼痛、头痛、视物不清、风寒感冒等 |
| BL-59<br>跗阳 | 位于后肢外侧，膝关节与跗关节之间，昆仑上 3 寸，腓骨后缘 | 阳跷脉的郄穴，用于治疗急性腰胯疼痛、后肢跛行等 |
| BL-60<br>昆仑 | 跗关节外侧，腓骨外踝尖与跟腱之间凹陷处(对侧 KID-3) | 膀胱经的经穴，常用于止痛。用于治疗头痛、颈项疼痛、背痛、跗关节疼痛、后肢瘫痪、癫痫、高血压、胎衣不下、难产等 |
| BL-61<br>仆参 | 跗关节外侧，昆仑下 1 寸 | 主治腰痛、跗关节疼痛等 |
| BL-62<br>申脉 | 外踝尖直下，外踝下缘和跟骨之间的凹陷中。 | 阳跷脉的交会穴。用于治疗脑神经疾病，如癫痫、共济失调、过度敏感、行为异常等；所属膀胱经，也可治疗腰椎及后肢的疾病 |
| BL-63<br>金门 | 位于后肢踝关节外侧，跟骨下方，第 5 跖骨近端上方 | 膀胱经的郄穴，主治后背疼痛、跗关节疼痛、行为异常、癫痫等 |
| BL-64<br>京骨 | 跗关节外侧，第五跖骨近端下方 | 膀胱经的原穴，用于诊断和治疗膀胱经所行之处的疾病。头痛、颈项头痛、背痛、行为异常、癫痫、心神不安等疾病的治疗 |
| BL-65<br>束骨 | 位于后肢足外侧，第 5 跖骨与趾跖关节之间凹陷处 | 膀胱经的腧穴、子穴，主治项背疼痛、眼疾、跗关节疼痛、行为异常、癫痫等 |
| BL-66<br>足通谷 | 位于后肢第 5 趾外侧，趾跖关节下方 | 膀胱经的荥穴、本穴，主治头颈疼痛、行为异常、癫痫、膀胱湿热、呕吐、眼疾等 |
| BL-67<br>至阴 | 后肢第五趾骨末端外侧甲床角 | 膀胱经的井穴，对急性脑血管障碍、中风有效。与肾经相连，对泌尿生殖系统疾病有效(如难产、胎位不正、胎衣不下)，此外对头痛、鼻衄、瘙痒等病有效 |

## 八、后肢少阴肾经及其腧穴

后肢少阴肾经起于后肢跖骨足垫底部，经过胫骨内踝后缘，沿后肢内侧后缘上行至腹部，沿腹部前行，折向前行于腹正中线旁开 1 寸，在胸骨与第 1 肋骨之间注于胸中，与前肢厥阴心包经相接。后肢少阴肾经左右各有 27 个经穴(图 3-45 至图 3-48，表 3-28)，其中临床常用的有 5 个穴位，分别是涌泉(KID-1)、太溪(KID-3)、照海(KID-6)、复溜(KID-7)、阴谷(KID-10)。

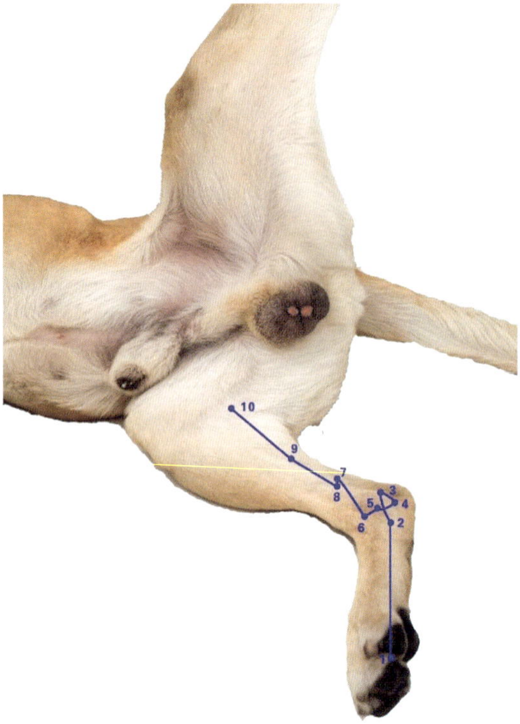


图 3-45　肾经循行路线后肢部位

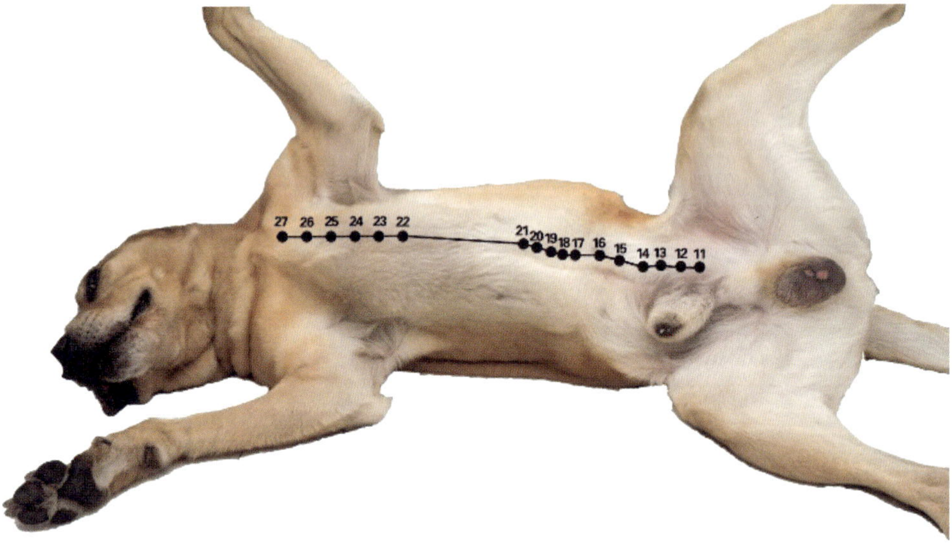


图 3-46　肾经循行路线腹侧部位

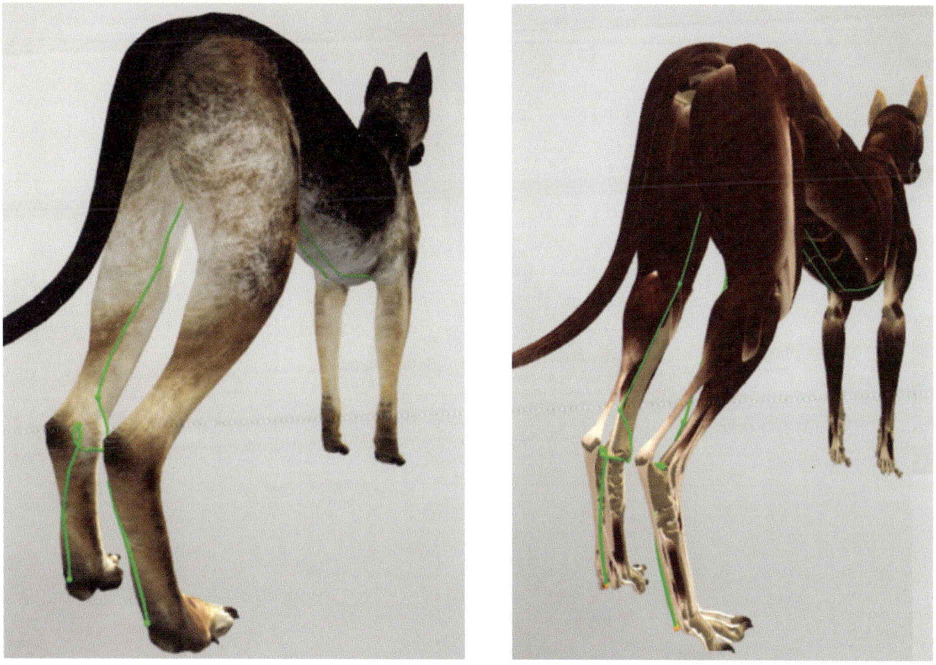

图 3-47　肾经循行路线尾侧观

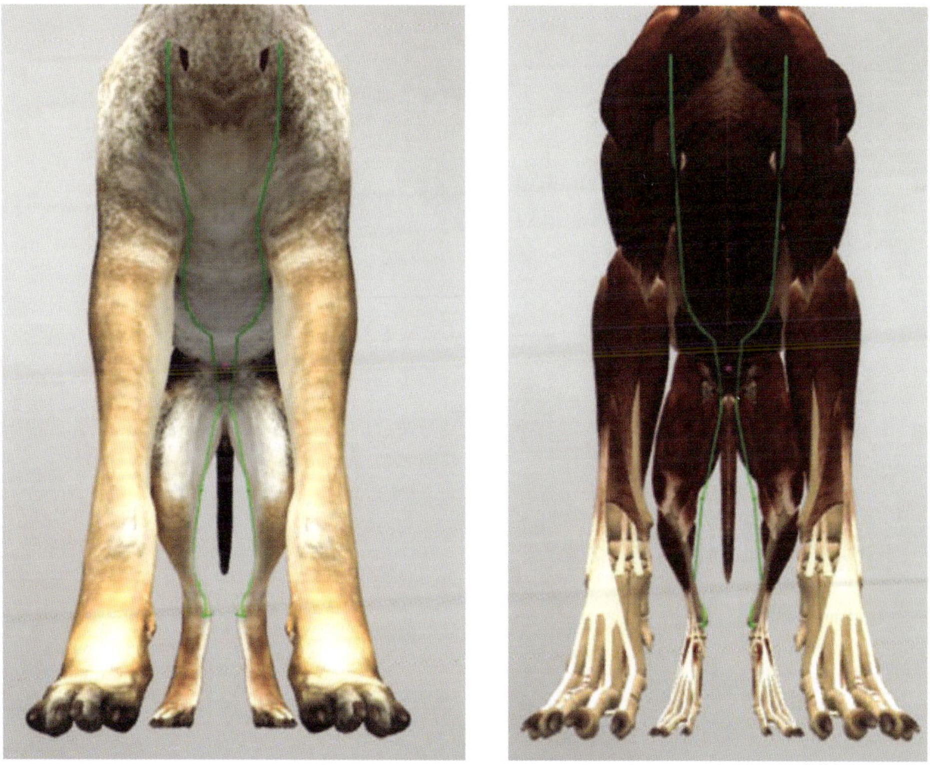

图 3-48　肾经循行路线头腹侧观

表 3-28 后肢少阴肾经腧穴定位及主治功能

| 穴位 | 定位 | 主治功能 |
|---|---|---|
| KID-1<br>涌泉 | 位于后肢足底，介于第 3 与第 4 跖骨之间 | 肾经的井穴，主治中暑、昏迷、癫痫发作、心搏骤停等 |
| KID-2<br>然谷 | 位于后肢内侧踝关节后方，跟骨下方，中央跗骨后缘 | 肾经的荥穴，主治排尿困难、糖尿病、踝关节疼痛、生殖系统疾病、发热等 |
| KID-3<br>太溪 | 位于后肢跗部内侧，胫骨内踝尖与跟腱之间凹陷处 | 肾经的原穴，用于诊断和治疗所有泌尿生殖系统疾病。肾经的输穴，对腰椎疾病、膝关节疼痛、后肢无力等有效。此外，肾主纳气，对呼吸系统疾病哮喘、咳嗽有效 |
| KID-4<br>大钟 | 位于后肢跗部内侧，跟腱内缘，太溪下 0.5 寸 | 肾经的络穴，主治哮喘、后背疼痛、行为异常、心神不安、肾衰竭、排尿困难、尿失禁、便秘等 |
| KID-5<br>水泉 | 位于后肢跗部内侧，胫骨后缘，太溪下 1 寸 | 肾经的郄穴，主治生殖系统疾病、跗关节疼痛、排尿困难、眼疾等 |
| KID-6<br>照海 | 后肢跗部内侧，将跗关节弯曲 90°，腓骨内踝下方凹陷处 | 通阴跷脉的八脉交会穴，是治疗胸部疾病、咽喉疾病的要穴；对后肢寒证及麻痹、水肿、腰痛等有效，也用于生殖系统疾病的治疗，对癫痫、行为异常也有效 |
| KID-7<br>复溜 | 后肢内侧，跟腱前缘，太溪上 2 寸（阴陵泉到内踝尖 13 寸） | 肾经的经穴、母穴，常用于治疗积水的症状（后肢水肿、排尿困难、腹泻等）、后肢瘫痪、背部疼痛、先天不足、各种肾虚证等 |
| KID-8<br>交信 | 位于后肢跗部内侧，胫骨后缘，太溪上 2 寸，复溜前 0.5 寸 | 阴跷脉的郄穴，主治生殖系统疾病、便秘、腹泻、疝气、阴虚等 |
| KID-9<br>筑宾 | 位于后肢内侧，太溪与阴谷的连线上，太溪上 5 寸，腓肠肌内侧肌腹下端 | 阴维脉的郄穴，主治心神不安、多动、呕吐、后肢跛行、疝气、阴虚等 |
| KID-10<br>阴谷 | 后肢内侧，膝腘窝内侧端，平齐 BL-40，介于半腱肌与半膜肌之间 | 肾经的合穴，主要用于泌尿生殖系统疾病（如排尿困难、子宫出血、肾气虚、肾阴虚），局部用于膝关节炎和大腿内侧疾患 |
| KID-11<br>横骨 | 位于后腹部，肚脐后 5 寸，腹中线旁开 0.5 寸（CV-2 旁开 0.5 寸） | 肾经与冲脉的交会穴，主治后腹痛、生殖系统相关疼痛、排尿困难等 |
| KID-12<br>大赫 | 位于后腹部，肚脐后 4 寸，腹中线旁开 0.5 寸（CV-3 旁开 0.5 寸） | 主治生殖系统相关疼痛、子宫脱垂、带下、先天不足等 |
| KID-13<br>气穴 | 位于后腹部，肚脐后 3 寸，腹中线旁开 0.5 寸（CV-4 旁开 0.5 寸） | 主治后腹痛、生殖系统疾病、带下、排尿困难、肾气虚等 |
| KID-14<br>四满 | 位于后腹部，肚脐后 2 寸，腹中线旁开 0.5 寸（CV-5 旁开 0.5 寸） | 主治后腹痛、生殖系统疾病、带下、排尿困难、肾气虚等 |
| KID-15<br>中注 | 位于后腹部，肚脐后 1 寸，腹中线旁开 0.5 寸（CV-7 旁开 0.5 寸） | 主治腹痛、便秘、呕吐等 |

续表 3-28

| 穴位 | 定位 | 主治功能 |
| --- | --- | --- |
| KID-16<br>肓俞 | 位于后腹部，肚脐旁开 0.5 寸（CV-8 旁开 0.5 寸） | 主治腹痛、便秘、呕吐等 |
| KID-17<br>商曲 | 位于后腹部，肚脐前 2 寸，腹中线旁开 0.5 寸（CV-10 旁开 0.5 寸） | 主治腹痛、便秘、呕吐等 |
| KID-18<br>石关 | 位于后腹部，肚脐前 3 寸，腹中线旁开 0.5 寸（CV-11 旁开 0.5 寸） | 主治产后腹痛、便秘、呕吐等 |
| KID-19<br>阴都 | 位于后腹部，肚脐前 4 寸，腹中线旁开 0.5 寸（CV-12 旁开 0.5 寸） | 主治腹痛、便秘、呕吐、咳嗽、胸胁疼痛等 |
| KID-20<br>腹通谷 | 位于后腹部，肚脐前 5 寸，腹中线旁开 0.5 寸（CV-13 旁开 0.5 寸） | 主治腹痛、咳嗽、呕吐、呼吸困难等 |
| KID-21<br>幽门 | 位于后腹部，肚脐前 6 寸，腹中线旁开 0.5 寸（CV-14 旁开 0.5 寸） | 主治腹痛、腹泻、呕吐、乳腺炎、乳汁不足等 |
| KID-22<br>步廊 | 位于胸骨外侧第 5 肋间隙，腹中线旁开 2 寸 | 主治咳嗽、气喘、呼吸困难、呕吐、厌食等 |
| KID-23<br>神封 | 位于胸骨外侧第 4 肋间隙，腹中线旁开 2 寸 | 主治咳嗽、呼吸困难、哮喘、乳腺炎等 |
| KID-24<br>灵墟 | 位于胸骨外侧第 3 肋间隙，腹中线旁开 2 寸 | 主治咳嗽、呼吸困难、哮喘、乳腺炎等 |
| KID-25<br>神藏 | 位于胸骨外侧第 2 肋间隙，腹中线旁开 2 寸 | 主治咳嗽、呼吸困难、哮喘、胸痛等 |
| KID-26<br>彧中 | 位于胸骨外侧第 1 肋间隙，腹中线旁开 2 寸 | 主治咳嗽、哮喘、流涎等 |
| KID-27<br>俞府 | 位于胸骨外侧第 1 肋前缘，腹中线旁开 2 寸 | 主治咳嗽、哮喘、胸痛、卫气不足、免疫介导性疾病等 |

## 九、前肢厥阴心包经及其腧穴

前肢厥阴心包经浅出腋窝第 5 肋间隙，沿前肢内侧中线入肘，过腕，入掌骨足垫，沿前肢第 4 指骨出其内侧端，与前肢少阳三焦经相接。前肢厥阴心包经左右各有 9 个经穴（图 3-49、图 3-50，表 3-29），其中临床常用的有 5 个穴位，分别是曲泽（PC-3）、内关（PC-6）、大陵（PC-7）、劳宫（PC-8）、中冲（PC-9）。

二维码 3-17　前肢厥阴心包经、前肢少阳三焦经主要穴位

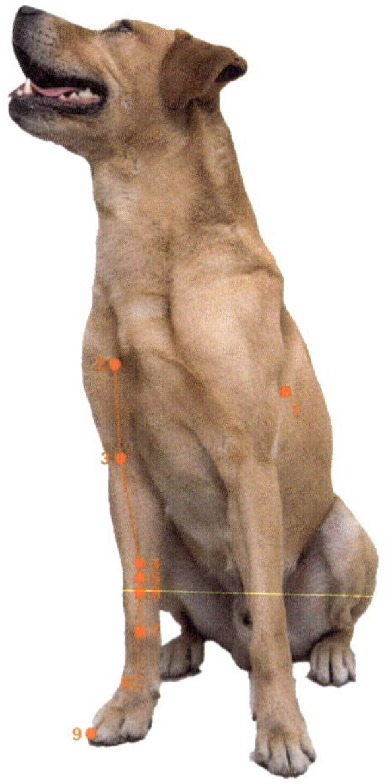

图 3-49　心包经循行路线

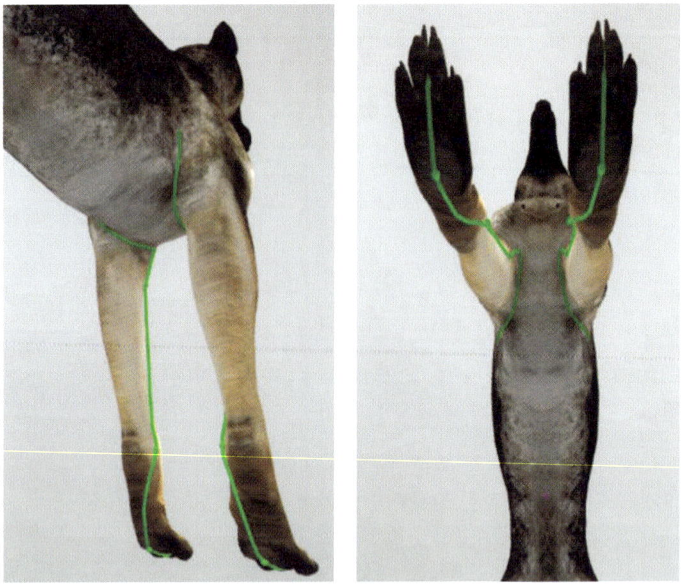

图 3-50　心包经循行路线尾侧观和腹侧观

表 3-29　前肢厥阴心包经腧穴定位及功能主治

| 穴位 | 定位 | 主治功能 |
|---|---|---|
| PC-1<br>天池 | 位于胸部外侧第 5 肋间隙，胸正中线旁开 5 寸 | 心包经、胆经、三焦经的交会穴，主治咳嗽、呼吸困难、胸痛、乳腺炎、乳汁不足等 |
| PC-2<br>天泉 | 位于肱骨内侧二头肌上，腋纹下 2 寸 | 主治咳嗽、肩痛、胸痛等 |
| PC-3<br>曲泽 | 位于前肢内侧肘横纹，肱二头肌腱尺侧缘凹陷处 | 心包经的合穴，主要用于心脏病的治疗，如心律不齐、心肌炎、风湿性心脏病等，与三焦经相表里，也可治疗急性胃肠炎等三焦疾病；局部用于前肢肘关节疾病的治疗；有祛热功效，用于中暑、日射病的治疗 |
| PC-4<br>郄门 | 位于前肢内侧腕横纹上 5 寸，桡腕屈肌与浅指屈肌之间的凹陷处 | 心包经的郄穴，主治急性胸痛、心脏病、鼻衄、癫痫等 |
| PC-5<br>间使 | 位于前肢内侧腕横纹上 4 寸，桡腕屈肌与浅指屈肌之间的凹陷处 | 心包经的经穴，主治热病、癫痫、心神不安、胸痛等 |
| PC-6<br>内关 | 位于大陵和曲泽连线的 1/6 处，桡腕屈肌与浅指屈肌之间凹陷处 | 心包经的络穴，通阴维脉的八脉交会穴之一，胸部和上腹部疾病的要穴，治疗恶心呕吐、胸痛、心脏病、行为异常、前庭疾病、睡眠障碍、癫痫、心神不安等，也用于前肢疾病的治疗 |
| PC-7<br>大陵 | 前肢内侧，桡腕骨前端，桡腕屈肌腱后缘 | 心包经的原穴，用于心脏病、脑神经疾病、胸痛、腹部疾患的诊断和治疗。局部作用可治疗腕关节疼痛 |
| PC-8<br>劳宫 | 前肢足底，介于第 3 掌骨与第 4 掌骨之间，掌骨掌垫前缘凹陷处 | 心包经的荥穴，用于热性病，胸痛、呕吐、行为异常、心神不安、癫痫等的治疗，局部作用于治疗前肢麻痹、肘部疼痛等 |
| PC-9<br>中冲 | 前肢末端，第 4 指骨内侧甲床 | 心包经的井穴，用于急症，胸痛、行为异常、热病、休克、昏迷、亡阳、中暑、心神不安等的治疗 |

## 十、前肢少阳三焦经及其腧穴

前肢少阳三焦经起于前肢第 4 指骨外侧端，沿掌背至腕部，上行桡骨外侧，过肘尖，沿肱骨外侧线上行至肩胛前上角，沿颈部外侧前行，由耳后至耳前，止于目外眦，与后肢少阳胆经相接。前肢少阳三焦经左右各有 23 个经穴(图 3-51、图 3-52，表 3-30)，其中临床常用的有 8 个穴位，分别是中渚(TH-3)、阳池(TH-4)、外关(TH-5)、天井(TH-10)、肩髎(TH-14)、翳风(TH-17)、耳门(TH-21)、丝竹空(TH-23)。

图 3-51 三焦经循行路线

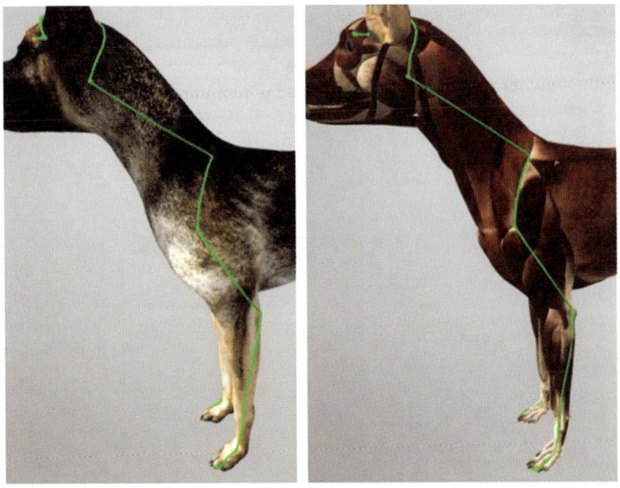

图 3-52 三焦经循行路线左侧观

表 3-30 前肢少阳三焦经腧穴定位及主治功能

| 穴位 | 定位 | 主治功能 |
|---|---|---|
| TH-1<br>关冲 | 位于前肢末端，第 4 指骨外侧甲床基部 | 三焦经的井穴，主治头痛、肩痛、腹痛、咽炎、结膜炎、听力下降、发热等 |
| TH-2<br>液门 | 位于前肢第 4 指骨外侧，掌指关节远端凹陷处 | 三焦经的荥穴，用于治疗头痛、前肢头痛、结膜炎、听力下降、发热等 |
| TH-3<br>中渚 | 前肢掌背上，指掌关节近端，介于第 4 掌骨和第 5 掌骨之间凹陷处 | 三焦经的输穴，用于治疗三焦经所过部位，如眼(如结膜炎、角膜炎、眼球充血)、耳(如中耳炎、听神经障碍)、前肢关节(麻痹或疼痛)、咽喉的疾病。也用于治疗行为异常、肝热或肝阳上亢等 |
| TH-4<br>阳池 | 前肢外侧，桡腕关节上，总指伸肌腱尺侧缘凹陷处 | 三焦经的原穴，用于治疗前肢疾病、腕部疼痛、咽喉疾病、口干舌燥等 |
| TH-5<br>外关 | 前肢外侧，阳池到喙突的 1/6 处，尺桡骨之间 | 三焦经的络穴，通阳维脉的八脉交会穴，用于治疗头颈部疼痛、前肢跛行、前肢瘫痪、腕部疼痛、中耳炎、化脓性外耳炎等 |
| TH-6<br>支沟 | 位于前肢外侧，阳池与鹰嘴突连线上，腕关节上 4 寸 | 三焦经的经穴、本穴，主治肩痛、中耳炎、听力下降、便秘、发热、呕吐等 |

续表 3-30

| 穴位 | 定位 | 主治功能 |
| --- | --- | --- |
| TH-7<br>会宗 | 位于前肢外侧，支沟后方 1 寸，介于尺骨与桡骨之间凹陷处 | 三焦经的郄穴，用于治疗前肢跛行、轻瘫或瘫痪、中耳炎、听力下降、结膜炎、癫痫、痿证等 |
| TH-8<br>三阳络 | 位于前肢外侧，阳池与鹰嘴突连线上，腕关节上 5 寸 | 常用于麻醉，主治前肢疼痛、胸痛、听力下降、齿痛等 |
| TH-9<br>四渎 | 位于前肢外侧，阳池与鹰嘴突连线上，鹰嘴下 4 寸 | 常用于麻醉，主治前肢疼痛、轻瘫或瘫痪、咽炎、听力下降、齿痛等 |
| TH-10<br>天井 | 位于前肢外侧，鹰嘴正上方三头肌腱上的凹陷处 | 三焦经的合穴，治疗头部疾病、扁桃体炎、胸痛、咽喉麻痹、前肢跛行、瘫痪、肘关节炎、肩关节炎等 |
| TH-11<br>清冷渊 | 位于前肢外侧，天井上 1 寸 | 主治头项疼痛、肩肘疼痛等 |
| TH-12<br>消泺 | 位于前肢外侧，清冷渊和肩髎连线上 1/3 处 | 主治头项疼痛、肩肘疼痛等 |
| TH-13<br>臑会 | 位于前肢外侧，肩髎与鹰嘴突连线上，肩髎下 3 寸 | 主治肩痛、腋下肿胀、前肢跛行等 |
| TH-14<br>肩髎 | 位于肩部，肩峰后下方与三角肌连接的凹陷处 | 广泛用于治疗肩部疾病和发热性疾病 |
| TH-15<br>膊尖 | 又名天髎，位于肩胛骨前上角缘，肩胛骨与肩胛软骨连接点的凹陷处 | 主治肩痛、肘痛、颈项疼痛等 |
| TH-16<br>天牖 | 位于颈部外侧，胸锁乳头肌后缘处，平下颌角 | 主治头项疼痛、视物不清、听力下降、颞颌关节紊乱等 |
| TH-17<br>翳风 | 位于耳基部后下方，乳突与下颌角之间的凹陷处 | 三焦经与胆经的交会穴，治疗耳疾、眼疾、面神经麻痹、三叉神经痛等 |
| TH-18<br>瘈脉 | 位于耳后方，翳风和角孙连线上 1/3 处 | 主治头痛、耳病等 |
| TH-19<br>颅息 | 位于耳后方，翳风和角孙连线上 2/3 处 | 主治头痛、耳病等 |
| TH-20<br>角孙 | 位于耳朵前上方，耳前缘上方凹陷处 | 主治耳病、颈项疼痛、齿痛、结膜炎等 |
| TH-21<br>耳门 | 位于耳朵前方，SI-19 上方，耳屏上切迹前凹陷处；微张口，下颌髁突上缘凹陷处 | 主要治疗耳部疾病（如耳炎、听力下降）、牙痛、颞颌关节疼痛、风热等 |
| TH-22<br>耳和髎 | 位于耳朵前方，耳门前方 1 寸 | 主治头痛、耳病、面瘫、颞颌关节疼痛等 |
| TH-23<br>丝竹空 | 外眼角直上方，眼眶外缘凹陷处 | 主要治疗眼疾、面瘫、牙痛、癫痫等 |

## 十一、后肢少阳胆经及其腧穴

后肢少阳胆经起于目外眦，后行至耳下，折返向前沿耳轮弧形至耳后，再折行向前经额部至眉上，又向后折行至枕部，由颈部后行至肩，沿胸外侧行至第 13 肋骨游离端下缘，再至髋关节部，沿后肢外侧中线下行，经过外踝至跖骨背侧，止于后肢第 4 趾骨外侧端，与后肢厥阴肝经相接。后肢少阳胆经左右各有 44 个经穴（图 3-53 至图 3-55，表 3-31），其中临床常用的有 14 个穴位，分别是瞳子髎(GB-1)、阳白(GB-14)、风池(GB-20)、膊中(GB-21)、日月(GB-24)、京门(GB-25)、居髎(GB-29)、环跳(GB-30)、风市(GB-31)、膝阳关(GB-33)、阳陵泉(GB-34)、光明(GB-37)、悬钟(GB-39)、足临泣(GB-41)。

二维码 3-18　后肢少阳胆经、后肢厥阴肝经主要穴位

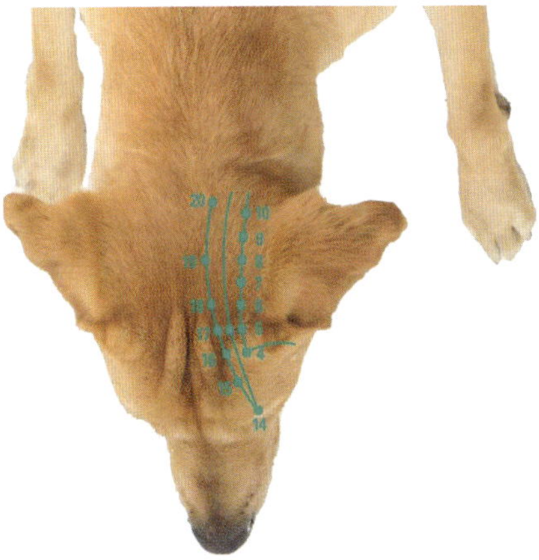

图 3-53　胆经循行路线头部部位

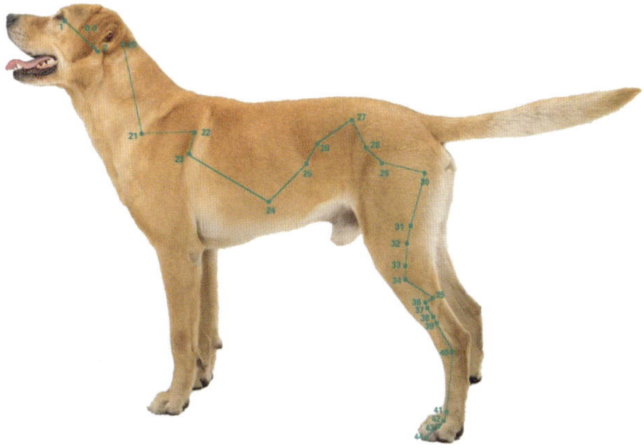

图 3-54　胆经循行路线及腧穴定位

图 3-55　胆经循行路线示意图左侧观

表 3-31 后肢少阳胆经腧穴定位及主治功能

| 穴位 | 定位 | 主治功能 |
|---|---|---|
| GB-1 瞳子髎 | 目外眦外侧 0.2 寸,眼眶外缘凹陷处 | 三焦经、小肠经、胆经三条经脉交会穴,主治眼部疾病(如角膜炎、视神经萎缩、结膜炎、泪溢症、眼球疼痛),也用于治疗头痛、面瘫、颞颌关节疼痛等 |
| GB-2 听会 | 位于耳前缘,耳屏间切迹前方凹陷处,听宫下方 1.5 寸 | 主治耳炎、听力下降、面瘫、颞颌关节疼痛、休克、心神不安等 |
| GB-3 上关 | 位于面部咀嚼肌后方,颧弓与下关上方,颞颌关节后缘凹陷处 | 主治头痛、齿痛、耳病、面瘫、颞颌关节疼痛等 |
| GB-4 颔厌 | 位于头部,耳前头维至曲鬓连线上 1/4 处 | 主治头痛、齿痛、颞颌关节疼痛、癫痫、耳病等 |
| GB-5 悬颅 | 位于头部,耳前头维至曲鬓连线上 1/2 处 | 主治头痛、齿痛、耳病、面肿、癫痫、视物不清等 |
| GB-6 悬厘 | 位于头部,耳前头维至曲鬓连线上 3/4 处 | 主治头痛、齿痛、耳病、面肿、癫痫、视物不清等 |
| GB-7 曲鬓 | 位于头部,耳基部前缘内侧,角孙前侧 | 主治头痛、齿痛、耳病、面肿、癫痫、视物不清等 |
| GB-8 率谷 | 位于头部,耳基部中点内侧 1.5 寸 | 主治头痛、眼疾、视力下降、咳嗽、呕吐、肝阳上亢等 |
| GB-9 天冲 | 位于头部,耳基部内侧 1 寸,率谷后 0.5 寸 | 主治头痛、眼疾、齿龈炎、癫痫、行为异常、心神不安、肝阳上亢等 |
| GB-10 浮白 | 位于头部,耳基部后缘,耳后乳突上方 | 主治头颈疼痛、肩痛、咽炎、耳病、肝阳上亢等 |
| GB-11 头窍阴 | 位于耳朵后方,耳后乳突上方,浮白与完骨连线中点 | 主治头颈疼痛、耳病、肝阳上亢等 |
| GB-12 完骨 | 位于耳后,耳基部下方及乳突后方,TH-18 后 1 寸 | 主治头项疼痛、齿痛、面瘫、行为异常、睡眠障碍、癫痫、肝阳上亢等 |
| GB-13 本神 | 位于头部背侧,GV-24 至 ST-8 连线上 2/3 处 | 主治头项疼痛、齿痛、面瘫、行为异常、睡眠障碍、癫痫、肝阳上亢等 |
| GB-14 阳白 | 眼睛瞳孔直上方,眶上缘 1 寸 | 主治眼部疾病(如眼睑运动障碍、泪溢症、角膜炎、结膜炎)以及面神经麻痹、三叉神经麻痹等 |
| GB-15 头临泣 | 位于头部背侧,阳白后 1 寸 | 主治头项疼痛、眼病、鼻塞、前庭疾病、行为异常、癫痫、肝阳上亢等 |
| GB-16 目窗 | 位于头部背侧,GB-15 与 GB-20 连线上,GB-15 后方 1.5 寸 | 主治头痛、眼病、鼻塞、前庭疾病、发热等 |

续表 3-31

| 穴位 | 定位 | 主治功能 |
|---|---|---|
| GB-17<br>正营 | 位于头部背侧，GB-15 与 GB-20 连线上，GB-16 后方 1.5 寸 | 主治头痛、颈痛、前庭疾病、齿痛、呕吐、心神不安等 |
| GB-18<br>承灵 | 位于头部背侧，GB-15 与 GB-20 连线上，GB-17 后方 1.5 寸 | 主治头痛、前庭疾病、鼻塞、鼻衄、心神不安等 |
| GB-19<br>脑空 | 位于头部背侧，GB-20 前方，平齐 GV-17 | 主治头项疼痛、前庭疾病、癫痫、心神不安等 |
| GB-20<br>风池 | 位于头颈背侧，枕骨粗隆后外侧与寰椎翼前缘之凹陷处 | 用于治疗中风、脑血管疾病、颈部僵硬、癫痫、行为异常等，风池还有疏风解热、聪耳明目之功效，对眼疾、耳疾、鼻炎、感冒等也有效 |
| GB-21<br>肩中 | 位于肩胛骨前缘，介于大椎与肩峰连线中点的凹陷处 | 胆经、胃经、三焦经与阳维脉的交会穴。主治肩部疼痛、颈部疼痛、前肢瘫痪、中风、咳嗽、难产、子宫出血等 |
| GB-22<br>渊腋 | 位于肩胛骨后缘，肩胛骨后缘上端与下端连线上 1/3 处 | 主治肩痛、下呼吸道疾病、肺病等 |
| GB-23<br>辄筋 | 位于肩胛骨后缘，GB-22 下方 1 寸 | 主治肩痛、下呼吸道疾病、肺病、咳嗽、恶心呕吐等 |
| GB-24<br>日月 | 胸部外侧第 9 肋间隙，腹外侧线（乳头连线）上 | 胆的募穴，胆经与脾经的交会穴，主治肝胆疾病、胸胁痛、腹痛、呕吐、肝气郁结等 |
| GB-25<br>京门 | 胸腹部外侧，第 13 肋骨游离端下际处 | 肾的募穴，用于肾病的诊断和治疗。对各种肝胆疾病、泌尿生殖系统疾病、腰椎及后肢疼痛等有效 |
| GB-26<br>带脉 | 位于腹部外侧，GB-25 与髂骨翼连线上，GB-25 后上方 1.5 寸 | 主治腰痛、腹痛、发情紊乱、后肢无力等 |
| GB-27<br>五枢 | 位于臀肌外侧，髂骨嵴前上角上方 0.5 寸 | 主治腰痛、腹痛、子宫脱垂、便秘、后肢无力等 |
| GB-28<br>维道 | 位于臀肌外侧，GB-27 与 GB-29 连线中点凹陷处 | 主治后腹部疼痛、子宫脱垂、带下、不孕等 |
| GB-29<br>居髎 | 位于髂前上棘和大转子最凸点连线的中点处 | 主治腰胯疼痛、坐骨神经痛、后肢跛行、后肢瘫痪等。胆经和阳跷脉的交会穴，也用于治疗阳气不足导致的泌尿生殖系统疾病 |
| GB-30<br>环跳 | 位于髋股关节，股骨大转子与坐骨结节中点凹陷处 | 主治腰椎、髋关节、后肢跛行或瘫痪、坐骨神经麻痹、后肢水肿等 |
| GB-31<br>风市 | 位于大腿外侧，股骨大转子与股骨外上髁连线上，股骨外上髁上 7 寸凹陷处 | 主治腰胯疼痛、后肢跛行或瘫痪、全身瘙痒、荨麻疹等 |

续表 3-31

| 穴位 | 定位 | 主治功能 |
| --- | --- | --- |
| GB-32<br>中渎 | 位于大腿外侧，股骨大转子与股骨外上髁连线上，股骨外上髁上 3 寸凹陷处 | 主治后肢跛行或瘫痪、瘙痒、荨麻疹等 |
| GB-33<br>膝阳关 | 位于后肢膝部外侧，股骨外上髁上方，介于股二头肌腱与股骨之间凹陷处 | 主治膝关节疾病、后肢麻痹或疼痛等 |
| GB-34<br>阳陵泉 | 位于后肢膝部外侧，腓骨头前下方凹陷处 | 肝经的合穴，八会穴之一筋会阳陵泉，主治肝胆疾病、筋腱和韧带疾病、后肢跛行或瘫痪、膝关节疾病、消化系统疾病、高血压、行为异常、肝气郁结等 |
| GB-35<br>阳交 | 位于后肢外侧，膝下，GB-36 后方 1 寸，平齐 GB-36 | 主治膝关节疼痛、后肢跛行、轻瘫或瘫痪、肌肉萎缩、心神不安等 |
| GB-36<br>外丘 | 位于后肢外侧，膝下，GB-39 上方 4 寸，介于总趾伸肌与侧趾伸肌之间 | 主治后肢疼痛或肌肉萎缩、头项疼痛、胸痛、肝阳上亢等 |
| GB-37<br>光明 | 后肢外侧，膝部下方，GB-39（悬中）上方 3 寸，介于总趾伸肌与侧趾伸肌之间 | 胆经的络穴，主治慢性眼疾（如视神经萎缩、眼睑疾患、白内障初期）、癫痫以及后肢疾病等 |
| GB-38<br>阳辅 | 位于后肢外侧，膝下，GB-39 上方 1 寸，介于总趾伸肌与侧趾伸肌之间 | 主治后肢跛行、瘫痪，头痛、眼疾、咽炎、胆囊炎、肝阳上亢等 |
| GB-39<br>悬钟 | 后肢外侧，腓骨外髁尖上方 3 寸，腓骨后缘之凹陷处 | 八会穴之一，髓会悬中，用于治疗任何神经系统疾病（脑炎、脊髓炎等），也用于治疗后肢疾患、胸痛、血液病、先天不足、肝阳上亢等 |
| GB-40<br>丘墟 | 后肢外侧，腓骨外髁尖前下方凹陷处 | 主治头项疼痛、胸痛、跗关节疼痛、臀部疼痛、坐骨疼、呕吐、肝胆湿热等 |
| GB-41<br>足临泣 | 后肢足背上，跖趾关节上方，介于第 4 与第 5 跖骨结合部下方的凹陷处 | 用于治疗眼疾（如结膜炎、角膜炎）；用于治疗乳腺炎、乳汁分泌不足、阴道炎、发情周期紊乱、膀胱炎、小便失禁等泌尿生殖系统疾病；用于治疗后肢关节疼痛和畏寒发热 |
| GB-42<br>地五会 | 后肢足背上，介于第 4 与第 5 跖骨之间，跖趾关节近端 | 主治头痛、胆经积热、眼疾、足部肿胀、乳房炎等 |
| GB-43<br>侠溪 | 后肢足背上，跖趾关节远端，第 4 趾骨外缘 | 主治头痛、下颌及牙痛、眼病、后肢疼痛、胸痛、乳腺炎、发热、高血压、肝阳上亢等 |
| GB-44<br>足窍阴 | 后肢末端，第 4 趾骨外侧甲床基部 | 主治头痛、下颌及牙痛、眼病、耳病、前庭疾病、后肢疼痛、发热、休克、心神不安、肝阳上亢等 |

## 十二、后肢厥阴肝经及其腧穴

后肢厥阴肝经起于后肢末端，从后肢第 2 趾骨外侧端，沿足背侧内缘向上，经内踝前方上行于胫骨内侧，在踝上 8 寸处交于后肢太阴脾经之后，上行过膝内侧，沿大腿内侧中线进入鼠蹊部，向前经过第 12 肋骨游离端，进入胸部外侧下方第 6 肋间隙，于前肢太阴肺经相接。后肢厥阴肝经左右各有 14 个经穴（图 3-56 至图 3-58，表 3-32），其中临床常用的有 5 个穴位，分别是行间（LIV-2）、太冲（LIV-3）、曲泉（LIV-8）、章门（LIV-13）、期门（LIV-14）。

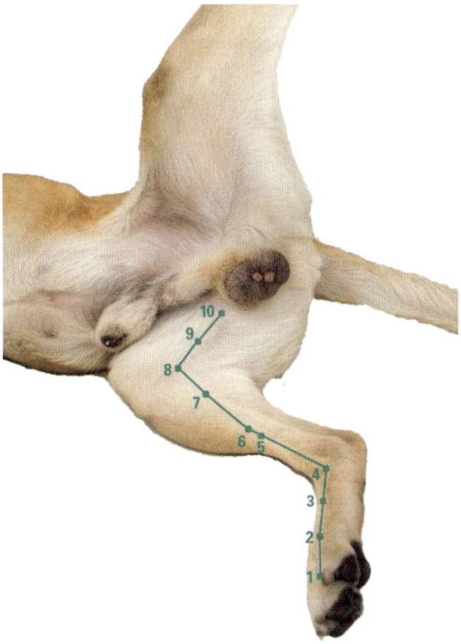


图 3-56　肝经循行路线后肢部

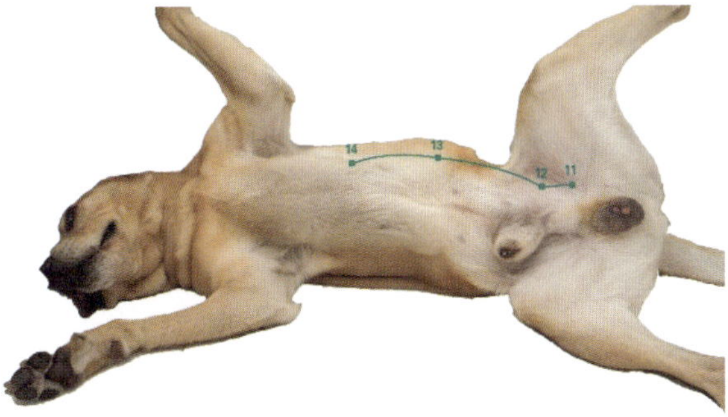


图 3-57　肝经循行路线胸腹部

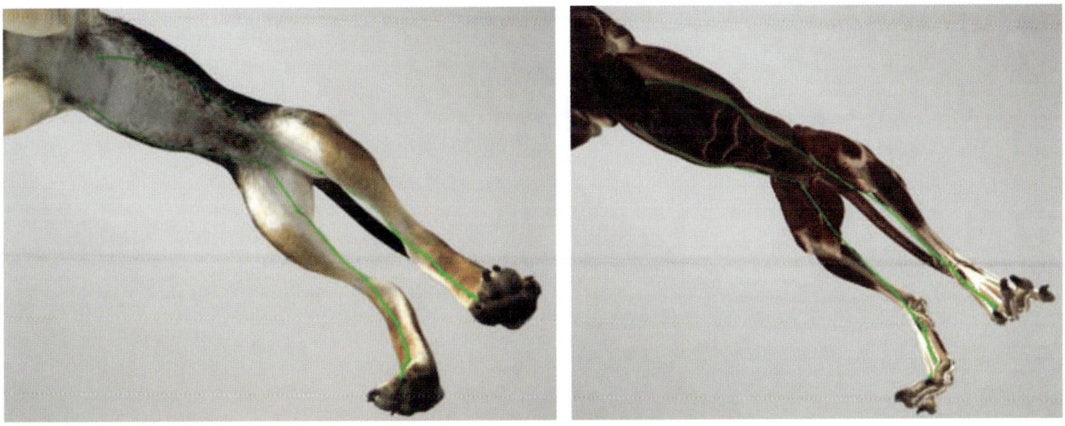

图 3-58　肝经循行路线示意图腹侧观

表 3-32 后肢厥阴肝经腧穴定位及主治功能

| 穴位 | 定位 | 主治功能 |
| --- | --- | --- |
| LIV-1<br>大墩 | 位于后肢末端，第 2 趾骨外侧甲床基部 | 肝经的井穴、本穴；主治疝气、子宫脱垂、子宫出血、阴部疼痛或发炎、行为异常、昏迷、癫痫等 |
| LIV-2<br>行间 | 后肢第 2 趾骨外缘，跖趾关节远端 | 肝经的荥穴、子穴，主治头部疾病、眼部疾病、消化系统疾病以及泌尿生殖系统疾病 |
| LIV-3<br>太冲 | 后肢第 2 跖骨与第 3 跖骨结合部下方凹陷处，跖趾关节上方 | 胆经的输穴、原穴，与合谷合称为四关穴，促进气血运行。用于治疗肝胆疾病、胃肠疾病、任何疼痛；还可治疗头痛、眼疾、胸痛、发情周期紊乱、泌尿生殖系统疾病、肌肉痉挛、行为异常、肝阳上亢等 |
| LIV-4<br>中封 | 后肢跗部前内测，ST-41 内下方，KID-6 外下方，SP-4 前上方 | 肝经的经穴，主治跗关节疼痛、后肢疼痛或肿胀、生殖器疼痛或肿胀、排尿困难、肝气郁结等 |
| LIV-5<br>蠡沟 | 位于后肢内侧，胫骨后缘，胫骨内踝尖上 5 寸 | 肝经的络穴，主治肝胆疾病、后肢疼痛或瘫痪、阴部疼痛、肿胀或瘙痒、尿失禁、排尿困难或疼痛，发情周期紊乱、带下等 |
| LIV-6<br>中都 | 位于后肢内侧，跗部上方，胫骨后缘凹陷处，胫骨内踝尖上 7 寸 | 肝经的郄穴，主治疝气、子宫疾病、发情周期紊乱、腹痛等 |
| LIV-7<br>膝关 | 位于后肢膝部内侧，SP-9 后方 1 寸 | 主治膝关节疼痛或肿胀等 |
| LIV-8<br>曲泉 | 位于后肢膝部内侧，介于股骨内髁与半膜肌嵌入部之凹陷处，KID-10（阴谷）前上方。 | 肝经的合穴、母穴。用于治疗膝关节疾病、泌尿生殖系统疾病（如排尿困难、尿失禁、子宫脱垂）等 |
| LIV-9<br>阴包 | 位于后肢内侧，膝关节上方，曲泉上 4 寸，介于股内侧肌与缝匠肌之间 | 主治子宫脱垂、尿失禁、发情周期紊乱等 |
| LIV-10<br>足五里 | 位于后肢内侧鼠蹊部，内收长肌外缘上，ST-30 下 3 寸 | 主治泌尿生殖系统疾病、排尿困难或疼痛、阴部疼痛、肿胀或瘙痒、腹胀等 |
| LIV-11<br>阴廉 | 位于后肢内侧鼠蹊部，内收长肌外缘上，ST-30 下 2 寸 | 主治发情周期紊乱、子宫疾病、后肢内侧疼痛等 |
| LIV-12<br>急脉 | 位于鼠蹊部，横平耻骨前缘，腹正中线旁开 2.5 寸 | 主治小腹疼痛、子宫脱垂、阴部疼痛或肿胀瘙痒等 |
| LIV-13<br>章门 | 腹部外侧下方，第 12 肋骨游离端下缘处 | 八会穴之一，脏会章门，内脏疾病的总穴。脾的募穴，治疗脾之疾病、胰腺疾病。与期门穴合用，调节所有阴经功能 |
| LIV-14<br>期门 | 胸部外侧下方，第 6 肋间隙，胸外线上（乳头连线） | 肝的募穴，用于任何肝胆疾病治疗；与章门穴合用，调节所有阴经功能。也用于治疗行动异常 |

## 十三、督脉循行及其腧穴

督脉起于腹部，出于会阴部尾腹侧与肛门之间的凹陷处，行于背正中线，由尾侧向头侧循行，止于上唇齿正中的齿龈内。督脉共28个经穴（图3-59至图3-62，表3-33），其中临床常用的有8个穴位，分别是后海（GV-1）、腰阳关（GV-3）、命门（GV-4）、大椎（GV-14）、脑户（GV-17）、百会（GV-20）、前顶（GV-21）、水沟（GV-26）。按照人的督脉经穴，目前印堂穴归为督脉，故督脉现有29个经穴。

二维码3-19 任脉督脉主要穴位

图3-59 后海穴定位

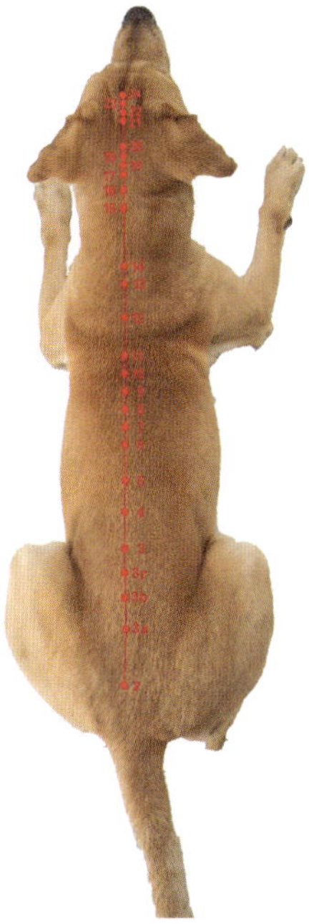

图3-60 督脉循行及穴位定位背侧观

图3-61 督脉头面部循行及腧穴定位

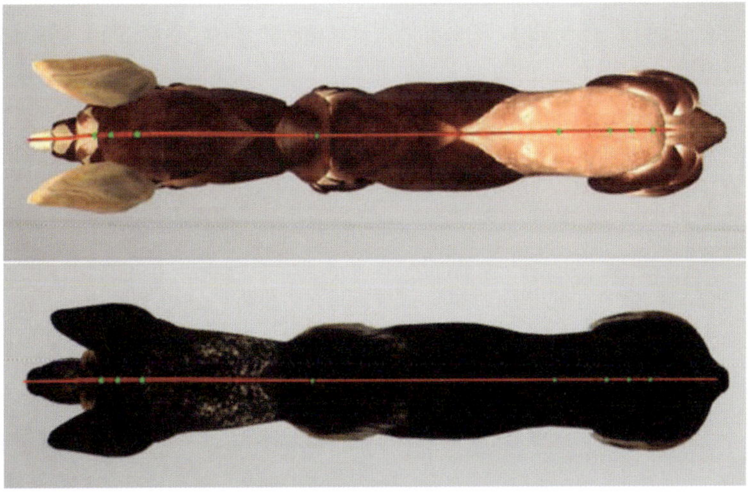

图3-62 督脉循行路线示意图背侧观

表 3-33 督脉腧穴定位及主治功能

| 穴位 | 定位 | 主治功能 |
| --- | --- | --- |
| GV-1<br>后海 | 尾骨下方正中，尾骨下方与肛门之间的凹陷处 | 主治脱肛、泄泻、便秘、行动异常、发热、生殖系统疾病等 |
| GV-2<br>尾根 | 又名腰俞，位于背正中线，介于第 2 荐椎和第 3 荐椎棘突之间 | 主治肛周疾病、腰荐及尾椎疼痛、癫痫等 |
| GV-3<br>腰阳关 | 背正中线，介于第 4 腰椎与第 5 腰椎棘突之间(GV-3a)，或介于第 5 腰椎与第 6 腰椎棘突之间(GV-3b)，或介于第 6 腰椎与第 7 腰椎棘突之间(GV-3a) | 主治腰椎荐椎疼痛、后肢瘫痪、泌尿生殖系统疾病等；补肾阳的要穴，用于肾阳虚或气虚 |
| GV-4<br>命门 | 位于背正中线，介于第 2 腰椎与第 3 腰椎棘突之间 | 补肾阳的要穴，主治肾阳虚引起的各种证候、后肢瘫痪、腰椎荐椎问题、膝关节问题等 |
| GV-5<br>天平 | 位于背正中线，介于第 13 胸椎与第 1 腰椎棘突之间 | 主治胸腰或腰荐脊椎问题、消化不良、腹泻、便血、尿血等 |
| GV-6<br>脊中 | 位于背正中线，介于第 11 胸椎与第 12 胸椎棘突之间 | 主治胸腰脊椎问题、腹泻、黄疸、出血、脾胃问题等 |
| GV-7<br>中枢 | 位于背正中线，介于第 10 胸椎与第 11 胸椎棘突之间 | 主治胸腰脊椎问题、黄疸、呕吐、出血等 |
| GV-8<br>筋缩 | 位于背正中线，介于第 9 胸椎与第 10 胸椎棘突之间 | 主治胸腰脊椎问题、黄疸、胃痛、癫痫、心神不安等 |
| GV-9<br>至阳 | 位于背正中线，介于第 7 胸椎与第 8 胸椎棘突之间 | 主治胸腰脊椎问题、黄疸、胸痛、咳嗽、哮喘等 |
| GV-10<br>灵台 | 位于背正中线，介于第 6 胸椎与第 7 胸椎棘突之间 | 主治胸椎问题、呼吸系统疾病、胃病、肝脏疾病等 |
| GV-11<br>神道 | 位于背正中线，介于第 5 胸椎与第 6 胸椎棘突之间 | 主治胸椎问题、胸痛、心律不齐、咳嗽、心神不安、行为异常等 |
| GV-12<br>身柱 | 位于背正中线，介于第 3 胸椎与第 4 胸椎棘突之间 | 主治胸椎问题、心肺疾病、癫痫、心神不安等 |
| GV-13<br>陶道 | 位于背正中线，介于第 1 胸椎与第 2 胸椎棘突之间 | 主治头痛、胸椎问题、发热等 |
| GV-14<br>大椎 | 位于背正中线，介于第 1 胸椎棘突前缘凹陷中(两肩胛骨前缘内侧，最高突起处是第 1 胸椎棘突) | 督脉与六阳经的交会穴，清热的通用穴位。用于治疗发热、中暑、颈项疼痛、胸椎问题、癫痫、咳嗽、哮喘、免疫力低下等 |
| GV-15<br>哑门 | 位于背正中线，介于第 1 颈椎与第 2 颈椎之间凹陷中 | 主治头项头痛、癫痫、行为异常、叫声嘶哑等 |

续表 3-33

| 穴位 | 定位 | 主治功能 |
|---|---|---|
| GV-16<br>风府 | 位于背正中线，介于枕骨与第 1 颈椎之间的凹陷中 | 主治头项疼痛、癫痫、行为异常、前庭疾病、心神不安等 |
| GV-17<br>脑户 | 背正中线，GV-16（风府）前方 1.5 寸，平齐耳基部后缘 | 督脉与膀胱经的交会穴，主治疼痛、颈项疼痛、癫痫、行为异常、前庭疾病、眼病、心神不安等 |
| GV-18<br>强间 | 位于背正中线，介于风府与百会之间的中点 | 主治头项疼痛、癫痫、行为异常、睡眠障碍、心神不安等 |
| GV-19<br>后顶 | 位于背正中线，介于风府与百会连线上 3/4 处 | 主治头痛、癫痫、前庭疾病、行为异常等 |
| GV-20<br>百会 | 背正中线，两耳尖连线与正中线交点处 | 具有开窍宁神、平肝熄风、升阳固脱之功效。应用广泛，用于治疗脑部疾病、脱肛等 |
| GV-21<br>前顶 | 背正中线，两耳基部前端连线与正中线交点处 | 用于治疗头痛、癫痫、前庭疾病、行为异常、流涕、心神不安等 |
| GV-22<br>囟会 | 位于背正中线，百会上 3 寸 | 主治头痛、鼻塞、癫痫等 |
| GV-23<br>上星 | 位于背正中线，百会上 4 寸 | 主治头痛、行为异常、鼻塞、视力下降、面部肿胀等 |
| GV-24<br>神庭 | 位于背正中线，大风门前方 1 寸 | 主治头痛、癫痫、前庭疾病、视力下降、行为异常、鼻塞、心神不安等 |
| GV-25<br>素髎 | 位于两鼻孔之间的中点，水沟上 0.5 寸 | 主治鼻塞、流涕、鼻衄、昏迷等 |
| GV-26<br>水沟 | 又名人中，位于鼻子的人中沟，平齐鼻孔下缘 | 主要用于急救，治疗休克、昏迷、虚脱等，也用于治疗行为异常、癫痫、面瘫、颈项头痛、脊椎疼痛等 |
| GV-27<br>兑端 | 位于鼻子与上唇之间，皮肤与黏膜移行交点处 | 主治面瘫、面肿、鼻塞、流涕、行为异常、昏迷、腹痛、胃热等 |
| GV-28<br>龈交 | 位于上唇内侧正中，上唇静脉处 | 主治面瘫、齿龈炎、流涕、行为异常等 |

## 十四、任脉循行及其腧穴

任脉起于腹部，处于会阴部肛门下方，沿腹正中线由尾侧向头侧循行，止于下唇缘中点。任脉共有 24 个经穴（图 3-63、图 3-64，表 3-34），其中临床常用的有 10 个穴位，分别是会阴（CV-1）、中极（CV-3）、关元（CV-4）、石门（CV-5）、气海（CV-6）、中脘（CV-12）、巨阙（CV-14）、膻中（CV-17）、天突（CV-22）、承浆（CV-24）。

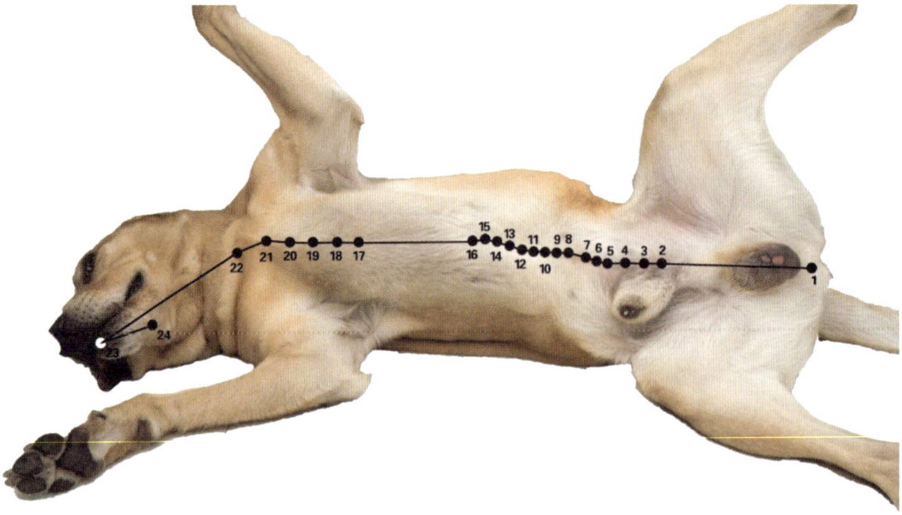


图 3-63 任脉循行路线及腧穴定位

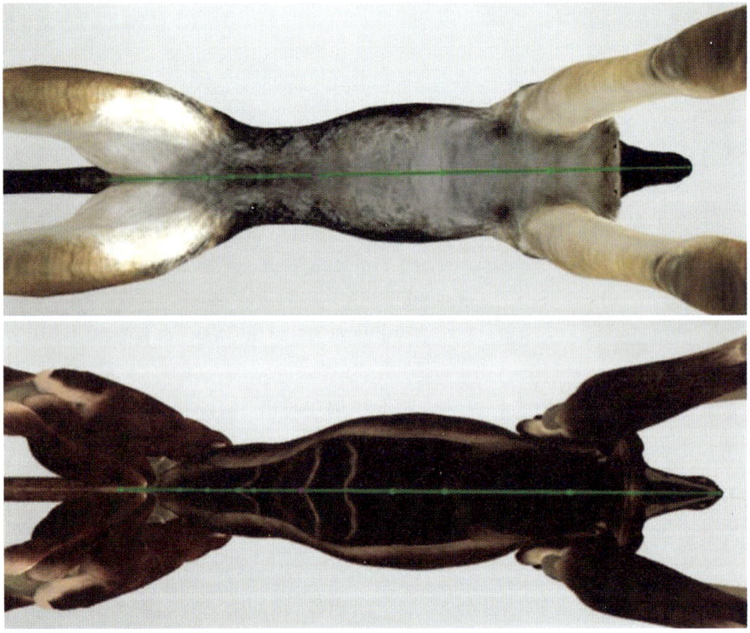

图 3-64 任脉循行路线示意图

表 3-34 任脉腧穴定位及主治功能

| 穴位 | 定位 | 主治功能 |
| --- | --- | --- |
| CV-1<br>会阴 | 位于肛门与阴囊基部或阴唇基部连线的中点 | 任脉、督脉与冲脉的交会穴，治疗任何泌尿生殖系统疾病，还用于治疗行为异常、昏迷、心神不安等 |
| CV-2<br>曲骨 | 位于腹正中线上，耻骨联合前缘中点 | 任脉与肝经的交会穴，主治尿失禁、不孕不育、发情周期紊乱等 |

续表 3-34

| 穴位 | 定位 | 主治功能 |
| --- | --- | --- |
| CV-3<br>中极 | 位于腹正中线，肚脐后方 4 寸 | 主要用于治疗泌尿生殖系统疾病，如尿失禁、排尿困难、子宫脱垂、疝气、不孕不育、阴道炎、腹痛、肾衰竭等 |
| CV-4<br>关元 | 位于腹正中线，肚脐后方 3 寸 | 有补肾培元、温阳固脱之功效，主治中风脱症、消瘦无力、腹部疼痛、疝气、腹泻等 |
| CV-5<br>石门 | 位于腹正中线，肚脐后方 2 寸 | 有健脾益肾、清利下焦之功效，主要用于治疗泌尿生殖系统疾病 |
| CV-6<br>气海 | 位于腹正中线，肚脐后方 1.5 寸 | 补气之要穴，用于治疗气虚所致的疾病、泌尿生殖系统疾病 |
| CV-7<br>阴交 | 位于腹正中线，肚脐后方 1 寸 | 用于治疗腹痛、发情周期紊乱、带下、水肿、疝气等 |
| CV-8<br>神阙 | 位于腹正中线，肚脐中央 | 用于治疗胃肠道疾病尤其是慢性腹泻、腹痛、直肠脱出、亡阳、阳虚等 |
| CV-9<br>水分 | 位于腹正中线，肚脐前方 1 寸 | 用于治疗腹痛、腹泻、腹胀、水肿等 |
| CV-10<br>下脘 | 位于腹正中线，肚脐前方 2 寸 | 用于治疗腹痛、腹泻、腹胀、呕吐、消化不良等 |
| CV-11<br>建里 | 位于腹正中线，肚脐前方 3 寸 | 用于治疗腹痛、腹泻、腹胀、水肿、消化不良等 |
| CV-12<br>中脘 | 位于腹正中线，肚脐前方 4 寸，或胸骨剑突与肚脐之中点处 | 用于治疗任何消化系统疾病，如呕吐、腹泻、厌食、腹胀等，还治疗黄疸、倦怠等 |
| CV-13<br>上脘 | 位于腹正中线，肚脐前方 5 寸 | 用于治疗呕吐、反胃、腹痛、食欲不振、消化不良、胸痛、癫痫、睡眠困难等 |
| CV-14<br>巨阙 | 位于腹正中线，肚脐至胸骨剑突连线上 3/4 处 | 心之募穴，主治胃肠疾病，尤其是泛酸、呃逆等 |
| CV-15<br>鸠尾 | 位于腹正中线，CV-14 前 1 寸 | 任脉的络穴，用于治疗胸痛、心痛、行为异常、咳嗽、哮喘、心神不安等 |
| CV-16<br>中庭 | 位于腹正中线，CV-14 前 2 寸 | 用于治疗胸痛、呕吐、反胃、食欲不振等 |
| CV-17<br>膻中 | 位于腹正中线，平齐第 4 肋间隙 | 气会膻中，有宽胸理气、清肺化痰之功效 |
| CV-18<br>玉堂 | 位于腹正中线，平齐第 3 肋间隙 | 用于治疗胸痛、咳嗽、哮喘、呕吐等 |
| CV-19<br>紫宫 | 位于腹正中线，平齐第 2 肋间隙 | 用于治疗胸痛、咳嗽、哮喘、呕吐等 |

续表 3-34

| 穴位 | 定位 | 主治功能 |
|---|---|---|
| CV-20<br>华盖 | 位于腹正中线，平齐第 1 肋间隙 | 用于治疗任何呼吸系统疾病 |
| CV-21<br>璇玑 | 位于腹正中线，CV-22 后 1 寸 | 用于治疗胸痛、咳嗽、哮喘、呼吸困难、吞咽困难、反胃等 |
| CV-22<br>天突 | 位于腹正中线，胸骨柄前缘凹陷处 | 任脉与阴维脉的交会穴，有宣通肺气、止咳消痰之功效 |
| CV-23<br>廉泉 | 位于腹正中线，喉头前方凹陷处 | 用于治疗吞咽困难、发声困难、口舌生疮、流涎等 |
| CV-24<br>承浆 | 位于腹正中线，下唇缘下方 1 寸 | 主要用于口眼歪斜、齿痛、流涎、癫痫等疾病的治疗 |

## 思与练

1. 关于尺泽穴的描述，错误的是（　　）。

A. 前肢太阴肺经的第 5 个穴位位于肘横纹中，肱二头肌腱的桡侧凹陷处

B. 尺泽位于肘横纹中，肱二头肌腱的桡侧凹陷处

C. 尺泽可治疗肺热、肘关节疼痛等

D. 尺泽是肺经的络穴，与大肠经相络

2. 位于桡腕关节内侧桡动脉前缘处，桡骨茎突内侧下的穴位是（　　）。

A. 内关　　B. 列缺　　C. 太渊　　D. 神门

3. 曲池所处的位置是（　　）。

A. 位于前肢第 2 和第 3 掌骨之间，第 3 掌骨内侧缘中点凹陷处

B. 位于前肢外侧，肘关节与腕关节连线上 1/6 处，介于桡侧腕伸肌和指总伸肌之间的凹陷处

C. 位于前肢肘横纹外侧，介于肱骨外髁和肱二头肌腱连线的中点

D. 位于肩部三角肌上，肩峰前下方凹陷处

4. 下列描述错误的是（　　）。

A. 前肢阳明大肠经左右两侧各有 20 个穴位

B. 左侧大肠经的迎香穴位于鼻翼右侧

C. 迎香穴可用来治疗鼻塞、鼻炎、打喷嚏等

D. 前肢阳明大肠经起于眼睛下方，止于前肢末端

5. 关于后肢阳明胃经的描述，错误的是（　　）。

A. 后肢阳明胃经起于瞳孔直下的眶下缘上方

B. 后肢阳明胃经左右各有 45 个穴位

C. 位于后肢远端的内庭穴可治疗眼疾

D. 后三里穴位于后肢内侧膝眼下方 3 寸

6. 关于三阴交的描述，错误的是（　　）。
A. 三阴交位于后肢太阴脾经上
B. 三阴交是三条阴经交会的穴位
C. 三阴交位于后肢内侧，内踝尖上 6 寸，胫骨后缘凹陷处
D. 三阴交对生殖系统疾病、消化系统疾病有很好的疗效
7. 以下描述错误的是（　　）。
A. 阴陵泉位于后肢内侧，胫骨内髁下方，胫骨后缘与腓肠肌之间的凹陷处
B. 血海对血液疾病有很好的治疗作用
C. 大包是脾经最后一个穴位，位于胸部外侧第 7 肋间，平齐肩关节
D. 阳陵泉位于后肢内侧，胫骨内髁下方，胫骨后缘与腓肠肌之间的凹陷处
8. 关于前肢少阴心经的描述，错误的是（　　）。
A. 前肢少阴心经起于前肢末端，止于腋下
B. 前肢少阴心经左右各有 9 个穴位
C. 极泉位于腋窝正中点，胸浅肌上
D. 神门位于腕关节外侧，尺侧腕屈肌腱前外侧凹陷处
9. 关于前肢太阳小肠经的描述，错误的是（　　）。
A. 前肢太阳小肠经起于第 5 指骨末端外侧，止于耳基部外侧
B. 前肢太阳小肠经左右各有 19 个穴位
C. 听宫是小肠经第一个穴位
D. 听宫是小肠经最后一个穴位
10. 关于后肢太阳膀胱经的描述，错误的是（　　）。
A. 后肢太阳膀胱经起于目内眦，止于后肢末端
B. 后肢太阳膀胱经左右各有 67 个穴位
C. 睛明位于目内眦上方 0.1 寸，可治疗各种眼疾
D. 攒竹穴位于眉毛外侧端下方，可治疗眼疾、面瘫等
11. 关于“大杼”的描述，错误的是（　　）。
A. 位于后肢太阳膀胱经上
B. 位于第 2 胸椎棘突后缘，背正中线旁开 1.5 寸
C. 大杼是八会穴之一，骨会
D. 针刺大杼时要注意深度，防止对内脏的损伤
12. 下列穴位定位错误的是（　　）。
A. 肺俞位于第 3 胸椎棘突后缘，背正中线旁开 1.5 寸
B. 厥阴俞位于第 4 胸椎棘突后缘，背正中线旁开 1.5 寸
C. 心俞位于第 5 胸椎棘突后缘，背正中线旁开 1.5 寸
D. 膈俞位于第 6 胸椎棘突后缘，背正中线旁开 1.5 寸
13. 关于委中穴的描述，错误的是（　　）。
A. 位于腘窝正中点，股二头肌腱与半腱肌腱的中间
B. 委中穴可治疗腰背疼痛
C. 委中是肾经上的重要穴位
D. 委中位于委阳的内侧，处于一条直线上

14. 以下描述错误的是(　　)。
A. 太溪穴是肾经的原穴
B. 太溪位于后肢跗关节内侧,胫骨内踝尖与跟腱之间的凹陷处
C. 照海位于后肢内侧,跟腱前缘,太溪上 2 寸
D. 阴谷是肾经的第 10 个穴位,位于腘窝内侧端
15. 关于心包经的描述,错误的是(　　)。
A. 心包经的全称是前肢厥阴心包经
B. 心包经起于胸部,止于前肢末端
C. 内关是心包经上重要的穴位
D. 曲池是心包经上第 3 个穴位,位于前肢内侧肘横纹肱二头肌腱后缘凹陷处
16. 关于三焦经的描述,错误的是(　　)。
A. 三焦经的全称是前肢少阳三焦经
B. 三焦经起于前肢末端,止于目外眦
C. 外关是三焦经上的重要穴位
D. 外关位于前肢外侧,腕横纹上 6 寸,尺骨与桡骨之间的凹陷处
17. 以下描述错误的是(　　)。
A. 阳池位于前肢内侧,指总伸肌腱尺侧缘凹陷处
B. 耳门位于耳朵前方,耳屏上切迹前凹陷处
C. 翳风位于耳基部后下方,乳突与下颌角之间的凹陷处
D. 丝竹空位于外眼角直上方,眼眶外缘凹陷处
18. 关于胆经的描述,错误的是(　　)。
A. 胆经全称后肢少阳胆经
B. 胆经起于目外眦,止于后肢末端
C. 胆经左右两条各有 44 穴
D. 阴陵泉是胆经上的重要穴位
19. 以下穴位的描述错误的是(　　)。
A. 太冲穴位于后肢第 2 跖骨与第 3 跖骨结合部下方凹陷处
B. 章门是肝经上的重要穴位
C. 章门是八会穴之一,脏会
D. 章门位于腹部外侧下方,第 13 肋骨游离端下缘处
20. 以下描述错误的是(　　)。
A. 督脉位于背正中线上,起于后海穴
B. 任脉位于腹正中线上,起于会阴穴
C. 任脉的循行路线是从后向前
D. 督脉的循行路线是从前往后

## 答案

1～5　D C C D D
6～10　C D A C D
11～15　B D C C D
16～20　D A D D D

# 项目四

# 针灸基础

# 名医故事

## 针灸鼻祖皇甫谧

皇甫谧（215—282 年），安定郡朝那县（今甘肃省灵台县）人，后徙居新安（今河南新安县）。三国西晋时期学者、医学家、史学家。其著作《针灸甲乙经》是我国第一部针灸学的专著。除此之外，他还编撰了《历代帝王世纪》《高士传》《逸士传》《列女传》《元晏先生集》等书。在医学史和文学史上都负有盛名。在针灸学史上，占有很高的学术地位，并被誉为“针灸鼻祖”（图 4-1）。

图 4-1　皇甫谧之像

十二卷的《针灸甲乙经》，在总结、吸收《素问》《针经》《明堂纪穴针灸治要》等许多经典医学著作精华的基础上，对针灸穴位进行了科学的归类整理，在医学领域矗起丰碑。该书共收录穴名 349 个，比《黄帝内经》多出了 189 个。明确了穴位的归经和部位，统一了穴位名称，区分了正名与别名。介绍了内科、外科、妇科、儿科、五官科等上百种病症及针灸治疗经验，并对五脏与五官关系、脏腑与体表器官关系、津液运行、病有标本、虚实补泻、天人相应、脏腑阴阳配合、望色察病，精神状态、音乐对内脏器官的影响等问题都作了探讨和理论上的阐述，奠定了针灸学科理论基础，对针灸学乃至整个医学事业的发展做出了不可磨灭的贡献。现今的针灸医学不但在国内得到飞速发展，并且已经风靡世界，世界卫生组织已经正式批准把针灸列为治疗专项。正因为如此，皇甫谧是我国古代历史上唯一与孔子齐名于世界文化史的历史名人。

# 任务一　针灸器具介绍

**知识目标**

1. 认识临床常用的白针针具和血针针具。
2. 认识临床常用的针灸材料及针灸用具。
3. 认识临床常用的现代针灸仪器。

二维码 4-1　针灸针具认知

**能力目标**

1. 能够熟练运用针灸器具。
2. 能够鉴别艾绒的优劣以及熟练运用艾灸器具。
3. 能够应用临床常用的现代针灸器具。

**素质目标**

1. 培养传承并弘扬中华优秀传统文化的精神，增强民族自信心和自豪感。
2. 培养知行合一、格物致知的精神。
3. 培养医德高尚、医术精湛的综合型宠物医疗人才。

## 导学

针灸疗法的起源可以追溯到原始社会。针灸疗法最早见于战国时期问世的《黄帝内经》一书。《黄帝内经》言："藏寒生满病，其治宜灸焫"，便是指灸术，其中详细描述了九针的形制（图 4-2），并大量记述了针灸的理论与技术。

针具的发展：砭石→石针→骨针→竹针→青铜针→铁针→金针→银针→不锈钢针。

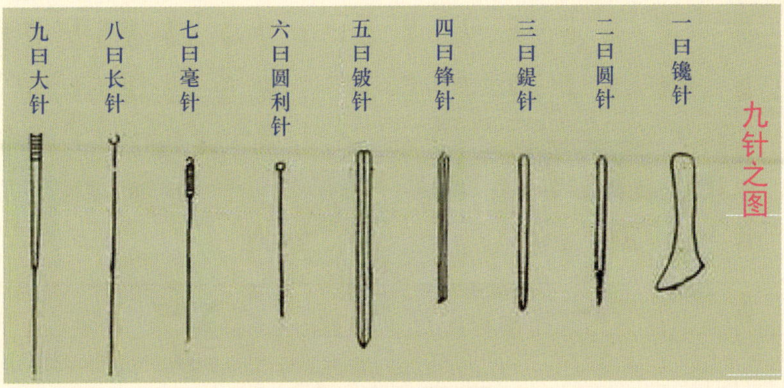


图 4-2　九针示意图

## 知识链接

针术是运用不同类型的针具刺入动物机体一定的穴位，通过机械刺激来防治疾病的技术。针术根据针刺时是否出血，分为白针术（干针术）和血针术。

## 一、白针针具

白针针具主要包括毫针和圆利针。基本结构包括针尾、针柄、针根、针身和针尖五部分（图 4-3）。

1. 毫针

用不锈钢或合金制成，特点是针尖圆锐，针体细长（图 4-4）。毫针针柄主要有盘龙柄式和平头式（图 4-5、图 4-6）。毫针的型号主要是指针身的粗细和长短。小动物临床常用粗细 0.25～0.40 mm，长度半寸到三寸（表 4-1、表 4-2）。

二维码 4-2　T/CVMA 207.1—2024 犬猫针灸技术操作规范 第 1 部分：毫针疗法

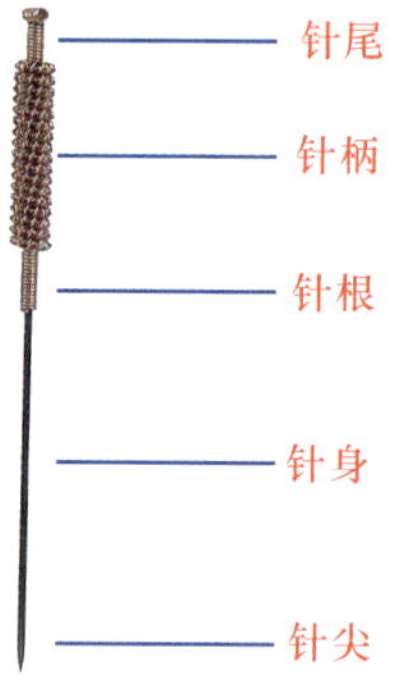

图 4-3　白针结构示意图

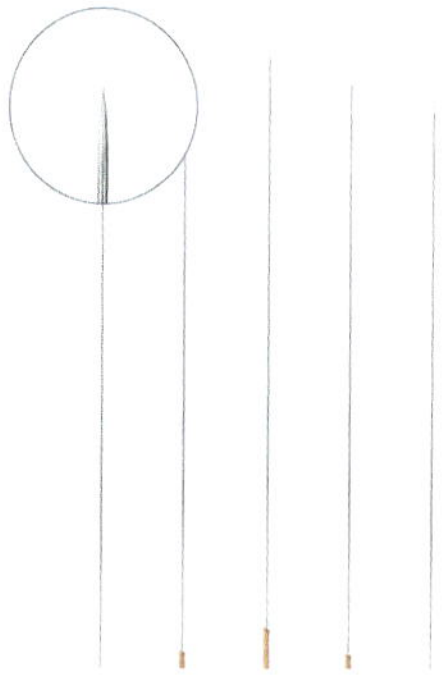
图 4-4　毫针针尖

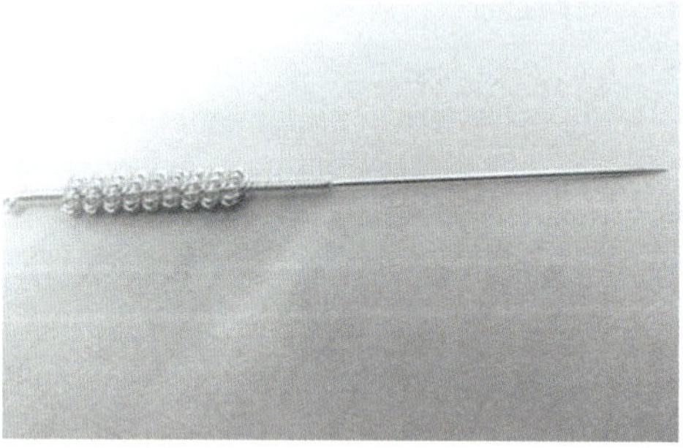
图 4-5　盘龙柄式

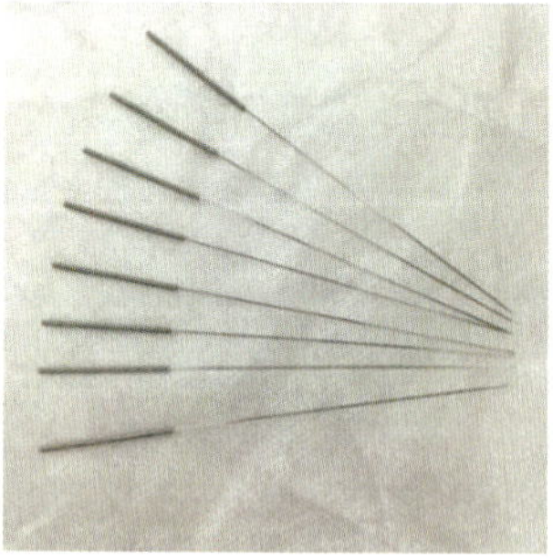
图 4-6　平头式

表 4-1　毫针粗细规格

| 号数 | 28 | 30 | 32 | 34 | 36 | 38 | 40 |
|---|---|---|---|---|---|---|---|
| 直径/mm | 0.35 | 0.30 | 0.25 | 0.22 | 0.20 | 0.18 | 0.15 |

表 4-2 毫针长度规格

| 毫米/mm | 7 | 13 | 25 | 40 | 50 | 70 | 100 |
|---|---|---|---|---|---|---|---|
| 寸 | 0.25 | 0.5 | 1.0 | 1.5 | 2.0 | 3.0 | 4.0 |

2. 圆利针

用不锈钢制成，特点是针尖又圆又尖，状如马尾，较锋利，针体较粗。多用于马、牛、猪等大动物，小动物临床不常用(图 4-7)。

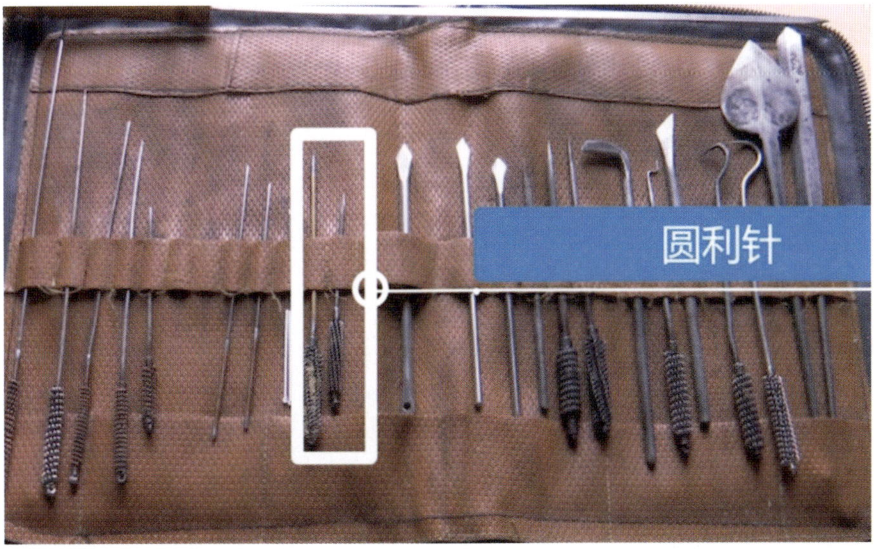


图 4-7 圆利针

## 二、血针针具

血针针具包括宽针、三棱针、眉刀针和痧刀针。基本结构分为针体和针头两部分。

1. 宽针

用优质不锈钢制成，针头部如矛状，针刃锋利，针体宽部呈圆柱状，分为大、中、小三种。小动物临床主要用小宽针(图 4-8)。

2. 三棱针

用优质钢或合金制成，针头部呈三棱锥状，针体部呈圆柱状，有大、小两种。小动物临床多用小三棱针(图 4-9)。

3. 眉刀针和痧刀针

均用优质钢制成。眉刀针形似眉毛，痧刀针形似小眉刀。小动物临床少用，不作过多介绍。

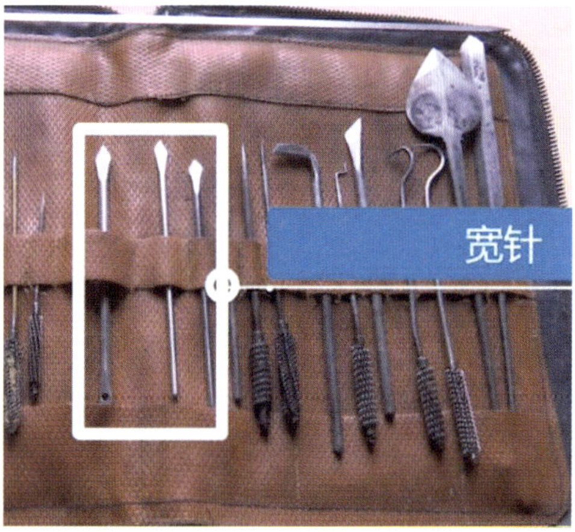


图 4-8　宽针

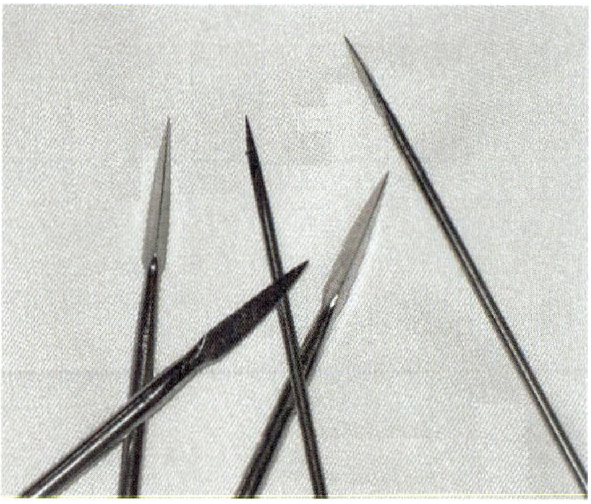

图 4-9　三棱针

### 知识拓展

针灸针的标准通常由医疗监管机构或行业标准制定组织来规定和监管，通常涵盖以下标准要求。

(1)材料。针灸针通常由不锈钢制成，确保其具有足够的强度和耐用性。材料必须符合医疗器械的相关标准，如不得含有有害物质。

(2)尺寸和形状。针灸针的尺寸和形状可能因不同的用途而有所不同。一般来说，它们应该足够细长，以便于在皮肤上准确穿刺穴位。

(3)尖端设计。针灸针的尖端设计应该是安全的，不会损伤皮肤或组织。针尖通常是锐利的，但不应该太尖锐，以免造成不必要的伤害。

(4)表面处理。针灸针的表面处理通常是光滑的，以减少对皮肤的刺激，并确保易于插入。

(5)包装和消毒。针灸针应该在符合卫生标准的环境中生产，并在适当的包装中进行密封，以确保其在使用前的卫生。针灸针通常需要经过消毒处理，以确保其在使用时不会引发感染风险。

(6)标识。针灸针上应该清晰标识生产厂家、生产日期、批号等信息，以便追溯和监管。

(7)使用说明。针灸针通常会附有使用说明，包括正确的使用方法、消毒步骤等，以确保用户安全使用。

## 三、艾灸用具

灸术是应用点燃的艾绒或其他温热物体熏灼动物机体一定的穴位或患部，通过温热刺激来防治疾病的技术。根据施灸的材料和方法，分为艾灸、温熨和烧烙。小动物临床常用艾灸的方法，其他方法不作介绍(图 4-10、图 4-11)。

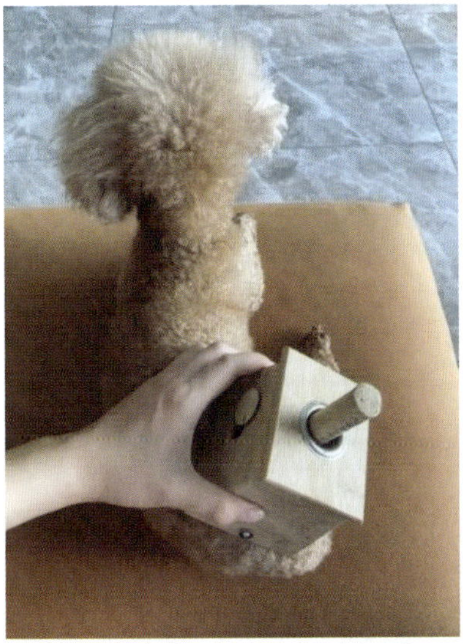

图 4-10　艾灸右后肢

图 4-11　艾灸背腰

艾灸用具主要有艾炷和艾卷，都用艾绒制成。艾绒是中药艾叶经晾晒加工捣碎，去掉杂质粗梗而制成的一种灸料。临床多选择陈年艾绒。李时珍在《本草纲目》中提到："凡用艾叶，须用陈久者，治令细软，谓之熟艾。若生艾灸火，则易伤人肌脉。"熟艾就是纯艾，一般存放 3 年以上可称为陈艾。陈艾火力温和，温度平缓，烟少，渗透力强，热能堆积效果明显。

1. 艾炷

艾炷呈圆锥形，有大小之分，常用大小有大枣大、枣核大、黄豆大等，使用时根据动物的体质、病情选用（图 4-12、图 4-13）。

图 4-12　陈年艾绒

图 4-13　艾炷

2. 艾卷

使用陈久的艾绒摊在棉皮纸上卷成，有直径 1.5 cm，长约 20 cm 的长艾卷，也有短艾卷，临床根据需要选择（图 4-14、图 4-15）。

现代临床上，除传统的艾炷、艾卷外，还配合使用了多种艾灸器具，如艾灸盒、艾灸棒、艾灸仪，起到便于操作的作用（图 4-16 至图 4-19）。

图 4-14　长艾卷

图 4-15　短艾卷

图 4-16　艾灸盒(一)

图 4-17　艾灸盒(二)

图 4-18　艾灸棒

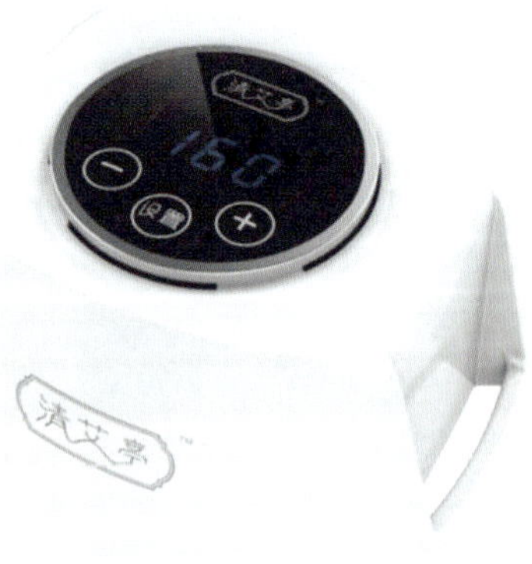


图 4-19　艾灸仪

## 知识拓展

艾绒的优劣直接影响艾灸的效果。

**1. 辨别优质艾绒的6个要点**

(1)绒:细如绵绒,质地纯净,柔软干燥,可捏成型,易燃且中途不易熄。

(2)色:青黄色或金黄色。

(3)味:气味清淡,有艾草的芳香。

(4)火:火力柔和,易产生灸感。

(5)烟:烟淡白且小,味淡、挥发油小。

(6)灰:燃烧充分,速度均匀,不易掉灰,艾灰发白,细腻。

**2. 辨别劣质艾绒的6个要点**

(1)绒:纤维不清,有杂质,粗硬潮湿,不易捏成型,灸时易熄。

(2)色:黑褐色。

(3)味:气味浓烈,刺鼻,有霉味或青草味。

(4)火:火力爆裂,有烧灼感。

(5)烟:烟较浓且大,味重,刺鼻,易发出响声。

(6)灰:燃烧不充分,不均匀,易掉灰,灰偏黑,粗糙。

蕲艾叶是最佳选择。在明朝时期,七尖蕲艾叶曾是进贡皇宫的御品。李时珍在《本草纲目》中推崇蕲艾:"自成化以来,则以蕲州者为胜,用充方物,天下重之,谓之蕲艾。"这是因为蕲艾挥发油含量最高,而且黄铜含量也最高。艾叶性辛温、气味芳香、易于燃烧、燃烧时热力均匀温和,能穿透肌肤、直达深部,有通经活络,驱除阴寒,回阳救逆的功效。

## 四、现代针灸仪器

随着科技的发展,现代又涌现出不少的针灸器具。

### 1. 电子针灸治疗仪

电子针灸治疗仪种类很多,应用广泛,具有输出波形多样,输出量及频率可调,刺激作用较强,对组织无损伤等优点。其工作原理是通过一些电流(强弱,频率的调动等)的刺激来达到治疗一些疾病的效果,通过低频电脉冲刺激表皮神经进而刺激穴位,达到针灸效果(图4-20、图4-21)。

### 2. 激光治疗仪

医用激光治疗仪的种类繁多,根据受激物质的不同,可以分为固体(如红宝石、钕玻璃)激光器、气体(如氦、氖、氢、二氧化碳、氮)激光器、液体(如有机染毡若丹明)激光器、半导体(如砷化镓)激光器等。目前,临床上最常用的是氦氖激光治疗仪和二氧化碳激光治疗仪。氦氖激光治疗仪(图4-22)发出波长为632.8 nm的红色光,输出功率为1~40 mW,由于功率低,常用于穴位的照射,故称为激光针疗法。二氧化碳激光治疗仪(图4-23)发出波长为10.6 μm的无色光，输出功率为 5～30 W，由于功率高，常用于穴位的灸灼、照射或烧烙，故称为灸疗法。

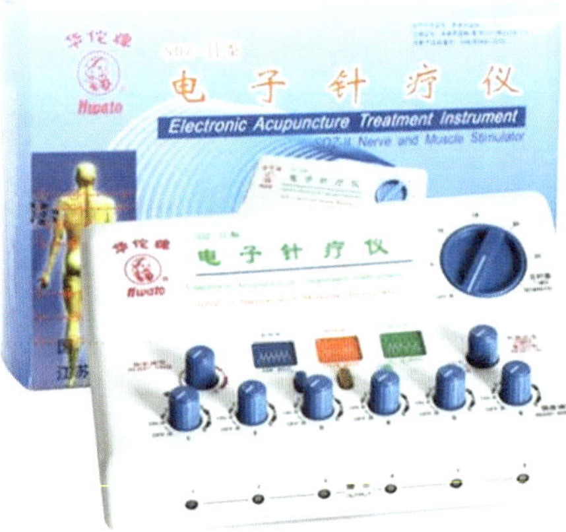


图 4-20　电子针疗仪

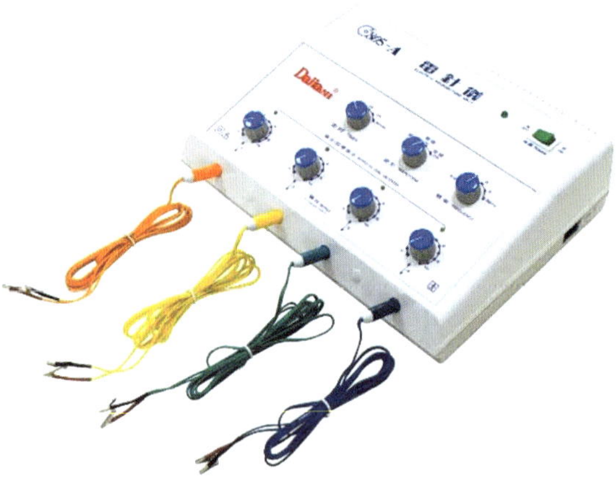

图 4-21　电针仪

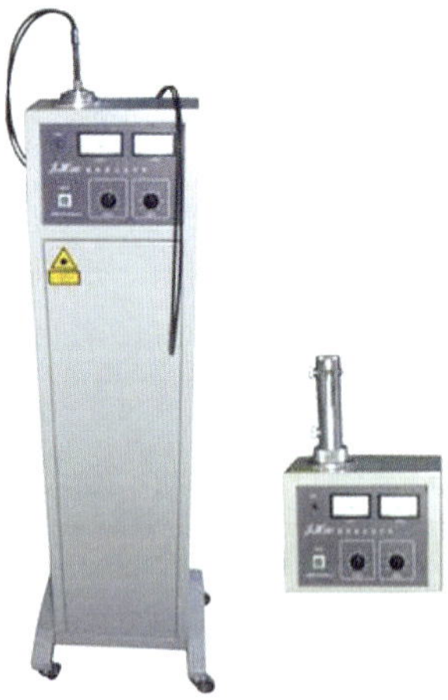

图 4-22　氦氖激光治疗仪

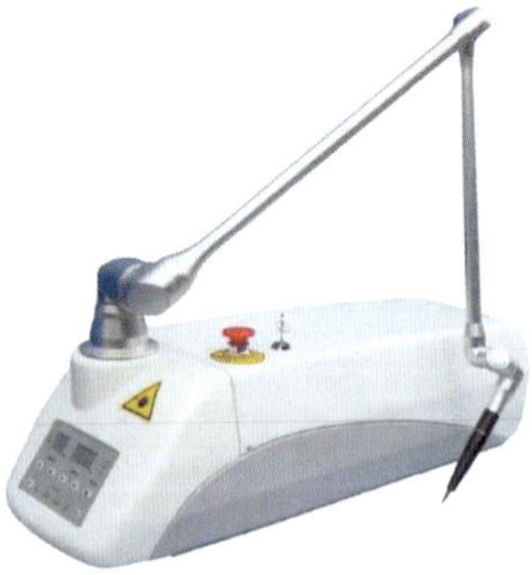

图 4-23　二氧化碳激光治疗仪

近几年，宠物临床上常用的激光治疗仪由单波长的发展为多个波长的，治疗范围也随之扩大到全身各种疾病(表 4-3、表 4-4)。主要产品以 SUMMUS Platinum 4 为例，治疗范围广泛，临床应用效果好(图 4-24、图 4-25)。需要注意的是，进行激光治疗时，要注意防护，术者及患病动物需佩戴专用防激光眼镜(图 4-26)。

表 4-3　小动物理疗激光适应证

| | | |
|---|---|---|
| • 骨关节炎 | • 术后疼痛 | • 肌肉拉伤 |
| • 关节疼痛 | • 颈部疼痛 | • 伤口愈合 |
| • 肌腱病 | • 髋关节发育不良 | • 康复治疗 |
| • 水肿和充血 | • 烧伤 | • 咬伤 |
| • 韧带扭伤 | • 慢性创面 | • 骨科术后 |

表 4-4 小动物外科激光适应证

| 耳鼻喉科 | 普通外科 | 眼科应用 |
|---|---|---|
| • 牙龈炎和口腔炎 | • 肛周瘘管 | • 眼睛赘生物 |
| • 牙龈增生 | • 绝育 | • 眼睑内翻 |
| • 耳血肿 | • 伤口清创术 | • 睫毛倒长 |
| • 耳道息肉 | • 膀胱息肉 | |
| • 舌下组织切除术 | • 肠切开术 | |
| • 喉部肉芽肿 | • 舔舐性肉芽肿切除术 | |
| • 鼻部切除术 | • 皮肤瘤 | |

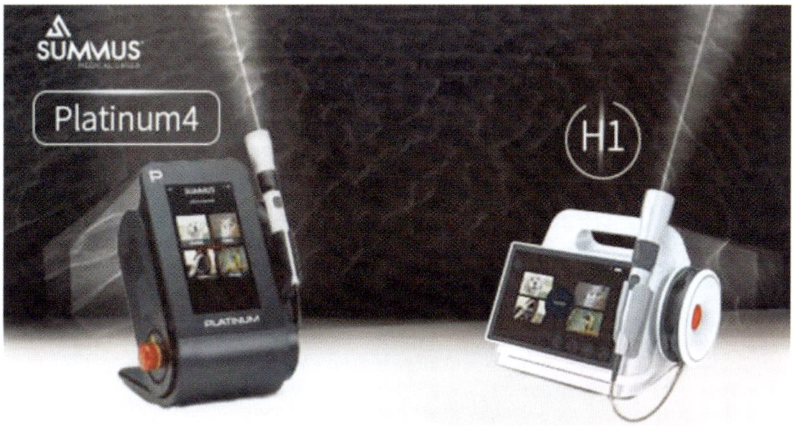


图 4-24 SUMMUS 激光治疗仪

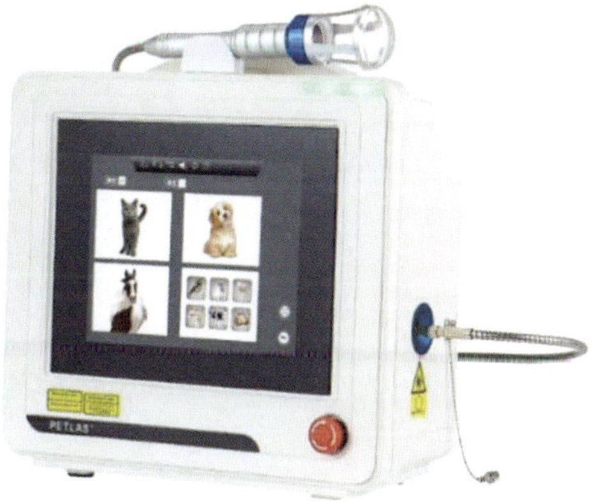

图 4-25 PET 激光仪

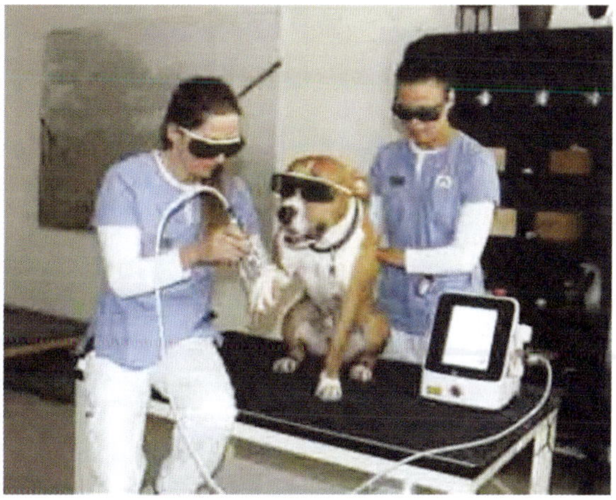

图 4-26 激光操作时佩戴防激光眼镜

3.微波针灸仪

微波针灸是在毫针针刺的基础上，把微波天线接到针柄上，向穴位输入微波或直接照射腧穴以治疗疾病的一种方法。它综合了微波理疗和针灸的长处，是现代微波技术同传统的针灸方法相结合的产物(图 4-27)。

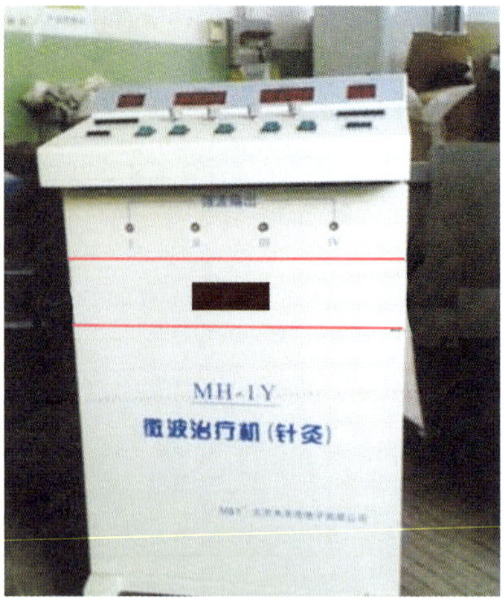


图 4-27　微波治疗机

4.磁疗仪

有特定电磁波谱治疗机(TDP)、旋磁疗机、磁电复合式机等多种(图 4 28、图 4-29)。临床常用特定电磁波谱治疗机，有落地式、移动式、台式和手摆式几种。移动式最常用，由照射头、自由平衡支架、电器控制盒和底座四部分组成。照射头，是安装 TDP 辐射板，实现受热激发产生 2～25 μm 的电磁波谱的主要部分。

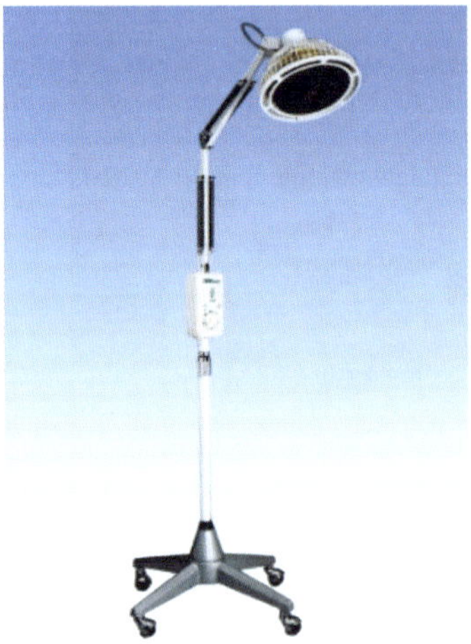

图 4-28　移动式 TDP 治疗仪

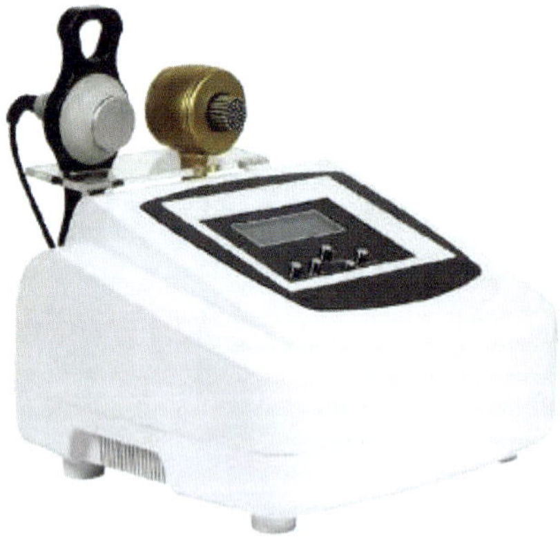

图 4-29　磁疗仪

思与练

1.白针针具主要是指(　　)。

A.毫针　　B.三棱针　　C.小宽针　　D.眉刀针

2.关于下列描述，正确的是(　　)。

A.目前，临床上用的毫针是由不锈钢或合金材料制作的

B.毫针最容易折断的部位是针尖

C.艾绒越新鲜效果越好

D.血针临床应用广泛，可用于任何疾病

答案

1～2　A A

# 任务二　针灸前准备

**知识目标**

1. 熟悉针灸前用具的准备工作。
2. 熟悉针灸前动物的准备工作。
3. 熟悉针灸前的消毒工作。

**能力目标**

1. 能够将针灸前的准备工作运用于临床实践工作中。
2. 能够根据不同的动物、不同的病情适时调整准备工作。

**素质目标**

1. 培养传承并弘扬中华优秀传统文化的精神，增强民族自信心和自豪感。
2. 培养知行合一、格物致知的精神。
3. 培养医德高尚、医术精湛的综合型宠物医疗人才。

**导学**

俗话说“磨刀不误砍柴工”，在开展针灸工作之前，我们必须要做好准备工作，与宠物主人做好沟通，根据针灸处方和患病宠物个体准备好相应的针灸用具、安抚好患病宠物，选择合适的保定方式，尽量让宠物处于放松状态。同时做好消毒工作，避免针刺带来的感染问题。起到“工欲善其事，必先利其器”的目的。

## 知识链接

### 一、针灸用具的准备

根据事先制定好的针灸方案，确定好针灸方法和穴位，准备好适当的针灸工具和材料。

(1)使用针具时，要检查针具是否生锈、针尖是否带钩、针柄是否松动、针身是否弯曲等。检查时除用肉眼观察外，还可借助酒精棉球检查针尖是否带钩，带钩者弃之不用。轻轻晃动针柄，观察针柄是否松动，在临床上，断针的情况往往发生在针根处。小动物临床多使用一次性针灸针，相对来说针具的质量可以得以保证。

(2)使用灸具时，应事先准备好灸烙器材。根据动物的体形大小、施灸的穴位或部位选择合适的灸烙器材。

(3)使用针灸仪器时，要事先准备好电源接线板，连接好电源线，调试好仪器的参数等，需要提前预热的应提前打开开关预热好。

(4)除此之外，还要准备好消毒的酒精棉、保定动物所需的保定器材和其他辅助用品。如血针时应准备好止血用品，火针时准备好碘酊、橡皮膏等。

## 二、施术动物的准备

### 1. 情绪安抚

对于性格胆小或性情猛烈的施术动物应该先安抚其情绪，一来利于接下来的针灸操作，二来可以更好地获得针感，从而获得相应的针灸效果。安抚动物最好需要动物主人的配合，在不影响针灸操作的前提下，可将动物抱于怀中或做适当的保定工作。

### 2. 动物保定

在施行针灸术时，为了取穴准确，顺利施术，保证人和动物的安全，需要对动物进行适当的保定。目前，保定动物的器具有针灸用网格床，针灸用鞍马架、配合各种项圈或嘴套(图 4-30、图 4-31)。当然，对于大型犬，尤其是瘫痪的大型犬，一般直接将其放置在铺好毯子的地面上，做好嘴部的保定即可。

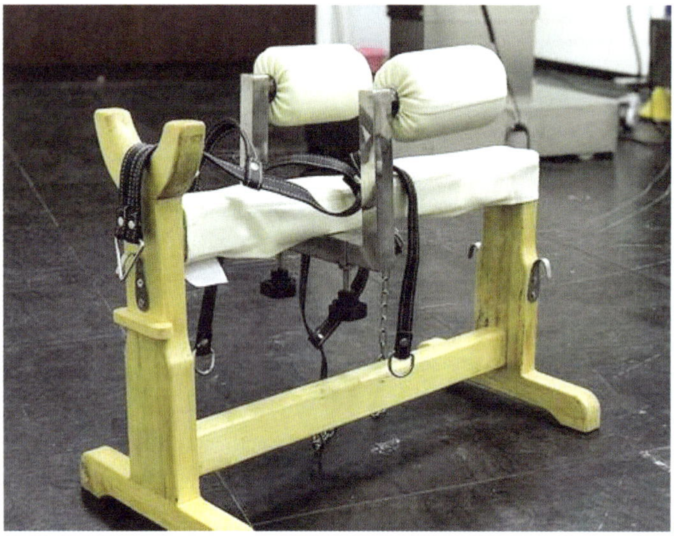

图 4-30　犬猫针灸保定鞍马架

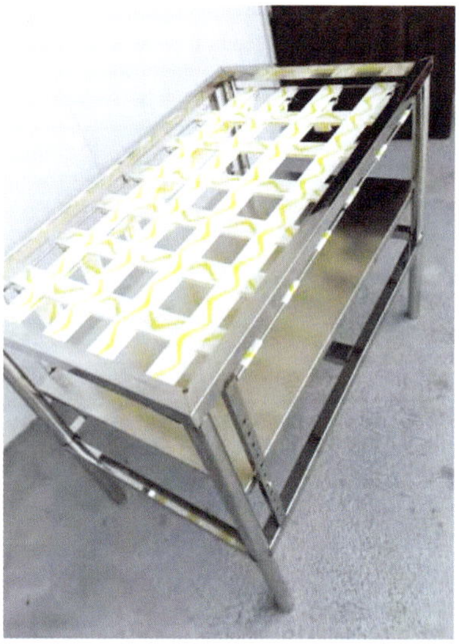

图 4-31　犬针灸用网格床

## 三、消毒的准备

### 1. 施术部位的消毒

对选定的穴位或患部进行消毒，对于毛发特别脏乱的动物建议先剃毛，对于非瘫痪性动物可根据情况选择洗澡后再行针灸，瘫痪性动物洗澡可能会加重病情，一般不建议洗澡。消毒通常选择 75%酒精棉擦拭，擦拭时要保证擦拭到皮肤，而不是在毛发上进行消毒。

### 2. 施术用具的消毒

如果使用一次性灭菌针灸针，则不需要对针具消毒。如果是反复使用的针具，需要对其进行消毒，消毒后放置于消毒好的针具盒内。

3. 施术人员的消毒

施术人员消毒主要是手指的消毒，尤其是刺手手指的消毒。用 75%酒精棉环绕手指 1 周进行消毒，消毒后待其干燥后开始施行针术。

**思与练**

1. 针灸前的准备工作包括（　　）。

A. 针具及材料的准备　　B. 针灸动物的准备　　C. 消毒准备　　D. 以上都是

2. 关于下列描述，正确的是（　　）。

A. 针灸无需消毒，不会感染

B. 如针灸动物不配合，需要进行镇静保定

C. 针灸只需对动物穴位部位进行消毒，医者不需要消毒

D. 针灸可能会导致感染，一定要有预防意识

**答案**

1～2　D D

# 任务三　针刺的基本操作

**知识目标**

1. 掌握持针、进针、行针、留针、出针的方法。
2. 理解“得气”的内涵。
3. 掌握针灸意外情况的处理以及针灸注意事项。

二维码 4-3　针灸基本技法

**能力目标**

1. 能够熟练完成针刺全过程。
2. 能够掌握“得气”的感觉。
3. 能够熟悉操作针灸补泻手法。

**素质目标**

1. 培养传承并弘扬中华优秀传统文化的精神，增强民族自信心和自豪感。
2. 培养知行合一、格物致知的精神。
3. 培养医德高尚、医术精湛的综合型宠物医疗人才。

## 导学

在人医上，得气主要表现在以下几个方面。

(1)病人的感觉。主要是酸、麻、胀、痛、重5种感觉。这5种感觉并非越强越好，要因人因病而异。如身体虚弱、长期失眠的病人，神经脆弱，只要略有一点胀痛感即可，多了则起反作用。

(2)医生的感觉。主要是针下的沉滞感，古人形容是如鱼吞钩，也就是在逐渐向里捻针的时候，突然感到用同样捻针的力量有捻不动或旋转速度减慢的情况，这就是得气的表现。

(3)穴位处出现红晕。红晕一般随着得气的过程逐渐出现，范围可大可小，形状多呈不规则的圆形，在出针以后逐渐消失。若是得气或得气感不明显，则红晕不出现或颜色很淡。

(4)出现轻微的滞针现象。主要表现在留针的过程中，针体周围皮肤紧束，略微高出其他部位皮肤，在运针和出针的时候，针下有沉滞感，尤其在出针的时候可以明显看到针体周围的皮肤随着针体上提而高出周围的皮肤，医生手下也会感到拔针时的阻力，但仅表现为拔，虽滞而能拔动，与肌肉缠绕针体时出现的拔不动或拔针十分困难的感觉不同。

那么，作为宠物医生，我们给宠物针灸时如何判断是否“得气”呢？带着这个疑问一起进入本任务的学习。

## 知识链接

## 一、持针法

针刺操作必须有正确的方法和术式，持针法、押手(按穴)法、进针法、针刺的角度和深度、行针法、补泻法、留针与起针等，都有相应的要求。

刺手：针刺时多以右手持针，称为刺手。

押手：针刺时多以左手按压穴位，配合进针，称为押手。

持针法，就是捏拿针的方法，又称为夹持针法、捏针法或拿针法。

### (一)白针持针法

#### 1. 两指持针法

用拇指、食指两指指端捏拿针柄，应用于短小的针具。如半寸的毫针、一寸的毫针等(图4-32)。

#### 2. 三指持针法

拇指在内，食指、中指在外，握住针柄。适用于较长的针具，如一寸半的毫针、二寸的毫针等(图4-33)。

3. 四指持针法

用拇指、食指、中指三指捏持针柄，以无名指抵住针身。适应于长针的操持。无名指抵住针身，可以防止针身的弯曲（图 4-34）。

4. 持柄压尾法

用拇指、中指夹持针柄，食指抬起顶压针尾，三指配合刺入，适应于短针速刺（图 4-35）。

5. 持针身法

用拇指、食指两指捏一棉球，裹住针身近针尖部分，对准腧穴，将针尖用力迅速刺入皮肤。适应于快速进针（图 4-36）。

6. 两手持针法

用右手拇指、食指、中指三指捏持针柄，左手拇指、食指两指握固针尖。适应于操持长针，通过双手配合，可防止长针弯曲，并能减少疼痛（图 4-37）。

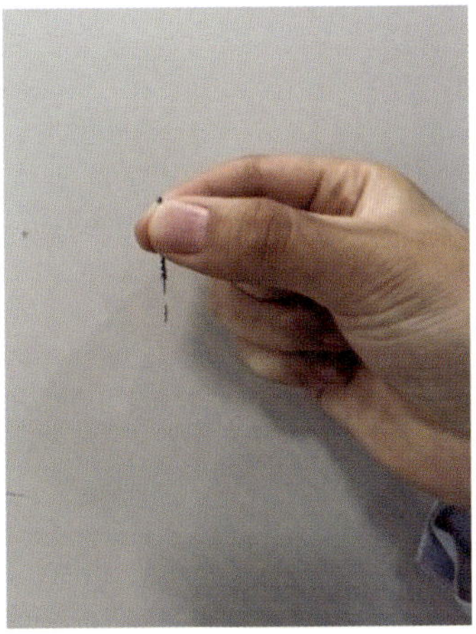

图 4-32　两指持针法

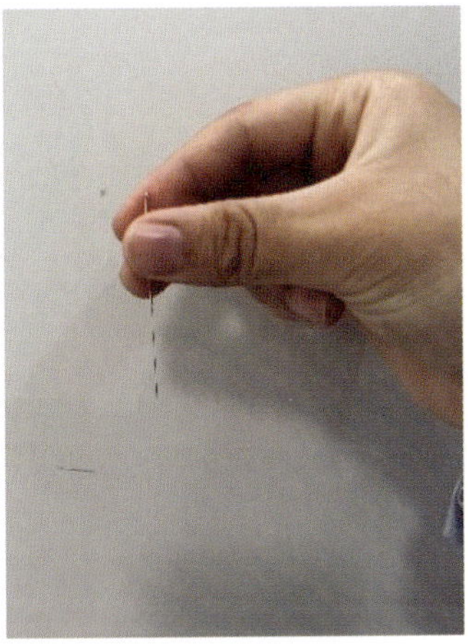

图 4-33　三指持针法

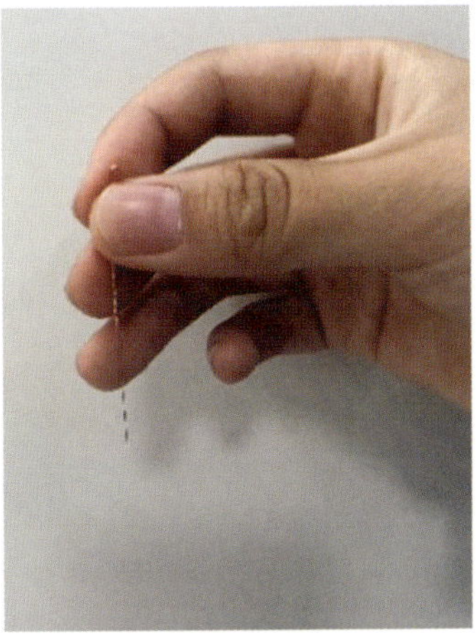

图 4-34　四指持针法

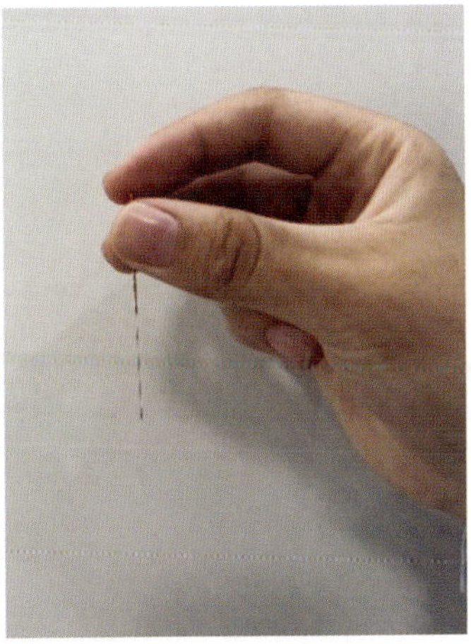

图 4-35　持柄压尾法

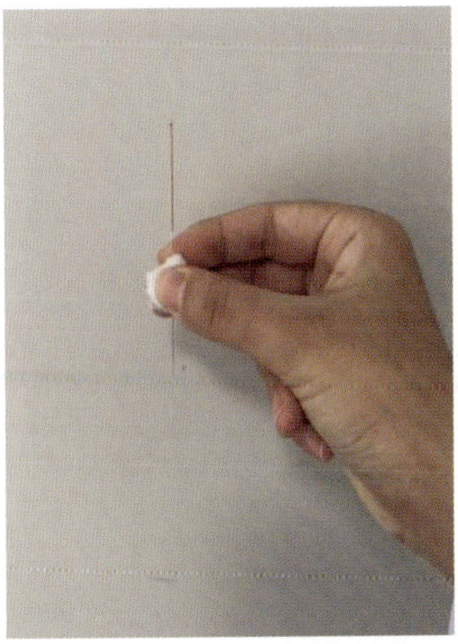

图 4-36　持针身法

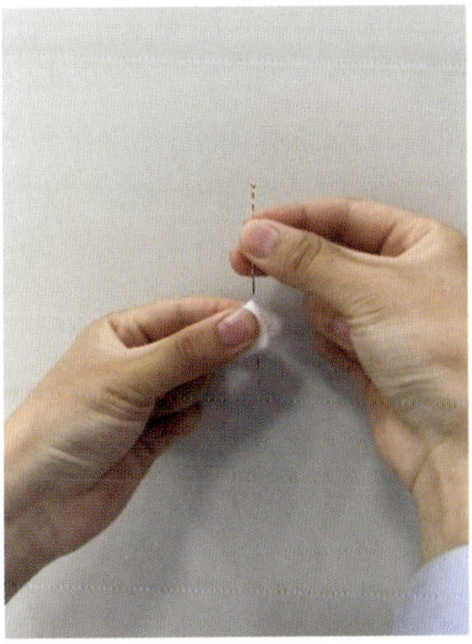

图 4-37　两手持针法

## (二)血针持针法

### 1. 宽针持针法

(1)全握式持针法。右手拇指、食指、中指持针体,根据所需进针的深度,针尖露出一定长度,针柄端抵于掌心内。进针要求快速、准确,退针后,血即流出(图 4-38)。

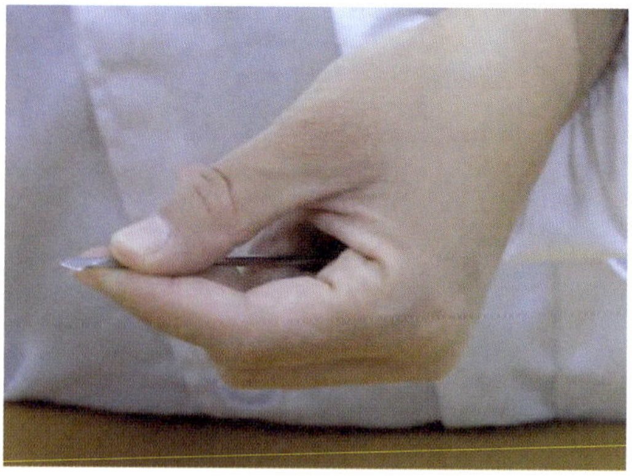

图 4-38　全握式持针法

(2)手代针锤持针法。以持针手的食指、中指和无名指握紧针体,用小指的中节,放在针尖的内侧,抵紧针尖部,拇指抵压在针的上端,使针尖露出所需刺入的长度。针刺时,挥动手臂,使针尖顺血管刺入,随即出血(图 4-39、图 4-40)。

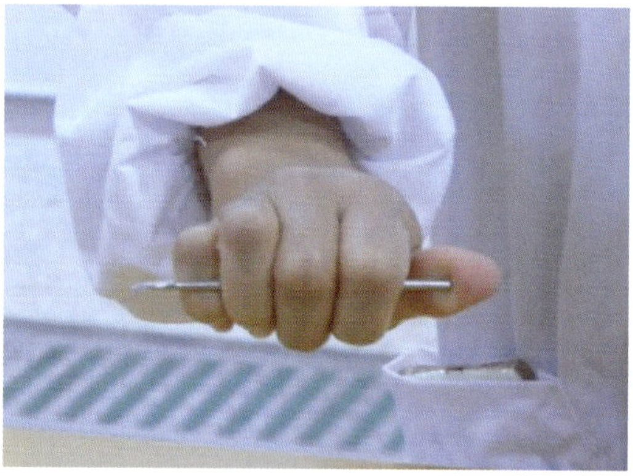

图 4-39　手代针锤持针法(一)

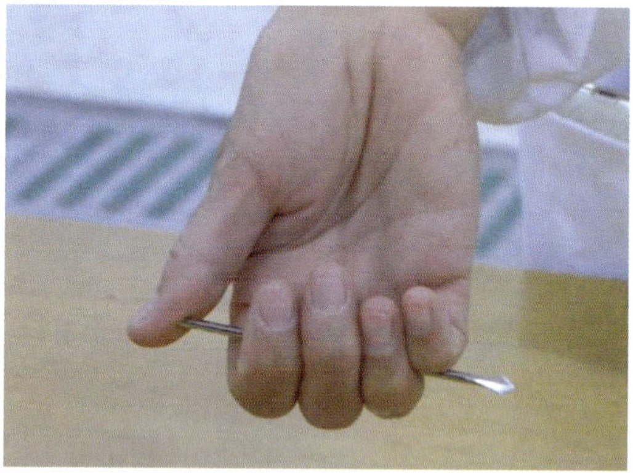

图 4-40　手代针锤持针法(二)

### 2. 三棱针持针法

(1)执笔式持针法。以拇指、食指、中指三指持针身,中指抵于针尖部以控制进针的深度,无名指抵按在穴位旁以辅助准确进针。

(2)弹琴式持针法。以拇指、食指两指夹持针尖部,针尖留出适当的长度,其余三指抵住针身,常用于平刺(图 4-41)。

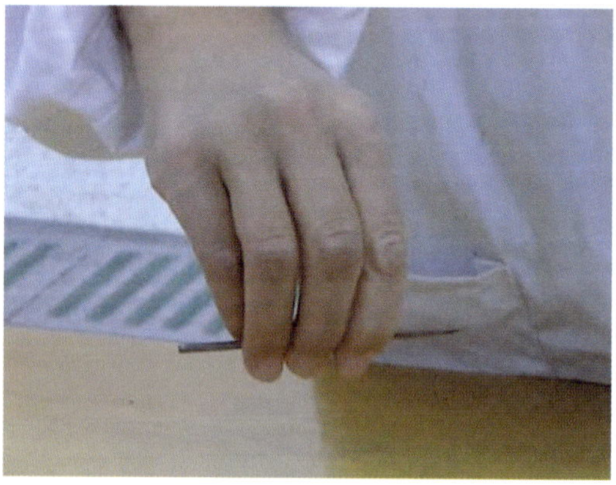

图 4-41　弹琴式持针法

**注意:**无论哪种持针法,持针后都必须注意运用指力,将针柄把握得当,使其稳定而灵活。

## 二、进针法

进针法是指毫针在刺手与押手的密切配合下，运用各种方法将针刺入腧穴皮下的方法，是毫针刺法的首要操作技术。

进针时要注意指力与腕力的协调一致，要求做到无痛进针。

### (一)以进针速度分

二维码 4-4 进针法

#### 1.速刺法

操作方法：将针尖抵于腧穴皮肤时，运用指力快速刺破皮肤，刺入皮下。

临床应用：此法适用于四肢腧穴和耳穴（图 4-42）。

#### 2.缓刺法

操作方法：将针尖抵于腧穴皮肤时，运用指力缓缓刺破表皮，刺入皮下。

临床应用：此法适用于头部腧穴和躯干部腧穴（图 4-43）。

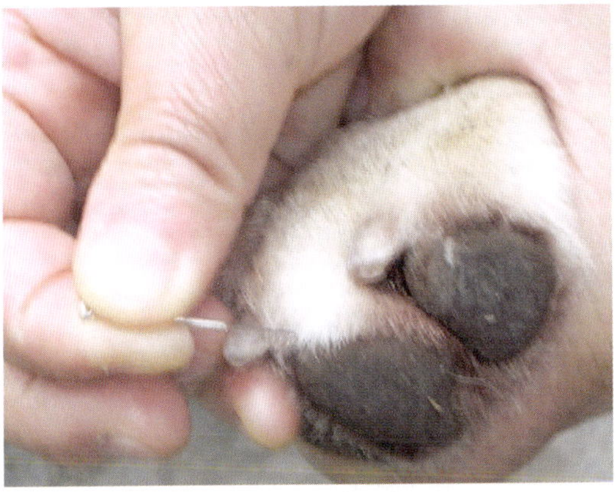

图 4-42 速刺法

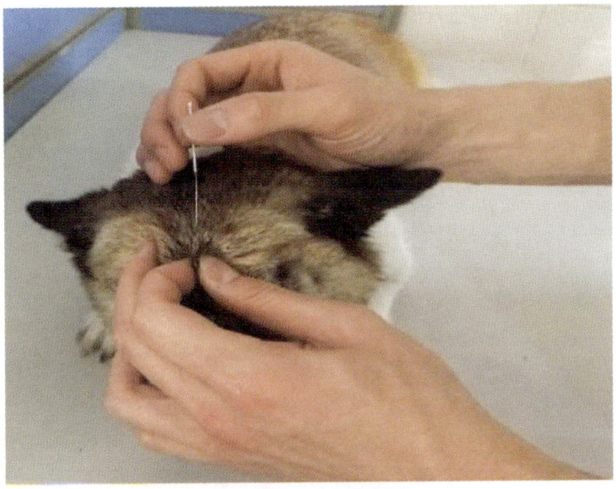

图 4-43 缓刺法

### (二)以刺押手势分

#### 1.单手进针法

操作方法：用刺手的拇指、食指持针，中指指端紧靠穴位，中指指腹抵住针身下段，当拇指、食指二指向下用力按压时，中指随势屈曲将针刺入，直至所要求的深度（图 4-44）。

临床应用：此法适用于短毫针进针。

#### 2.指切进针法

操作方法：以左手拇指或食指指甲切在穴位上，右手持针将针紧靠左手指甲缘刺入皮下的手法。

临床应用：此法适用于短毫针进针（图 4-45）。

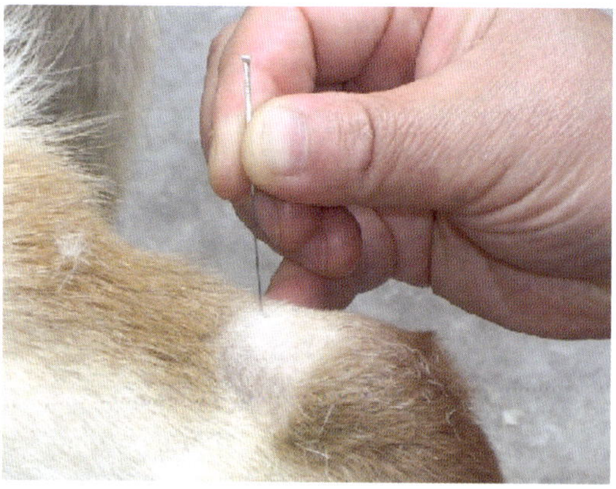

图 4-44 单手进针法

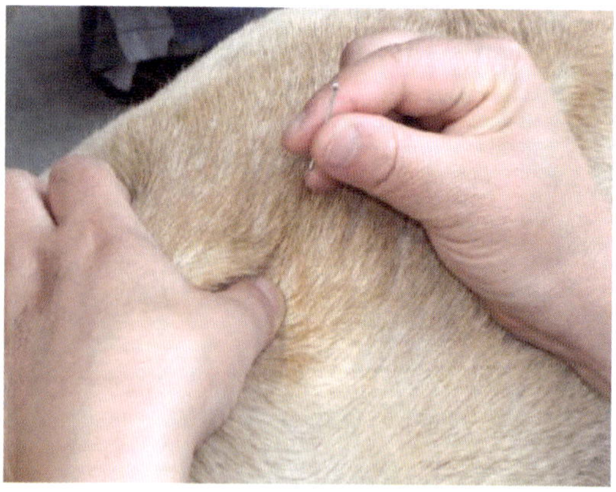

图 4-45 指切进针法

3. 夹持进针法

操作方法：左手拇指、食指两指用消毒干棉球捏住针身下段，露出针尖，右手拇指、食指夹持针柄，将针尖对准腧穴，当靠近皮肤时，双手配合动作，用插入法或捻入法将针刺入皮下，直至所要求的深度(图 4-46)。

临床应用：此法适用于长针进针。

4. 舒张进针法

操作方法：用左手拇指、食指贴近穴位皮肤，向两侧撑开，使穴位部皮肤紧张，右手持针刺入皮下的方法(图 4-47)。

临床应用：此法适用于皮肤松弛或血管不易固定部位的穴位，如腹部的穴位。

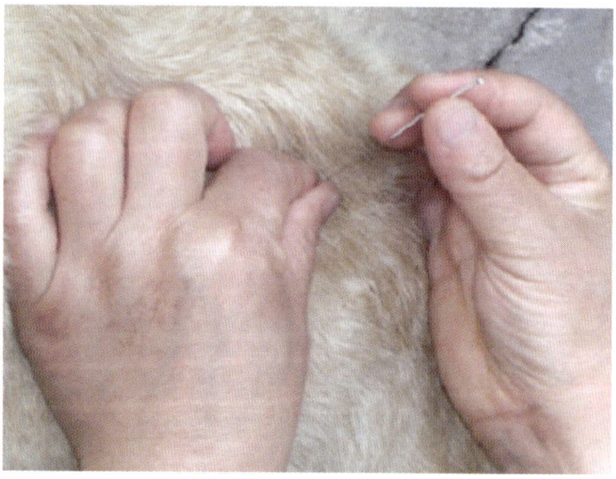

图 4-46 夹持进针法

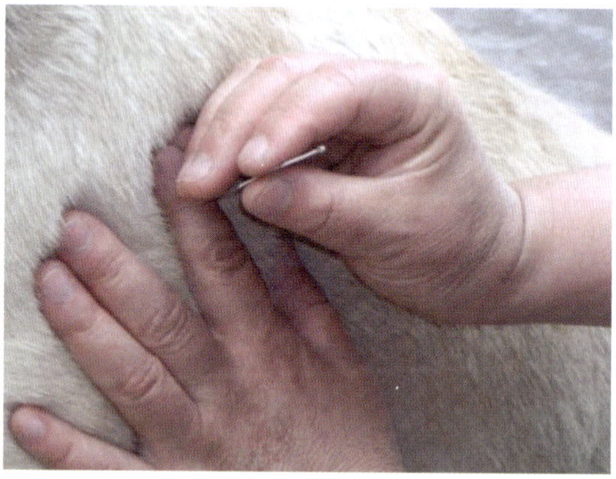

图 4-47 舒张进针法

5. 提捏进针法

操作方法：用左手拇指、食指将穴位部位的皮肤捏起，右手持针从捏起部的上端刺入(图 4-48、图 4-49)。

临床应用：此法适用于皮肉浅薄的穴位，如面部的穴位。

图 4-48 提捏进针法示意图

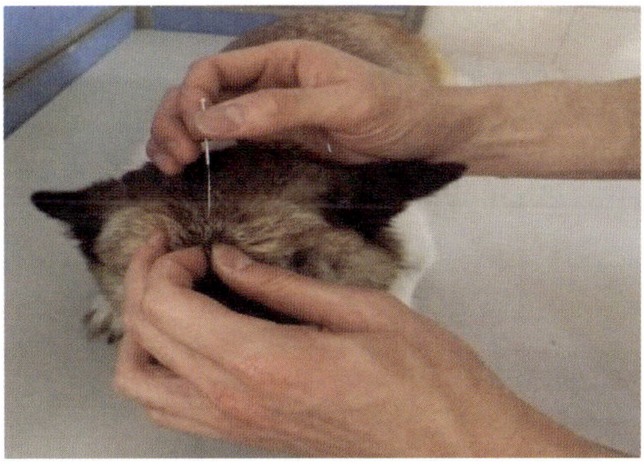

图 4-49 提捏进针法

### (三)以进针器具分

1. 套管针进针法

操作方法:用金属、塑料或有机玻璃等材料制成长短不一的细管,代替押手。选用合适的毫针置于套管内,针尾端露于管的上口,管的下口置于穴位上,用手指拍打或弹压针尾将针尖刺入腧穴皮下,然后将套管抽出(图 4-50、图 4-51)。

临床应用:各个部位均可进针,并可减少疼痛,临床应用广泛。

图 4-50 套管针进针法示意图

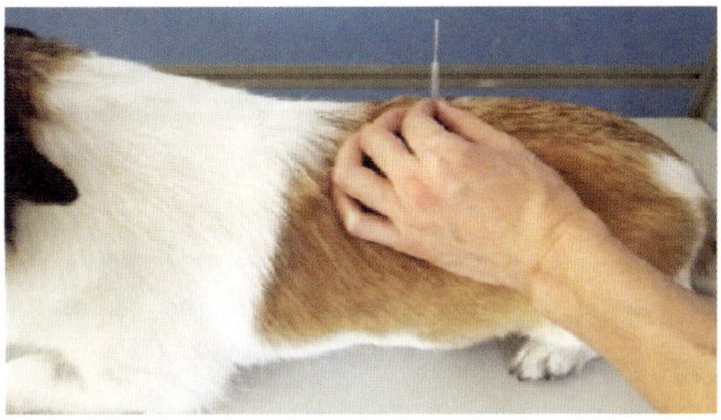

图 4-51 套管针进针法

2. 进针器进针法

操作方法:用特制的圆珠笔式或玩具枪式的进针器,将毫针装入进针器内,向下置于腧穴皮肤上,用手指拉扣弹簧,使针尖迅速刺入皮下,然后将进针器抽出。

临床应用:各个部位均可进针,并可减少疼痛。

## 三、针刺角度、方向和深度

在针刺过程中,掌握正确的针刺角度、方向和深度,是增强针感、提高疗效、防止意外事故发生的重要环节。

腧穴定位的正确,不仅局限于体表的位置,还必须与正确的进针角度、方向和深度等有机结合起来,才能充分发挥其应有的效应。临床上同一个腧穴,由于针刺的角度、方向和深度不同,所产生针感的强弱、传感的方向和治疗效果常有明显的差异。

二维码 4-5 针刺角度

## (一)针刺角度

针刺角度是指进针时针身与皮肤表面形成的夹角，一般分为三种角度。

1. 直刺

操作方法：针身与皮肤表面呈 90°左右垂直刺入(图 4-52)。

临床应用：此法适用于大部分腧穴。

2. 斜刺

操作方法：针身与皮肤表面呈 45°左右倾斜刺入(图 4-53)。

临床应用：此法适应于肌肉较浅薄处或内有重要脏器或不宜于直刺、深刺的腧穴。

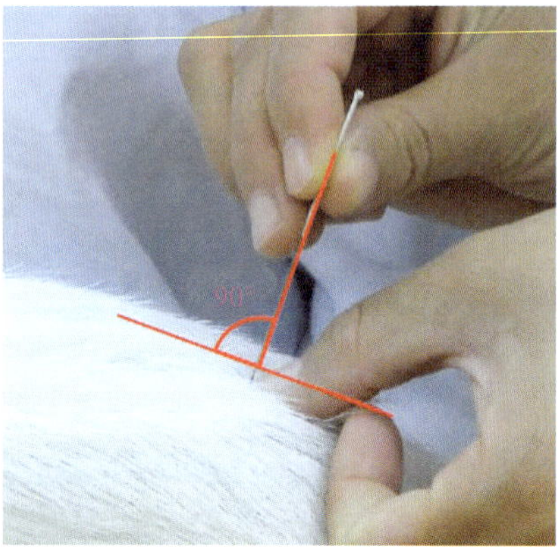


图 4-52 直刺

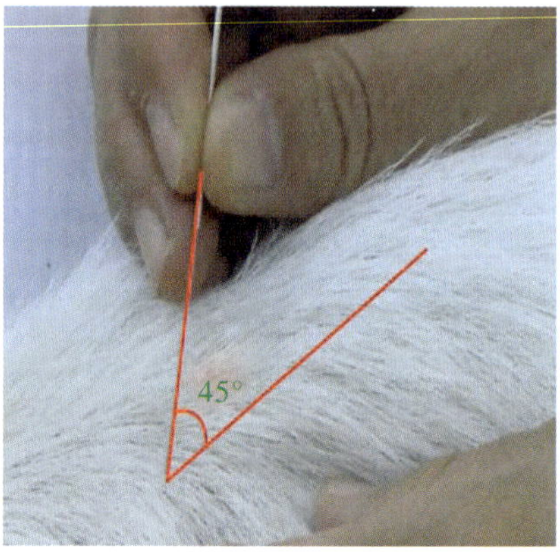


图 4-53 斜刺

3. 平刺(横刺、沿皮刺)

操作方法：针身与皮肤表面呈 15°左右沿皮刺入(图 4-54)。

临床应用：此法适用于皮薄肉少部位的腧穴，如头部的腧穴。

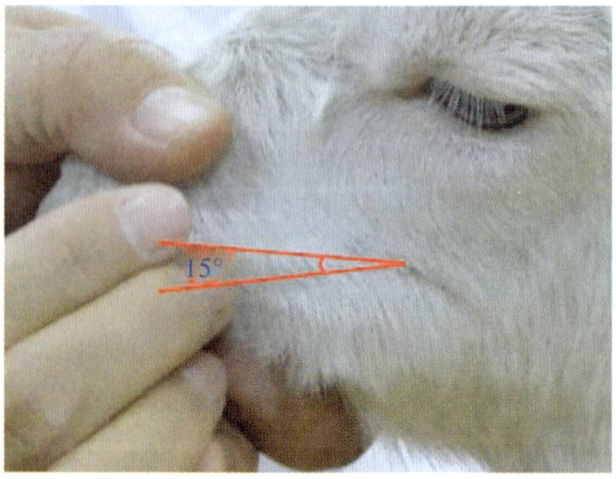


图 4-54 平刺

## (二)针刺方向

针刺方向是指进针时和进针后针尖所朝的方向，简称针向。

针刺方向与针刺角度有关，但主要是根据不同病证的治疗需要而定。在临床上，针刺方向一般是针尖指向病所。

## (三)针刺深度

针刺深度是指针身刺入机体内的深浅(图 4-55)。

(1)体形与体质。体形大、肥胖者宜深刺，反之宜浅刺。

(2)年龄。幼龄动物、老年动物宜浅刺。

(3)病情。新病、阳证宜浅刺(病在表)，久病、阴

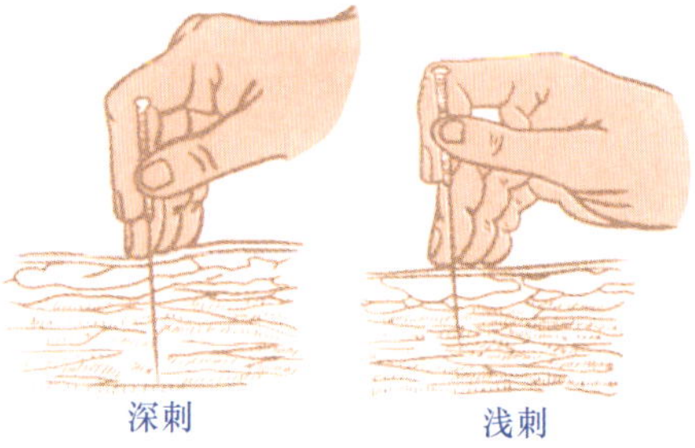


图 4-55 针刺深度示意图

证宜深刺(病在里)。

(4)部位。头部、胸背及皮薄肉少处宜浅刺,四肢、臀、腹及肌肉丰满处宜深刺。

## 四、行针与得气

行针又称为运针,是指将针刺入腧穴后,为了使之得气,调节针感和进行补泻而施行的各种针刺手法。

二维码 4-6　行针

### (一)行针手法

#### 1. 提插

纵向的行针手法。将针从深层提到浅层,再由浅层插入深层,如此反复地上提下插(图 4-56)。

提插幅度大,频率快,刺激强度就大;提插幅度小,频率慢,刺激强度就小。

#### 2. 捻转

横向的行针手法。将针左右来回反复地旋转捻动。捻动幅度一般在 180°～360°(图 4-57)。

捻转的角度大,频率快,刺激强度就大;捻转的角度小,频率慢,刺激强度就小。

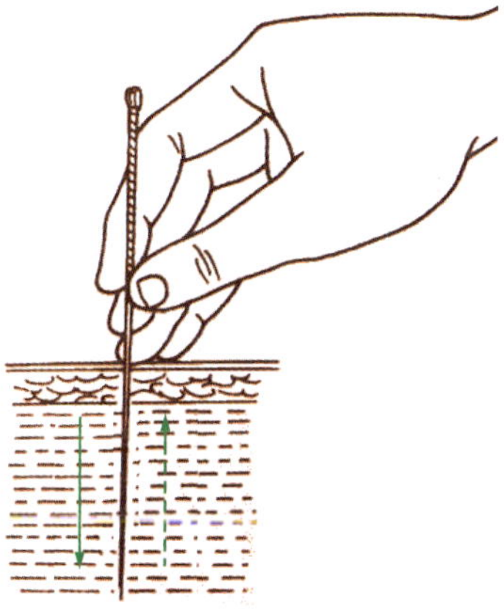

图 4-56　提插示意图

图 4-57　捻转示意图

#### 3. 搓

单向的捻动针身。有增强针感的作用,也是调气、催气的常用手法之一。大幅度地搓针,使针体自动向回退旋,称为“飞”(图 4-58)。

#### 4. 弹

用手指弹击针柄,使针体微微颤动,以增强针感(图 4-59)。

#### 5. 刮

以拇指抵住针尾,食指或中指指甲轻刮针柄,以加强针感,促进针感的扩散(图 4-60)。

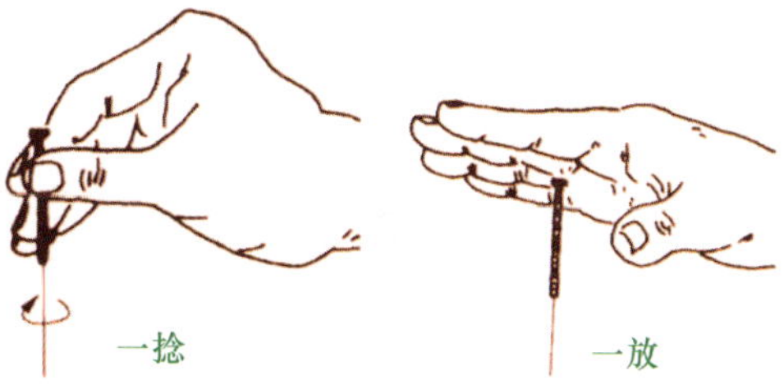


图 4-58　搓(飞)示意图

6.摇

用手捏住针柄轻轻摇动针体，直立针身而摇可增强针感，卧倒针身而摇可促使针感向一定方向传导，使针下之气直达病所(图 4-61)。

临床上常用复式行针法，尤其以提插捻转最为常用。究竟采取何种手法，需要根据患病动物的生理耐受性和病理状态而定。

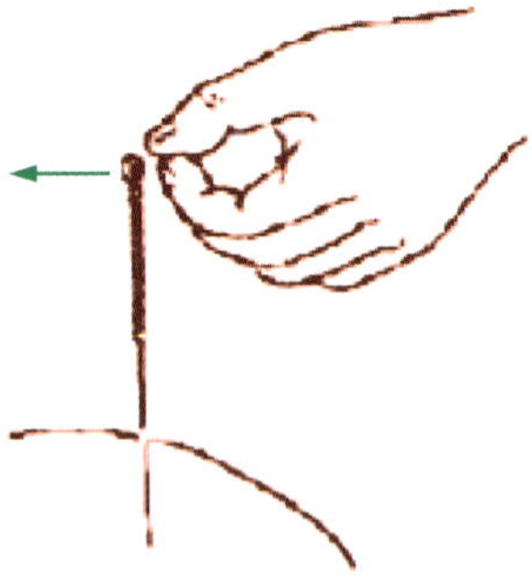
图 4-59　弹示意图

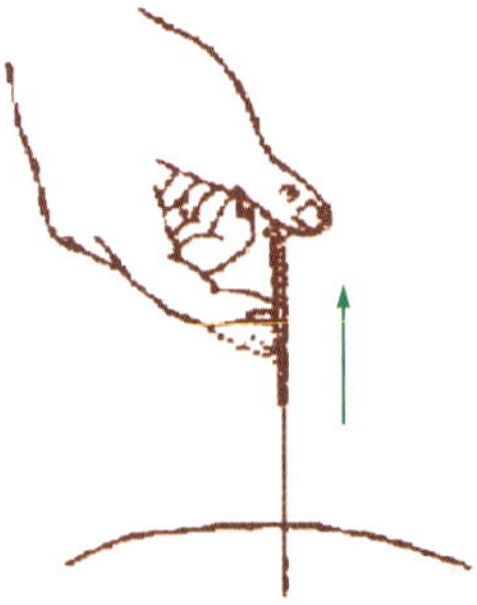
图 4-60　刮示意图

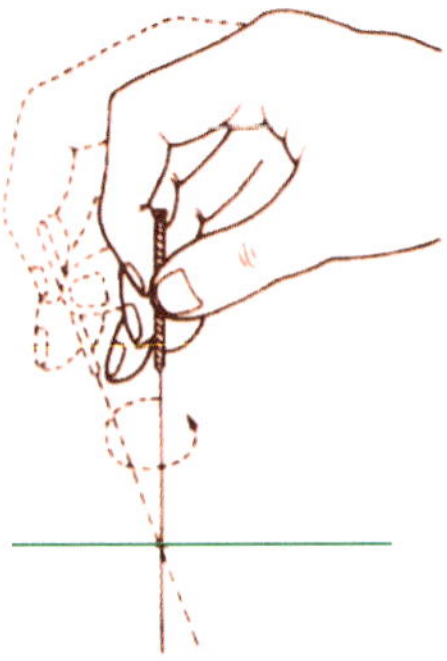
图 4-61　摇示意图

行针法虽然用于毫针术、圆利针术，但对某些穴位则禁用或少用，如眼睛周边的睛明穴、承泣穴、瞳子髎等穴位。火针术在留针期间也可轻捻针体，但禁用其他行针手法。

### (二)得气

得气也称为针感，是指将针刺入腧穴后所产生的经气感应。当这种经气感应产生时，医者会感觉到针下有徐和或沉紧的感觉。同时患者会有酸、麻、胀、重、紧、涩的感觉，甚或有沿着一定部位、向一定方向扩散传导或有触电或蚁走的感觉。若无经气感应而不得气时，医者会感到针下空虚无物，患者也无酸、麻、胀、重等感觉。

对于动物来说，我们无从知道它得气时的感受，但我们可以观察动物的外在表现来判定它是否得气。得气后，动物会出现提肢、抿耳、弓腰、摆尾、局部肌肉收缩或跳动、排二便等反应。需要注意的是，有些动物骚动不安或紧张也会出现以上反应，应该与得气加以鉴别。

得气是疗效与预后的判定标准。针刺得气说明扎针后效果必然好，若不得气，疗效必然差，或者是预后差。《灵枢·九针十二原》言："气至而有效，效之信，若风吹云，明乎若见苍天。"

得气是使用针刺手法的基础。有些久病或年老体弱的动物，机体反应性差，不易得气，这时可以选用灸法加以辅助，往往能取得较好效果。当然机体反应性好，容易得气，效果自然就好。若机体过于敏感，看似非常容易得气，但其结果也不一定理想。

## 五、针灸补泻手法

补法是泛指能鼓舞机体正气，使低下的功能恢复旺盛的方法。泻法是泛指能疏泄病邪使亢进的功能恢复正常的方法。针刺补泻就是通过针刺腧穴，采用适当的手法激发经气以补益正气，疏泄病邪而调节机体脏腑经络功能，促使阴阳平衡而恢复健康。

传统针灸疗法非常重视补泻手法，针灸补泻是根据《灵枢·经脉》言："盛则泻之，虚则补

之，热则疾之，寒则留之，陷下则灸之”这一针灸治病的基本理论原则，而确立的两种不同的治疗方法。这是针刺治病的一个重要环节，也是毫针刺法的核心内容。

### （一）补泻效果

补泻效果的产生主要取决于以下三个方面。

**1. 功能状态**

二维码 4-7 针灸补泻手法

内因是变化的根据，机体功能在不同的病理状态下，针刺可以产生不同的作用而有补和泻的不同效果。如机体处于虚惫状态而呈虚证时，针刺可以起到补虚的作用。若机体处于邪盛而呈现实热、闭证的实证情况下，针刺又可以泻邪，起清热、启闭的泻实作用。如胃肠痉挛疼痛时，针刺可以止痉而使疼痛缓解。肠胃蠕动缓慢而呈弛缓时，针刺可以增强肠胃蠕动而使其功能恢复正常。

这种针刺补虚泻实的调节作用和机体的正气盛衰有密切关系。如机体的正气充盛，则经气易行。若机体的正气不足，则经气不易激发或数刺乃行。

**2. 腧穴特性**

腧穴的功能不仅具有它的普遍性，而且有些腧穴具有相对的特异性，如有些腧穴适宜于补虚，而有些腧穴适宜于泻实。譬如，后三里、关元等穴位，具有强壮作用，多用于补虚；而少商、十宣等穴位，具有泻邪作用，多用于泻实（表 4-5、表 4-6）。

表 4-5 临床常用于补益的穴位

| 补益法 | 适应证 | 穴位 |
|---|---|---|
| 补益肾气法 | 肾气虚弱证 | 肾俞、命门、关元、太溪 |
| 补中益气法 | 脾胃气虚证 | 脾俞、胃俞、中脘、气海、后三里 |
| 补益肺气法 | 肺气虚弱证 | 太渊、肺俞、后三里、太白 |
| 补益心脾法 | 心脾两虚证 | 心俞、脾俞、神门、三阴交 |
| 补益气血法 | 气血两虚证 | 脾俞、胃俞、后三里、三阴交 |
| 补益肾阴法 | 肾阴虚弱证 | 关元、肾俞、照海、复溜 |
| 升阳益气法 | 清阳不升、中气下陷证 | 百会、中脘、气海、后三里 |

表 4-6 临床常用于泻实的穴位

| 泻实法 | 适应证 | 穴位 |
|---|---|---|
| 疏风解表法 | 表实证 | 风池、合谷、列缺 |
| 泻热通便法 | 里实证 | 天枢、曲池、上巨虚、支沟 |
| 理气豁痰法 | 痰实证 | 天突、膻中，合谷、丰隆 |
| 活血祛瘀法 | 血瘀证 | 曲泽、委中、十二井穴、膈俞 |

3. 针刺手法

针刺手法是产生补泻作用、促使机体内在因素转化的主要手段。在临床上为了使针刺产生补泻作用，古代针灸医学家在长期的医疗实践过程中，创造和总结出了不少的针刺补泻手法。

## (二)白针的补泻手法

1. 提插补泻法

根据提插力度的强弱、幅度的大小、频率的快慢、操作时间的长短，区分补泻的针刺手法(表 4-7)。

表 4-7 提插补泻手法

| 手法 | 深度 | 频率 | 刺激剂量 | 操作要点 |
|---|---|---|---|---|
| 补法 | ＜10 mm | 5 次/10 s | 小 | 由浅入深，重插轻提，以下插为主 |
| 泻法 | ＞10 mm | 10 次/10 s | 大 | 由深入浅，轻插重提，以上提为主 |

2. 捻转补泻法

(1)根据捻转力度的强弱、角度的大小、频率的快慢、操作时间的长短，区分补泻的针刺手法(表 4-8)。

表 4-8 捻转补泻手法

| 手法 | 角度 | 频率 | 刺激剂量 | 操作要点 |
|---|---|---|---|---|
| 补法 | ＜180 | 5 次/10 s | 小 | 捻转角度小、频率慢、力度轻、时间短 |
| 泻法 | ＞180 | 10 次/10 s | 大 | 捻转角度大、频率快、力度重、时间长 |

(2)以左捻为主或右捻为主，区分补泻的针刺手法。

补法：左捻为主，即拇指向前时用力重，向后时用力轻。

泻法：右捻为主，即拇指向后时用力重，向前时用力轻。

3. 徐疾补泻法

徐疾补泻法是根据进针、出针、行针的快慢区分补泻的针刺手法。

补法：进针时徐徐刺入，少捻转，疾速出针。

泻法：进针时疾速刺入，多捻转，徐徐出针。

4. 迎随补泻

迎随补泻是以针向顺逆经脉循行的方向来行补泻的手法。

补法：针刺得气后，针尖顺其经脉，随而济之。

泻法：针尖逆其经脉，迎而夺之。

5. 呼吸补泻

呼吸补泻是指在针刺手法时，配合患犬或医者的自然呼吸以区分补泻的手法。该方法在宠物临床上很少使用。

补法：呼气时进针、转针，吸气时退针、出针。

泻法：吸气时进针、转针，呼气时退针、出针。

6. 开阖补泻

针刺补泻过程中，以出针时按不按闭针孔区分补泻的手法。

补法：按闭针孔，防止出血，精气得存。

泻法：摇大针孔，不防出血，以出其疾。

7. 平补平泻法

平补平泻法是指针刺入一定深度得气后，缓慢均匀地提插捻转即可出针。

### （三）其他针术补泻

火针为补，血针为泻。

火针，浅刺、留针短、左转针者为补；反之为泻。

血针，出血少者为补，小出血者为小泻，大出血者为大泻。

电针，波形宽、电压低、密波、频率高为补，反之为泻。

### （四）灸术补泻

《针灸大成》言："以火补者，毋吹其火，须待自灭，即按其穴；以火泻者，速吹其火，开其穴也。"

## 六、留针与出针

### （一）留针法

当针刺入腧穴，行针得气并施以或补或泻手法后，将针留置在穴位内者称为留针。留针主要用于毫针术、圆利针术和火针术。

二维码 4-8　留针与出针

留针的目的：一是候气，当取穴准确，入针无误，而无针感反应时，可不必起针，须留针片刻再行针，即可出现针感。

二是调气，针刺得气后，留针一定时间以保持针感，或间歇行针以增强针感。火针留于穴内还有加强温经散寒的功用。

在临床上将留针分为静留针和动留针两种。

1. 静留针

操作方法：针下气至后，让其自然留置在穴位内，不再运针，到时出针（图 4-62）。

临床应用：多用于对针感耐受性较差的慢性、虚弱的患病动物，或需行补泻手法者，或"寒则留之"者。

2. 动留针

操作方法：将针刺入腧穴先行针待气至后，留置一定时间，在留针过程中反复运针，称为动留针法，又称间歇行针法（图 4-63）。

临床应用：增强针感，达到补虚泻实的目的，也可用于针后经气不至者，可一边针刺以催气，另一边留针以候气，直至气至。

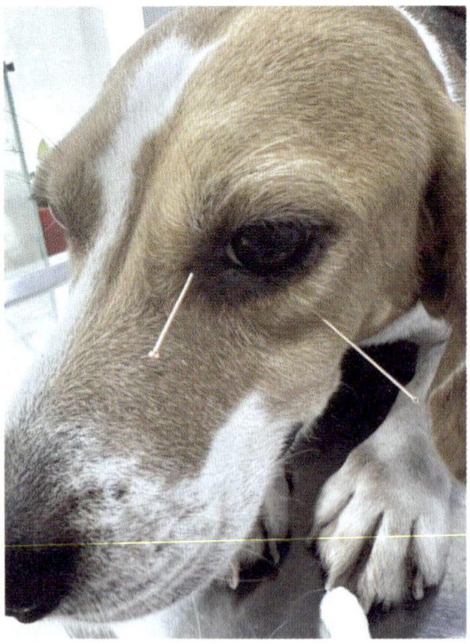

图 4-62　眼周穴位静留针

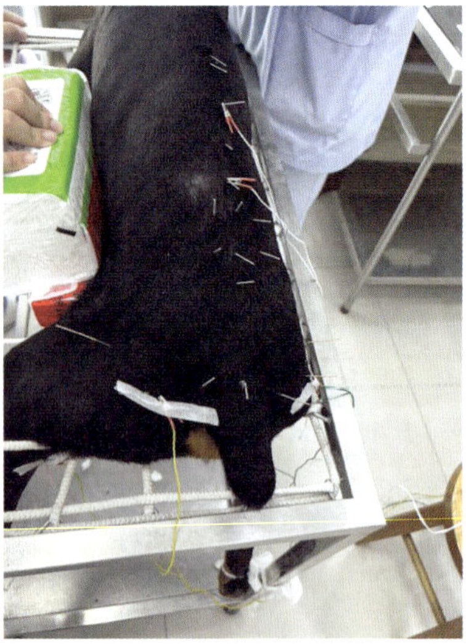

图 4-63　针灸病例图

3. 留针时间

留针时间的长短要依据病情、得气情况以及患病动物具体情况而定。《灵枢·经脉》言："热则疾之，寒则留之"。一般情况下，表证、热证、急证多急出针，里证、寒证、虚证以及经久不愈者多需留针。得气慢者，需长时间留针，患病动物骚动不安者可不留针。

留针时间一般 10～30 min，火针留针 5～10 min，针刺麻醉要留针至手术结束，耳针治疗一般留针到出现疗效。

**注意：**医者对留针必须重视，对于不适合留针的宠物或不适合留针的部位应该密切观察，防止晕针、出血或瘀血等意外情况的发生。

留针期间，由于呼吸动作、肌肉收缩或针留在血管旁时血管跳动所产生的针体的摆动或震跳属于正常现象。

## (二)出针法

出针又称为起针、退针。在施行针刺手法或留针达到一定的刺激量或达到预定的针刺目的和治疗要求后，即可出针。

1. 捻转起针法

押手轻按穴位旁皮肤，刺手持针柄缓缓地捻转针体，随捻转将针体慢慢退出穴位的方法。

2. 抽拔起针法

押手轻按穴位旁皮肤，刺手捏住针柄，轻快地拔出针体。也可以不用押手，仅以刺手捏住针柄迅速拔出针体。对不温顺的患病动物多采用此法。

3. 注意事项

(1)捻转出针时，轻微捻转，但不可单方向捻转，防止肌纤维缠绕，导致滞针。

(2)抽拔出针时，不可单手猛拔，防止出血或针孔疼痛甚或断针意外的发生。

(3)除捻转和抽拔出针这两种方法外，还可结合补泻要求采取徐疾出针法、按压出针法等。

## 七、针灸异常情况的处理

1. 弯针

原因：弯针多因为患病动物肌肉紧张，剧烈收缩所致。或因患病动物骚动不安，或因进针用力过猛，捻转或提插时指力不匀所致（图 4-64）。

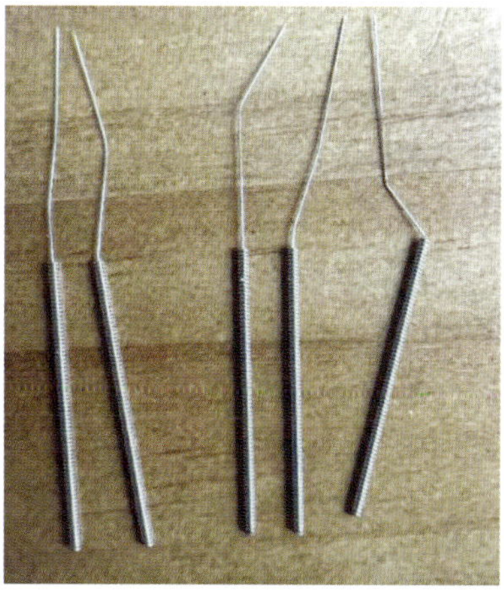

图 4-64 弯针

处理：若针身弯曲较小，可用左手按压针下皮肤肌肉，右手持针柄顺着弯曲方向缓慢取出；若针身弯曲较大，则需要轻提轻按，两手互相配合，顺着弯曲方向慢慢取出。切忌强力猛抽，防止断针。

2. 折针（断针）

原因：多因进针前失于检查，针体已经有缺损或腐蚀，进针后捻转用力过猛，患病动物突然骚动不安所致。宠物临床上很少发生该情况。

处理：若折针断端尚露在皮肤外面，用左手迅速压住断针周边的皮肤肌肉，右手用镊子或钳子夹住折断的针身用力拔出；若折针断端在肌肉组织内，需行外科手术切开取出。

3. 晕针

针刺过程中，患病动物突然出现站立不稳、昏迷、出汗等情况，多为晕针。临床上很少发生该情况。

原因：多因针刺过猛或行针刺激过强所致，常发生于体质虚弱的动物。

处理：立即停针，使患病动物安静，如症状重者，可针刺水沟、十宣等穴位。

4. 血针出血不止

原因：多因针尖过大，或用力过猛刺伤附近动脉，或操作时患病动物突然骚动不安误断血管所致。

处理：轻者用消毒棉球压迫止血，或用灭菌纱布块蘸取止血药压迫止血或电凝止血，或止血钳夹血管止血；严重者施行手术结扎血管止血。

5. 局部感染

原因：多因针前消毒工作不到位，穴位、针具不洁，火针烧针不透，或针灸后遭受雨淋、水浸或动物啃咬所致。

处理：轻者局部涂擦碘伏或消炎药膏，严重者根据情况进行全身和局部处理。

6. 吞针

原因：当针刺口腔周围或前肢末端穴位时，有些犬可能会用舌头卷针并吞下。

处理：食用高纤维含量的食物，通常会随粪便排出。

## 八、针灸注意事项

### （一）术者态度

古人云："持针者手如缚虎，势若擒龙，心无外慕，如待贵宾"。《元亨疗马集》也说："凡用针者，必须谨敬严肃，当先令兽停立宁静，喘息调匀……然后方可施针。"这都说明了术者的态度，必须严肃认真，操作谨慎。如举止轻浮，动作粗鲁，草率从事，很容易导致患病动物惊恐不安，不仅施针困难，而且容易发生针灸意外。

在宠物临床上，对于性情暴躁或紧张胆小的宠物，可先让宠物主人进行安抚，或在不影响针灸的前提下，让宠物主人将其抱于怀中进行针灸。施术者一定要态度温和、认真，以舒缓的语调，轻柔的动作操作，防止针灸意外的发生。

### （二）诊断确实

诊断是前提，在针灸前，一定要对患病动物进行详细的检查，在辨证的基础上确定针灸处方。辨证是取穴与组方施术的依据，也是针灸能否有效的关键。若辨证不清，即行治疗，则不但不能发挥针灸效果，反而增加患病动物的痛苦，贻误病机，增加治疗难度。

目前，小动物临床常采取中西医结合的方式进行诊断，西医诊断结果可以辅助中医进行辨证，更有利于确定相应的治疗方案，从而更有效地治疗疾病。

### （三）针灸时机

针灸施术，原则上选择晴朗而温和的天气进行，在大风、大雨等情况下不宜施术。目前，随着社会的进步，许多宠物的生活条件和人类一样，外界的自然条件不会对其产生太大的影响，因而，天气原因在现代临床不再作为针灸时机的主要因素。患病动物过饥、过饱、过度劳累、大出血、配种等情况不能立即针灸；妊娠后期，腰部及腹部穴位不宜施术，或不宜多针；刺激反应强烈的穴位也不易施针，特别是火针，更应谨慎。

### （四）施术顺序

对性情温和的患病动物，一般情况下先针前部再针后部，先针背部再针腹部，先针躯干部再针四肢部。如果患病动物骚动不安，为了避免施针困难或发生事故，也可以先针四肢下部再针上部，先针腹部再针背部。或者先针镇静的穴位，再针其它穴位。总之，施术顺序要根据患病动物的实际情况灵活处理，原则上应以针治安全方便，不影响治疗效果为宜。

### （五）施术间隔

施术间隔随针灸种类的不同而异，一般情况下，白针、电针、艾灸可每日或隔日施术一次。血针、火针每隔 3～5 d 施术一次。夹气针、火烙一般不重复施术。在现代宠物临床中，有些国家或地区电针的施术间隔 1～2 周，其间多配以中药，如美国、澳大利亚等，这与他们的国情有关，不可一概而论。

施术间隔还与针灸动物的体质、病情以及宠物主人是否方便就诊等因素有关，如有些病情相对剧烈，针灸后疗效持续 4 h 左右，则可针灸 2～3 次/d。

### （六）术后护养

（1）俗话说“三分治病，七分养护”，由此可见术后护理工作的重要性。针灸后应对患病动物加强护理，防止雨淋、洗浴或受寒等，防止动物啃咬施术部位，加强饲养管理，停止剧烈运动或使役，根据病情调整饮食配方。

（2）康复锻炼的重要性。对于运动功能障碍的动物，通过针灸治疗后一定要配合康复锻炼。目前，在宠物临床上康复锻炼的方法很多借鉴于人医，康复锻炼的工具和方法也越来越多（图4-65至图4-67）。

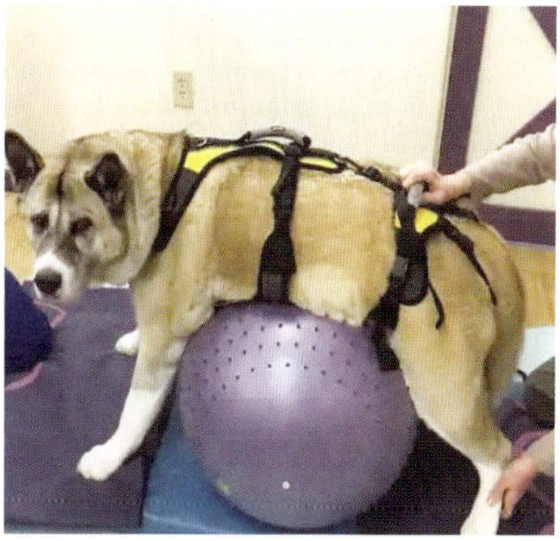

图4-65　平衡球康复锻炼

图4-66　前肢康复锻炼

图4-67　宠物行走辅助带

### 思与练

1. 持柄压尾法适用于哪种规格的针？（　　）

A. 半寸针　　B. 2寸针　　C. 3寸针　　D. 4寸针

2. 针灸补泻效果与哪些因素有关？（　　）

A. 患病动物的机能状态　　B. 腧穴的特性

C. 医者的技术　　D. 以上都是

3. 以下常用于补益肾气的穴位是（　　）。

A. 太渊　　B. 太白　　C. 太溪　　D. 太冲

4. 以下不属于补益肺气的常用穴位是（　　）。

A. 后三里　　B. 气海　　C. 太白　　D. 太冲

5. 以下不属于补益气血的穴位是（　　）。

A. 脾俞　　B. 胃俞　　C. 风池　　D. 三阴交

6 以下不属于泻热通便的穴位是（　　）。

A. 关元　　B. 天枢　　C. 曲池　　D. 支沟

7. 以下常用于升阳益气的穴位是(　　)。

A. 百会　　B. 曲池　　C. 曲泽　　D. 支沟

8. 关于得气的描述,错误的是(　　)。

A. 得气与动物的机能状态有关

B. 得气的强弱可以反映预后状态

C. 得气是医生技术的问题,与其他无关

D. 得气时动物可能会出现肌肉震颤、排二便的情况

## 答案

1～5　A D C D C　　6～8　A A C

# 项目五

# 针灸疗法

- 任务一　临床常用针刺疗法
- 任务二　现代仪器针灸疗法
- 任务三　灸术
- 任务四　拔罐
- 任务五　按摩

# 名医故事

## 针灸学家王惟一

王惟一(987—1067年),古代医学家(图5-1)。名王惟德,宋仁宗(赵祯)时当过尚药御,对针灸学很有研究,集宋以前针灸学之大成,著有《铜人腧穴针灸图经》一书,奉旨铸造针灸铜人两座,为我国著名针灸学家之一。

主要医学成就有:主持铸造针灸铜人模具,供教学考试之用(图5-2)。其人中空,实有五脏,并以体内实水(一说水银),作为考试针灸技术之用;著有《铜人腧穴针灸图经》,书中把354个穴位,按十二经脉联系起来,注有穴位名称,绘制成图,为铜人注解。

图5-1 王惟一之像

图5-2 铜人模具

# 任务一　临床常用针刺疗法

**知识目标**

1. 掌握临床常用的白针术、水针术、血针术等针刺技术的临床适应证。
2. 掌握临床常用的白针术、水针术、血针术等针刺技术的操作要点。

**能力目标**

1. 能够熟练操作白针术、血针术、气针术、埋植术等针刺技术。
2. 能够避免针刺意外以及出现意外时能够及时处理。

**素质目标**

1. 培养传承并弘扬中华优秀传统文化的精神，增强民族自信心和自豪感。
2. 培养知行合一、格物致知的精神。
3. 培养医德高尚、医术精湛的综合型宠物医疗人才。

## 导学

同学们是否见过犬因为椎间盘突出导致全身瘫痪的病例（图 5-3），对于这样的病例在临床上常采用什么样的治疗方法呢？其实，通过中兽医望闻问切四诊合参的诊断，采取针灸疗法，通常会起到很好的疗效，让宠物重新站立奔跑，恢复健康（图 5-4）。

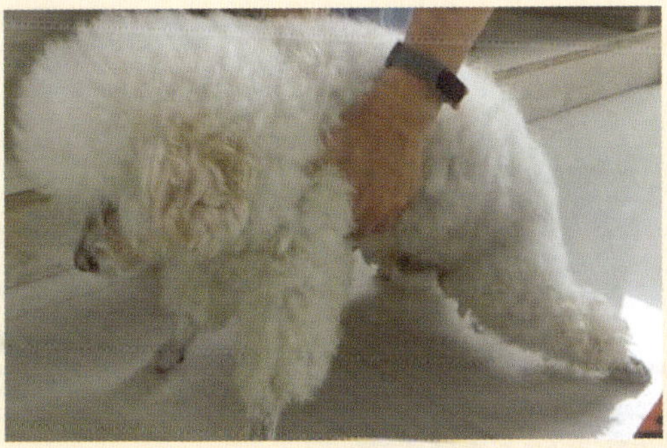

图 5-3　全身瘫痪患犬

图 5-4　针灸治疗后恢复健康

## 知识链接

### 一、白针术

白针术是临床上应用最为广泛的针法，白针术是使用毫针、圆利针等，在白针穴位上施针，借以调整机体功能活动，治疗各种病证的一种方法。

小动物临床上白针术以毫针为主。

1.术前准备

(1)保定。根据患病动物的体形大小、性情、病情以及已经确定好的治疗方案，选择合适的保定方式，如鞍马架保定、针灸网床保定、扎口怀抱保定等，安抚患病动物使之尽量平静。

(2)术部清洁与消毒。根据实际情况决定是否需要清洗、剪毛等，施术部消毒。

(3)选择合适的针具。针具的型号、数量、质量，非一次性针具需要提前消毒。

(4)术者准备。施术医生手指消毒，端正态度，认真专注。

2.操作方法

(1)圆利针术。

①缓刺法。术者的刺手以拇食两指或三指夹持针柄，无名指抵住针体。押手根据穴位选取不同的方式。一般先将针刺至皮下，然后调整好针刺角度，通过捻转进针到达所需深度，并根据病情实施不同的行针手法使之出现针感。

根据实际病情选择留针的方式以及留针的时间，达到时间后起针。针后注意加强护养。

②急刺法。圆利针针尖锋利，针体较粗，具有进针快、不易弯针的特点。对于不配合的患病动物或针刺肌肉丰满部的穴位，尤其适宜用此法。操作时根据不同穴位或不同施术部位，采取执笔式或全握式持针，押手切穴或不用押手，按穴位要求的进针角度，以速刺进针法或飞针法的要领刺至所需深度，进针后运针、留针、出针根据实际需要进行。

(2)毫针术。在小动物临床上，白针以毫针为主(图 5-5 至图 5-7)。毫针术的具体操作与圆利针缓刺法相似。与其他白针术相比，毫针术操作具有以下特点。

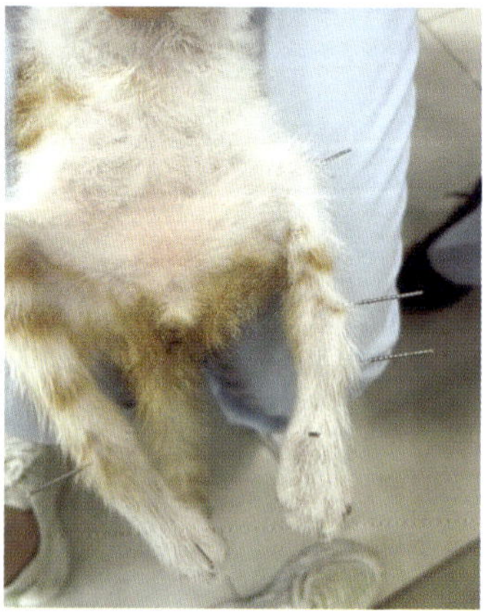

图 5-5　后肢腧穴白针针刺

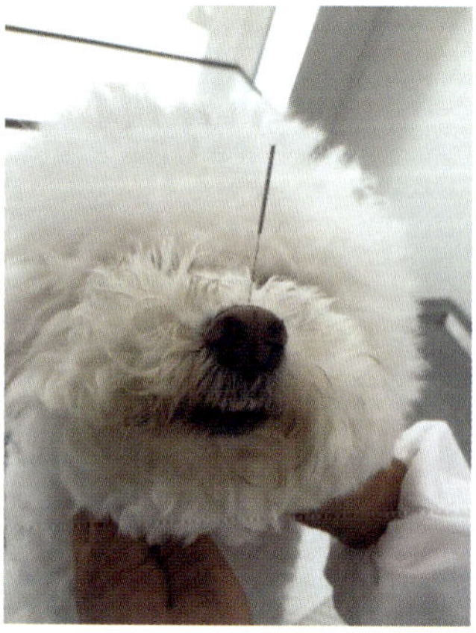

图 5-6　山根穴白针针刺

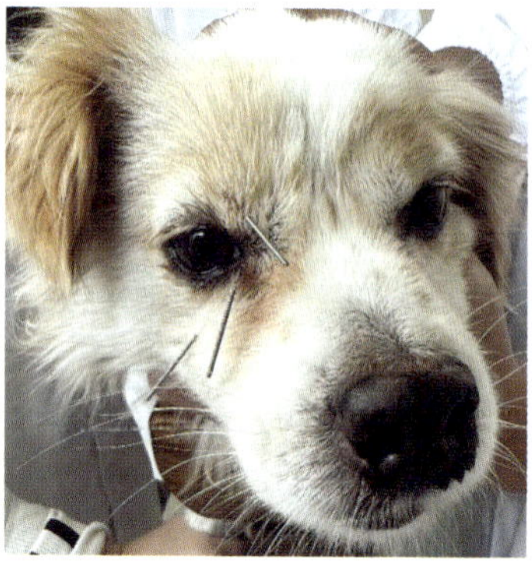

图 5-7　眼周穴位白针针刺

①因毫针针体细、对组织损伤小、不易感染，所以同一穴位可以反复多次施针。

②进针较深，同一穴位，毫针的进针深度均深于圆利针、小宽针以及火针等。且同一针可透数穴，如昆仑透太溪、地仓透颊车等。

③针刺得气后，根据治疗的需要，可运用插、捻、搓、弹、刮、摇等手法，增强刺激量，刺激强度易于掌握。

(3)小宽针术。因其有锐利的针尖和针刃，故易于快速进针，又有“箭针法”。施针时，常规消毒，左手按穴，右手持针，速刺速拔，不留针，不行针。多适用于肌肉丰满的穴位，多用于牛的抢风、巴山等穴，在小动物临床上很少使用。

### 3. 注意事项

施针前严格检查针具，防止意外事故的发生；针后严格消毒，加强术后护养，防止感染。

## 二、血针术

使用宽针、三棱针、注射器针头等针具在血针穴位上施针，刺破穴位浅表经脉(层)使之出血，从而达到泻热排毒、活血消肿、防治疾病的目的，称为血针疗法。血针疗法对于缓解体质强壮动物的血瘀、血热和实热等病证很有帮助。

二维码 5-1　血针术

### 1. 术前准备

(1)保定。为了快速准确刺破穴部血管并达到适宜的出血量，动物的保定非常关键。根据不同穴位采取不同的保定体位，以使血管怒张。如针刺三江、太阳等穴位宜采用低头保定法，针刺胸膛穴宜采用昂头保定法，所谓“低头看三江、抬头看胸膛”。针刺颈脉穴宜在穴后方按压使颈脉显露。四肢下部施血针时，宜采用提肢保定法。

(2)消毒。血针因针孔较大，且在血管上施术，容易感染，因此术前要严格消毒，穴位部位剃毛、消毒，针具和术者手指也应严格消毒。

(3)准备好止血器具和药品。

### 2. 操作方法

(1)宽针术。首先应根据不同的穴位，选取规格不同的针具。血管较粗，需出血量较大的，可用大、中宽针；血管较细，需出血量较少的，可用小宽针或眉刀针。宽针持针法多用全握式、手代针锤式，一般多垂直刺入，以出血为准。

(2)三棱针术。多用于体表浅刺，如三江穴、口腔内穴位等。根据不同穴位的针刺要求和持针方法，确定针刺深度，一般以刺破穴位血管出血为度。针刺出血后，多能自行止血，或待其达到适当的放血量后，用酒精棉按压穴位，即可止血。

在小动物临床上也可用采血针、注射器针头、一次性放血针等针具，相对损伤小，更适于小动物的放血疗法。

### 3. 注意事项

(1)血针疗法有严格的适应证和禁忌证，需要诊断明确后方可选择。身体虚弱、气血亏虚、脱水严重、严重阴虚的动物不宜采用血针疗法；孕畜以及怀疑有血液传播疾病的动物采用血针疗法时要慎重。

(2)三棱针针尖较细，容易折断，使用时应谨防折针。

(3)宽针施术时，针刃必须与血管平行，以防切断血管。针刺出血，一般可自行止血，或者在达到适当的出血量时，令患病动物活动或轻压穴位，即可止血。如出血不止时可采用压迫止血，必要时可用止血钳、止血药、电凝止血、烧烙止血等方法。

(4)血针穴位以刺破血管出血为度，不宜过深，以免刺穿血管，造成血肿。

(5)掌握泻血量。泻血量直接影响诊治效果，所谓“血针不效，血量不到”。泻血量应根据患病动物体质的强弱、病证的虚实、病情的长短、季节气候以及针刺穴位来决定。一般膘肥体壮的患病动物放血量可以大些，瘦弱体小的放血量宜小些；热证、实证放血量应大些，寒证、虚证应少放血或不放血；春夏季节放血量可大些，秋冬季节宜少放血或不放血；体质衰弱、怀孕、大出血、久泻的患病动物，禁止血针。

(6)血针施术后，针孔要防止雨淋、浸水、啃咬，术部要保持清洁、消毒，防止感染。

## 三、火针术

二维码 5-2　火针术

火针术是用特制的针具烧热后刺入穴位，以治疗疾病的一种方法。它包括针和灸两方面的治疗作用，具有温经通络、祛风散寒、壮阳止泻等作用，主要用于风寒湿痹、慢性跛行、阳虚泄泻等证。

由于火针使穴位的局部组织发生较深的灼伤灶，所以能在一定的时间内保持对穴位的刺激作用。除烧针法外，用艾绒烧针柄的温针疗法(图 5-8)以及电加热针体的电热针疗法等，都属于火针疗法的范畴。

图 5-8　温针治疗

### 1. 术前准备

准备好烧针器材，封闭针孔用橡皮膏。其他准备同白针术。

### 2. 操作方法

(1)烧针法。常用的有油火烧针和直接烧针两种。

①油火烧针。先检查针体并擦拭干净，用棉花将针尖及针身的一部分缠成枣核状，长度以针刺深度而定，一般稍长于入针的深度。粗 1～1.5 cm，外紧内松；然后将其 2/3 浸入植物油或液状石蜡中，待油浸透后取出。将针尖部的油略挤掉一些，以便于点燃，点燃后针尖先向下，然后向上倾斜，始终保持针尖在火焰中，并不断转动，使针体受热均匀。待油尽棉花收缩变黑将要燃尽时，甩掉或用镊子刮掉棉花，即可进针。

②直接烧针。用酒精灯直接烧红针尖及部分针体，立即刺入穴位(图 5-9、图 5-10)。

(2)进针法。烧针前先选定好穴位，剪毛，消毒，待针烧透时，术者以左手按压穴旁，右手持针迅速刺入穴位中，刺入后可留针 5 min 左右或者不留针。留针期间可做轻微的捻转运针。

(3)起针法。起针时，先将针体轻轻左右捻转一下，以防将组织带出。然后用一手按压穴部皮肤，另一手将针拔出。针孔用 5%碘酊消毒，并用橡皮膏封住或涂抹抗生素软膏，以防止感染。

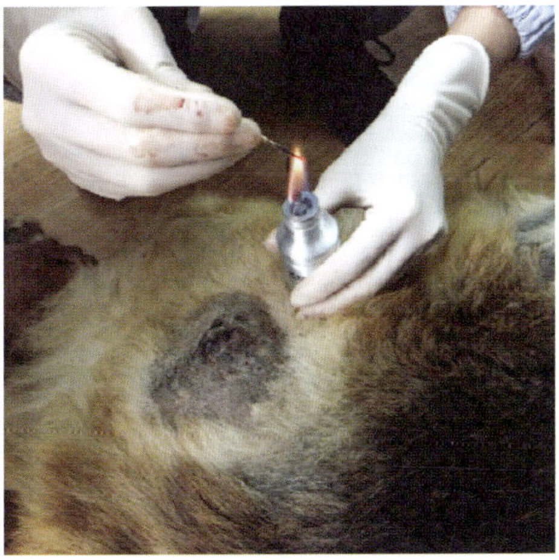
图 5-9 直接烧针法(一)

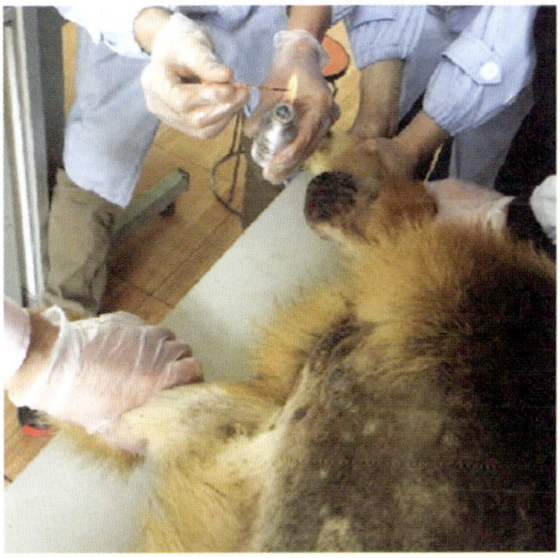
图 5-10 直接烧针法(二)

3. 注意事项

(1)火针穴位与白针穴位基本相同,但穴下有大血管、神经干或位于关节囊处的穴位一般不用火针。

(2)施针时,患病动物保定要确实,针具要烧透,穴位要准确。

(3)火针对组织损伤较大,针后会留有较大的针孔,容易发生感染。因此,针后必须严格消毒并封闭针孔,保持术部清洁,防止雨淋、水浸或动物啃咬、抓挠。

(4)火针对动物的刺激性较强,一般能维持 1 周以上,10 d 后方可在同一穴位重复施针,故在针灸前要做好全面的计划,每次可选 3～5 个穴位,轮换交替进行。

## 四、气针术

气针疗法是向穴位内送入适量的空气,利用气体对腧穴或组织产生的轻柔刺激,使该部位的末梢神经或血管兴奋或抑制,从而改善机体局部的血液循环和营养的供应,增强其新陈代谢来治疗疾病的方法。本疗法对神经麻痹、肌肉萎缩、腰背风湿、泻痢等慢性疾病有一定的疗效。此法常用于大动物。

二维码 5-3 气针术

1. 术前准备

根据所采用的方法准备宽针或夹气针或注射器、针头、输液胶管等。用夹气针施术时,由于进针深,术前要仔细检查针具,并做严格的消毒。患病动物要保定确实,夹气穴要彻底剪毛消毒,防止发生意外和感染。

2. 操作方法

(1)捏皮进气法。最常用的穴位是弓子穴(马),用于治疗前臂神经麻痹、肌肉萎缩。首先将穴位部剪毛消毒,用大宽针刺破皮肤后,术者双手配合,用力提起穴位周围的皮肤,随即放松,如此一提一松反复数次,空气随之通过针孔而进入被提起的穴位皮下,然后一手用纱布块堵住针孔,另一手将进入的空气逐步挤压至病变部位,使该部充满。最后用碘伏消毒并封闭针孔。

(2)注射器进气法。将注射针头刺入穴位,产生针感后,再接注射器注入适量过滤的空

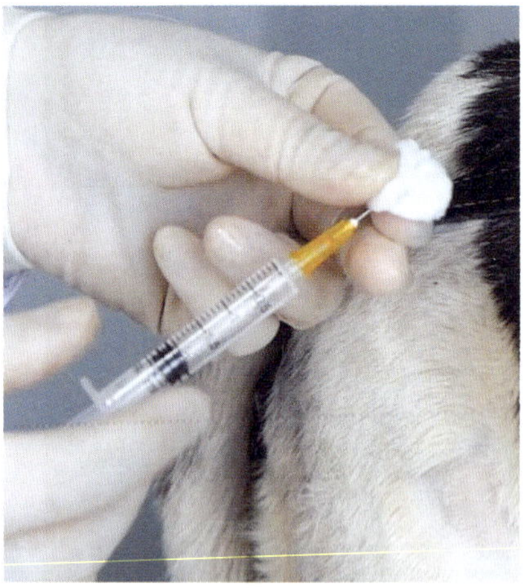

图 5-11 制备过滤空气

气或氧气(过滤空气的简单方法是用酒精棉球裹住一次性注射器针头,然后抽吸空气即可)。操作时,穴位、针具要严格消毒,拔出针头后,应用酒精棉按压针孔,并做适当按摩,使空气充满病变部位(图 5-11)。

(3)夹气针术。主要用于牛、马等大动物前肢闪伤的一种传统气针疗法。又称为透胛,属于针刺巧治术之一。因现代赛马行业发展迅速,针灸作为赛马常用的保健项目,故在此将夹气针术也做简单介绍。夹气针操作时,先用大宽针刺破穴位部位的皮肤,将消毒过的浸有润滑油的夹气针从针孔刺入穴位内。进针时,针尖对准同侧肩胛后角方向,向外上方徐徐刺入,待达到所要求的深度后,稍微退针,以刺手执针柄,上下拨动针尖数次,随即起针。起针后消毒针孔,将患肢前后左右摆动数次。

### 3. 注意事项

(1)头部、四肢下部、关节腔内的穴位不宜用气针,骨折、脱臼、关节扭伤、传染病等禁用气针。

(2)采用注射器注射气体时,在注射前应先回抽注射器,确定无血时再注入气体,防止将气体注入血管内。

(3)气针治疗后,患病动物应避免剧烈运动,以防气体扩散,影响治疗效果。注入的气体一般需 10 d 左右完全吸收,因此如需第 2 次施术,应间隔 10 d 以上。

(4)施夹气针术时,针尖应向外上方刺入。动物必须保定确实,如施术过程中动物骚动不安,应暂停进针,以刺手紧贴穴位,护住针体,以防折针或针刺过深入胸腔。如进针不顺利,可稍退针,适当调整动物体位后再轻轻推入。术后,患病动物需休养 10～15 d,每日适当牵遛。夹气针一般只做一次,如果效果不好需要第 2 次治疗,则需要间隔 1 个月后再施术。

## 五、水针术

二维码 5-4 水针术

水针术也称为穴位注射疗法,是将某些中、西药液注入穴位或患病痛点、肌肉起止点来防治疾病的方法。该疗法将针刺与药物疗法相结合,具有操作简单、提高疗效并节省药量的特点。适用于眼病、脾胃病、风湿病、损伤性跛行、神经麻痹、瘫痪等多种疾病,是临床上应用广泛的针刺疗法。若穴位内注射麻醉药物,称为穴位封闭疗法;若穴位内注射抗原性物质,称为穴位免疫。

### 1. 术前准备

根据病情选择穴位,穴位部位进行剪毛消毒,准备注射器及相应的药液。

(1)穴位选择。根据病情可选择白针穴位,或选择疼痛明显处的阿是穴。对一些痛点不明显的病例,可选择患病肌肉的起止点作为注射点。

(2)药物选择。一般来讲,可供肌内注射的中、西药液均能用于穴位注射,临床上根据病情,酌情选用。例如,治疗肌肉萎缩、功能减退的病证,可选择具有兴奋营养作用的药物,如生理盐水、林格液、各种维生素、5%～10%葡萄糖注射液、血清、自家血等；治疗各种炎性疾病、风湿症等，可选用各种抗生素、镇静止痛剂、抗风湿药以及中药注射剂黄连素、穿心莲、蟾酥等；治疗各种跛行、外伤性瘀血肿痛可选用红花注射液、复方当归注射液等；穴位封闭，可选择0.5%～2%盐酸普鲁卡因注射液；穴位免疫，可选用各种疫苗、特异性抗原等。

2. 操作方法

穴位注射的方法与普通的肌内注射方法基本相同，如能按照毫针进针法将注射器针头刺入，待出现针感后再注射药物则效果更好(图 5-12)。

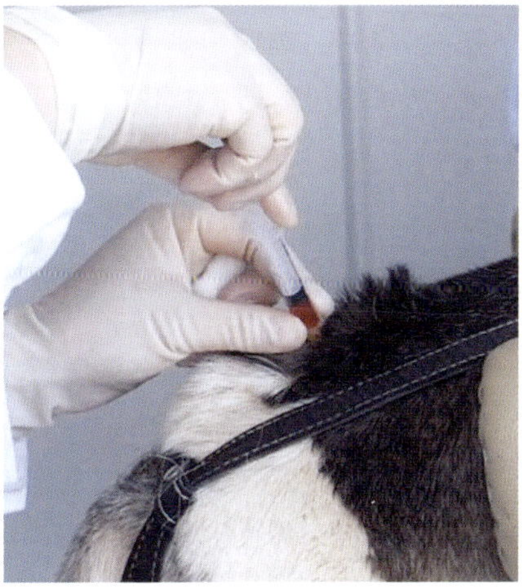

图 5-12　穴位注射操作方法

3. 注射剂量

穴位注射的剂量通常根据药物的性质、注射的部位、注射点的多少、患病动物的种类、体形大小、体质强弱以及病情而定，一般来说，每次注射的总量均少于该药的普通临床治疗用量。每日或隔日 1 次，5～7 次为一个疗程，必要时隔 3 d 后再行第二个疗程。

4. 注意事项

(1)严格消毒，防止感染。

(2)关节腔及颅腔内不易注射，怀孕动物一般慎用，背两侧的穴位不宜深刺，以防压迫神经。

(3)有毒副作用的药物不宜选用，刺激性强的药物，药量不宜过大；两种或两种以上药物混合注射时，要注意配伍禁忌。

(4)推药前一定要回抽注射器，确定无回血时再推注药液，以防止将不能静脉注射的药物误注入血管内。需要深部注射的药物，如高渗葡萄糖，不要注射在皮下。

(5)注射后若局部出现轻度的肿胀、疼痛或伴有发热等症状，一般无需处理，可自行恢复。但为谨慎起见，对原因不明的发热，应注意药物和穴位的选择，或停用水针。

## 六、埋植术

埋植术是针灸学理论、中药学和现代物理学相结合的产物，它通过针具和药物在穴位内产生的生物物理作用和生物化学变化，将其刺激信息和能量以及中药通过经络传入体内，从而达到治疗疾病的目的。实际上埋植术是一种融多种疗法，多种效应于一体的复合型治疗方法。在兽医临床上，经常将可吸收缝线(如医用羊肠线)或某些药物埋植在穴位或患部。由于埋植载体在体内存在一定时间，因此对机体的刺激持续时间长，刺激强烈，从而达到明显的治疗效果。埋植术根据埋植载体的不同分为埋线疗法和埋药疗法。当然，埋植载体还包括钢圈、磁块、金粒子等。

二维码 5-5　埋植术

### (一)埋线疗法

穴位埋线疗法最常用的载体是医用可吸收缝线，有时也可用丝线或马尾。适应范围非常广泛，主要用于各种慢性疾病，如慢性肠炎、胃炎、腰椎间盘疾病、神经麻痹、肌肉萎缩、角膜炎、角膜翳、消化不良、咳嗽和气喘等。

### 1. 术前准备

(1)器材。埋线针,可用封闭针(针尖磨钝),针芯用除去针尖的毫针(针体稍短于封闭针),也可用注射器针头或皮肤缝合针等,埋植物选择合适的可吸收缝线。如选用医用羊肠线,应先将羊肠线剪成小段置于灭菌生理盐水中浸泡。此外,需要准备持针钳、外科剪及常规消毒用品等(图 5-13)。

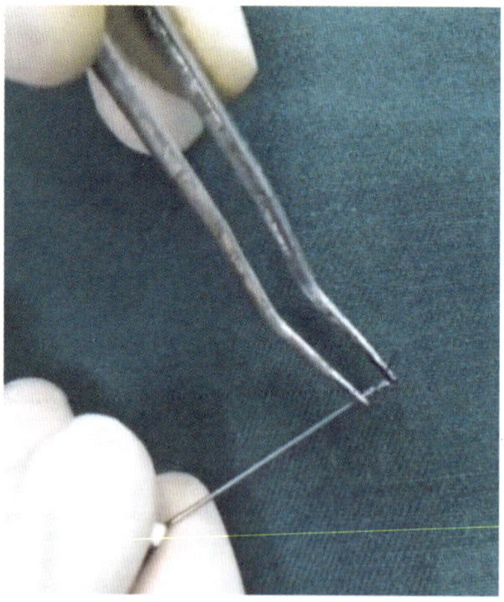

图 5-13 制备埋线针

(2)穴位。依据病症的不同,选择不同的穴位。一般每穴只埋植 1 次,如需第 2 次治疗,应间隔 1 周后,另选穴位进行。

### 2. 操作方法

(1)封闭针埋线法。将针芯向后退出 1 cm,取肠线 2～3 段,放置在封闭针腔前端,将针刺入穴位内,达所需深度,在缓缓退针的同时,将针芯前推把肠线送入穴位内,然后退出封闭针,消毒针孔。

图 5-14 注射器针头埋线

(2)注射针埋线法。将大段肠线穿入注射器针头的管腔内,针外留出多余的肠线,将注射器针头垂直刺入穴位,随即将针头快速退出,使部分肠线留于穴内;用剪刀贴着皮肤剪断外露肠线,然后提起皮肤,使肠线埋于穴内,最后消毒针孔(图 5-14)。

(3)缝合针埋线法。用持针钳夹住带线的缝合针,从穴位旁 1 cm 处进针,穿透皮肤和肌肉,从穴位另一侧穿出;剪断穴位两旁的缝线,轻提皮肤,使肠线完全埋入穴位内,最后消毒针孔。若用丝线或马尾,穿刺穴后不必剪断,只需将穴位外的丝线或马尾拴系一结,待病愈后将其抽出即可(图 5-15、图 5-16)。

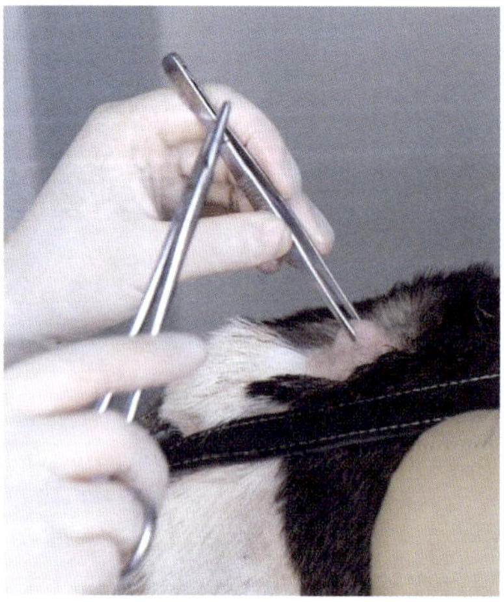

图 5-15 缝合针埋线法(一)

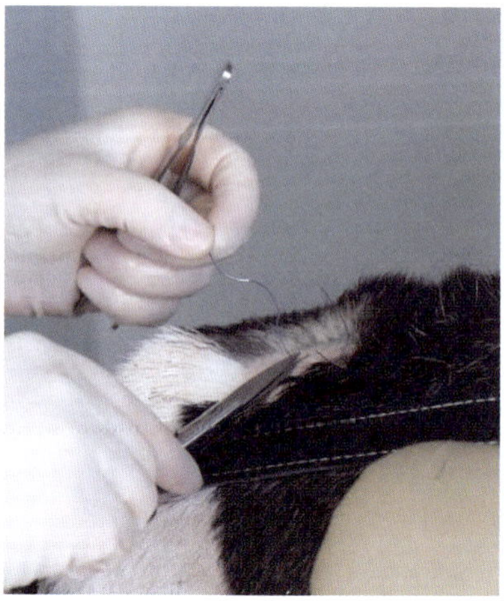

图 5-16 缝合针埋线法(二)

3. 注意事项

(1)严格消毒,术后加强护理,防止术部感染。

(2)注意埋植深度,不得损伤内脏、大血管和神经干。

(3)埋植后局部如有轻微炎症反应或有低热,在 1～2 d 内可自行好转,无需处理。如果出现感染,则需消炎治疗。

(4)患有热性病,则禁用此法。

### (二)埋药疗法

埋药疗法常用的载体有白胡椒和蟾酥,因所埋药物的种类和所选穴位主治功能的不同,其治疗作用也各不相同。因现代小动物临床应用较少,故仅选取膻中穴埋白胡椒法治疗气喘病为例对此进行简单介绍。

1. 术前准备

(1)器材。手术刀或大宽针、止血钳、镊子、灭菌纱布、灭菌棉花、氧化锌胶布等。

(2)药品。消毒用酒精、碘伏及埋植载体。

(3)穴位。选膻中穴。

2. 操作方法

患病动物采取仰卧保定,膻中穴皮肤剪毛、消毒,用大宽针在穴位皮肤上做一切口,捏起皮肤做成皮肤囊,在囊内包埋 4～5 粒白胡椒,消毒后,切口用胶布封闭。

3. 注意事项

(1)植入穴内的白胡椒,一般经过 30 d 左右可被吸收,不必取出。

(2)如果埋植蟾酥,因药物刺激作用,可引起穴位局部发炎、坏死,愈合后可能会形成瘢痕或缺损。

#### 思与练

1. 对于风寒湿痹、阳虚泄泻等病证,首选以下哪种针术?( )

A. 温针术　　B. 血针术　　C. 气针术　　D. 埋植术

2. 对于慢性疾病,首选以下哪种针术?( )

A. 温针术　　B. 血针术　　C. 气针术　　D. 埋植术

3. 对于中风昏迷,首选以下哪种针术?( )

A. 温针术　　B. 血针术　　C. 气针术　　D. 埋植术

4. 对于气血两虚的动物,不建议选择哪种针术?( )

A. 温针术　　B. 血针术　　C. 白针术　　D. 水针术

5. 关于水针术的描述,错误的是( )。

A. 一般可用于白针术的穴位也可用于水针术

B. 一般可用于肌内注射的药物可用于水针术

C. 一般水针术的用药量会等于或多于常规注射用量

D. 一般水针术每日或隔日 1 次

#### 答案

1～5 A D B B C

# 任务二　现代仪器针灸疗法

**知识目标**

1. 掌握电针仪、激光仪等的工作原理。
2. 掌握电针疗法、激光疗法的操作要点及注意事项。

**能力目标**

1. 能够掌握电针仪、激光仪、电磁波理疗仪等现代仪器的操作方法。
2. 能够将电针疗法、电磁疗法以及激光疗法等现代仪器针灸疗法用于临床。

**素质目标**

1. 培养传承并弘扬中华优秀传统文化的精神，增强民族自信心和自豪感。
2. 培养知行合一、格物致知的精神。
3. 培养医德高尚、医术精湛的综合型宠物医疗人才。

## 导学

20 世纪，随着金属毫针的问世，为电针疗法的起源和发展打下了基础。1951 年，戴维斯利用电针治疗坐骨神经痛，并在杂志上发表论文；1921 年，格尔登用电针治疗神经炎获得成功；1958 年，朱玉龙先生在总结前人经验和自己临床研究的基础上，提出以人体神经分布与经络相结合的“电针疗法”，并著《中国电针学》；现在电针疗法在全世界已得到广泛普及，成为针灸治疗的常规手段之一。

1960 年，世界上第一台激光器问世，这一新技术由此被广泛引入实用领域。1967 年，匈牙利的梅斯特医生(Endre Mester)首次将激光应用于动物医学模型。他将肿瘤细胞植入小鼠皮下，并将小鼠暴露在激光中，激光并没有破坏肿瘤细胞，但暴露在激光下的伤口恢复速度却有明显提升。这一偶然的发现引起了他的兴趣。此后，他围绕皮肤破损、烧伤、溃疡等疾病设计了一系列激光实验，证实了激光具有消炎和镇痛的功效（这些功效在后来的学术会议上被命名为 PBMT，意为光生物调节作用）。梅斯特医生的成果在医学界引起了巨大的反响，各国的医学研究团队纷纷在各自的优势领域展开了关于激光的研究，激光得以在针灸、神经外科等多个医疗领域百花齐放，梅斯特医生也被誉为“PBMT 之父”。

## 知识链接

### 一、电针疗法

电针疗法是现代针灸方法之一，将毫针或圆利针刺入穴位产生针感后，在针灸针上接通电针仪，利用针和电两种刺激相结合以防治疾病的方法。

电针疗法的优点：针与电两种刺激相结合，可提高疗效；能比较正确地掌握刺激参数；代替手法运针，节省人力。

二维码 5-6　电针针灸

二维码 5-7　T/CVMA 207.2—2024
犬猫针灸技术操作规范
第 2 部分：电针疗法

1. 术前准备

毫针或圆利针、电针仪及其附属用具（导线、金属夹子）、剪毛剪、消毒药品等（图 5-17）。

2. 操作方法

（1）选穴扎针。根据病情选择穴位，必须选取 2 个以上穴位，一般以取用身体同侧肢体 1～3 对穴位（即用 1～3 对导线）为宜，不可过多，以免刺激太强。选穴后常规剪毛消毒，将毫针或圆利针刺入穴位，行针使之产生针感（图 5-18）。

（2）连接电针仪。先将电针仪连接好电源，各种旋钮调至“0”，将正负极导线分别夹在针柄上，然后打开电源开关，根据病情、治疗需要以及患病动物对电流的耐受程度调整电针仪的各个参数。

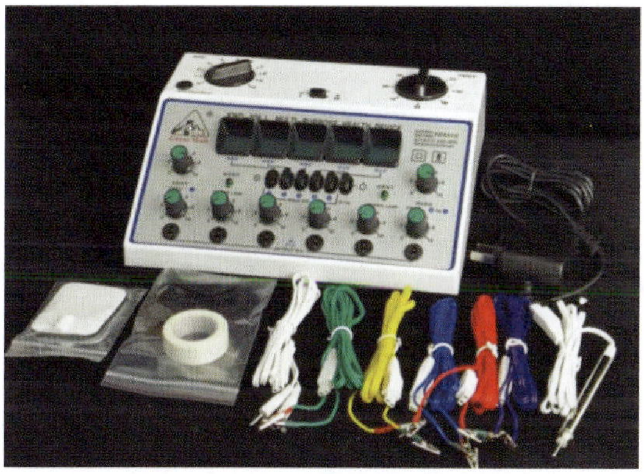

图 5-17　电针疗法的术前准备

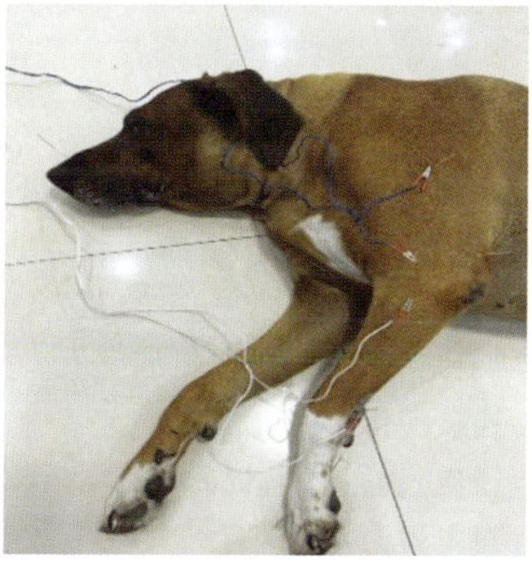

图 5-18　选穴扎针操作方法

（3）波形与频率。脉冲电是指在极短时间内出现的电压或电流的突然变化，即电容的突然变化构成了电的脉冲。低频脉冲电流通过毫针刺激腧穴，具有调整机体功能，加强止痛、镇痛，促进气血循环，调整肌张力等作用。一般电针仪输出的基本波就是这种交流脉冲，常为双向尖脉冲或双向矩形脉冲。常用的电针输出波形有疏密波、断续波和连续波。

①疏密波是疏波、密波自动交替出现的一种波形，疏、密交替持续的时间各约 1.5 s，能克服单一波形易产生适应的缺点。动力作用较大，治疗时兴奋效应占优势。能增加代谢，促进气血循环，改善组织营养，消除炎性水肿。常用于出血、扭挫伤、关节周围炎、气血运行障碍、坐骨神经痛、面瘫、肌无力等病证。

②断续波是有节律地时断时续自动出现的一种波形。断时，在 1.5 s 时间内无脉冲电输出；续时，是密波连续工作 1.5 s。断续波形，机体不易产生适应，其动力作用颇强，能提高肌肉组织的兴奋性，对横纹肌有良好的刺激收缩作用。常用于治疗痿证、瘫痪等。

③连续波又称为可调波，是单个脉冲采用不同方式组合而形成。频率有每分钟几十次至每秒钟几百次不等。频率快的称为密波(或称为高频连续波)，一般在 50～100 次/s；频率慢的称为疏波(或称为低频连续波)，一般是 2～5 次/s。可用频率旋钮任意选择疏密波形。高频连续波易抑制感觉神经和运动神经，常用于止痛、镇静、缓解肌肉和血管痉挛等；低频连续波，短时兴奋肌肉，长时间抑制感觉神经和运动神经，常用于治疗痿证和各种肌肉关节、韧带、肌腱的损伤及慢性疼痛等。

(4)输出强度。电流输出强度的调节一般应由弱到强，逐渐增加，以患病动物能够安静接受的最大耐受量为度。在人医临床上，我们可通过患者的直接感受判定输出强度，一般情况下，感觉阈和痛阈之间的电流强度，是治疗最适宜的刺激强度。当电流开到一定强度时，患者有麻刺感，这时的电流强度称为“感觉阈”；若电流强度增加，患者突然产生刺痛感，这时的电流强度称为“痛阈”。

(5)通电时间。一般为 5～30 min，具体时间根据患病动物的病情及体质进行适当调整。体弱者，通电时间宜短，对一些慢性且不易收效的疾病，通电时间可适当延长。针刺麻醉可持续较长时间，直至麻醉结束。

在电针治疗过程中，如果感觉电刺激有降低，可适当加大输出量，或暂时断电 1～2 min 再行通电。

(6)治疗结束前，要先将频率调节由高到低，输出电流由强到弱。治疗完毕，应先将各个旋钮调回“0”位，再关闭电源开关，除去导线夹，起针消毒。电针治疗一般可每日 1 次或间隔一日 1 次，5～7 d 为一个疗程，每个疗程间隔 3～5 d。

### 3. 注意事项

(1)针刺靠近心脏或延脑的穴位时，必须掌握好针刺深度和刺激强度，防止伤及心、脑导致猝死。动物必须保定确实，防止因动物骚动而使针体刺入深部。连接导线时一般同侧穴位相连。

(2)通电期间，应注意金属夹与导线是否固定妥当，如金属夹脱落，需要将各个旋钮调至“0”后再连接导线。

(3)通电过程中，有时针体会随着肌肉的震颤渐渐向外退出，要注意及时将针体复位。

(4)在电针过程中，有些穴位可能会出现渐进性出血或形成皮下血肿，不须处理，几日后即可自行消散。

## 二、特定电磁波疗法(TDP 疗法)

二维码 5-8　TDP 疗法

TDP 是特定电磁波谱治疗器的汉语拼音简称。TDP 疗法是利用 TDP 发出的特定电磁波刺激穴位或患部来治病的一种方法。一般认为它对生物具有热效应、酶效应和神经系统效应，能使局部微血管扩张，血流加快，抑制炎症反应过程中的损害因素，促进创伤愈合。适用于各种炎症，如关节炎、腱鞘炎、炎性肿胀、扭挫伤等；产科疾病，如子宫脱、阴道脱、胎衣不下、子宫炎、卵巢功能性不孕、阳痿等。

### 1. 操作方法

施术前先打开 TDP 预热 5～10 min，患病动物妥善保定，暴露治疗部位。然后将机器定时器调整到所需照射时间，照射头对准患区进行照射。照射距离一般以 15～40 cm 为宜，照射时间通常为 30～40 min。照射次数因病情而定，一般每日或隔日 1～2 次，7 d 为一个疗程。隔 2～3 d，可进行第二个疗程(图 5-19、图 5-20)。

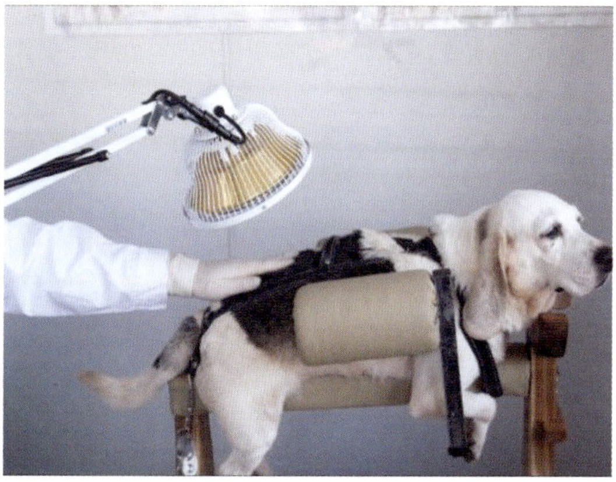

图 5-19　TDP 疗法

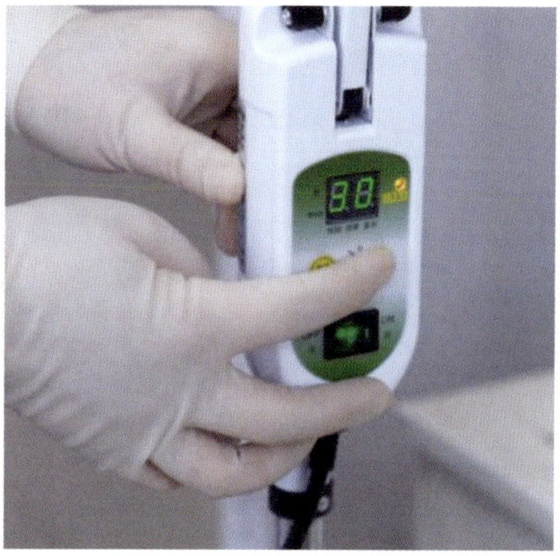

图 5-20　设定 TDP 时间

### 2. 注意事项

严格按照操作规程进行操作，避免触电等意外事故的发生。照射时，应随时观察患病动物的反应，如动物骚动不安，应及时调整照射距离，避免烫伤。

## 三、磁疗法

磁疗法是单独运用磁场或电和针、磁场同时刺激穴位来治疗疾病的方法，包括磁针疗法、电磁针疗法、旋磁疗法、磁按摩法等。对急性软组织损伤、幼龄动物的腹泻、胃肠炎、风湿性关节炎、疼痛性疾病有较好的疗效。

### 1. 磁针疗法

磁针疗法的操作方法分为四种。

(1)将毫针或耳针刺入穴位后，在针柄上放一磁片，每日治疗 20～30 min。

(2)预先将圆利针或毫针的针柄攀成钟表发条状，将针刺入穴位后，将磁体置于针柄上。

(3)将皮内针或耳针刺入体穴或耳穴，针盖上放一小磁片，再以胶布固定，3～5 d 换一次磁片。

(4)用橡皮膏将磁片贴敷于体表穴位或患部，或直接将磁片埋植于穴位的皮下。

### 2. 电磁针疗法

电磁针疗法是在磁针疗法的基础上再接以脉冲电疗机，接通电源后，即可同时产生针、电脉冲、磁三种综合效应。每次通电 30 min，每日治疗 1 次。对深部疾患效果好，常用于面神经麻痹、肌肉风湿症等病证的治疗。

### 3. 旋磁疗法

将旋转的磁疗机的机头(即磁场)对准穴位或患部，靠近或轻轻触压皮肤即可。每次 20～

30 min，1～2 次/d。适用于血肿、皮肤溃疡、冻伤、肠炎、角膜炎及肌肉风湿症等。

4. 磁按摩法

将电动磁按摩器的橡胶触头按在选定的穴位或患部上，每次连续按摩 15～30 min。该法同时具有磁场、机械振动按摩机的热效应，是一种多效能的治疗方法，适用于关节、肌肉风湿症、跌打损伤等。

5. 注意事项

(1)治疗用针应能对磁产生吸引力，贴磁应牢固，勿使其脱落。放在针柄上的磁片，应用单片，不能用 2 块南北极对称的磁片夹持针体。

(2)应逐渐增加磁场剂量，包括磁场作用面积的大小和磁块数量的多少，以及治疗时间的长短等。

(3)对于皮肤有出血破溃、白细胞总数在 4 000 个/mL 以下及体质极度虚弱、高热者，不宜应用。

## 四、激光针灸疗法

激光针灸疗法是应用医用激光器发射的激光束照射穴位或灸烙患病部位以防治疾病的方法，前者称为激光针术，后者称为激光灸术。由于激光具有亮度高、方向性精、相干性强和单色性好的特点，因而对机体组织的刺激性良好，穿透力强，并具有优越的温热效应和电磁效应。激光针灸疗法具有操作简便、疗效显著、强度可调、无痛、无菌等特点，而且以光代针，无滞针、折针之忧，减少了针灸意外事故的发生，是安全可靠的新型治疗方法。

1. 术前准备

医用激光器，动物保定确实，穴位确定好(图 5-21、图 5-22)。术者及患病动物佩戴好眼镜，以防眼睛受损。

二维码 5-9　激光针灸疗法

二维码 5-10　T/CVMA 208—2024 犬猫低强度激光治疗操作规范

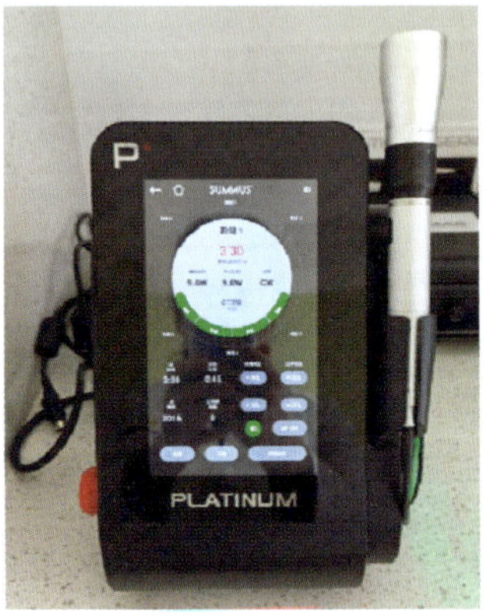

图 5-21　镭射仪

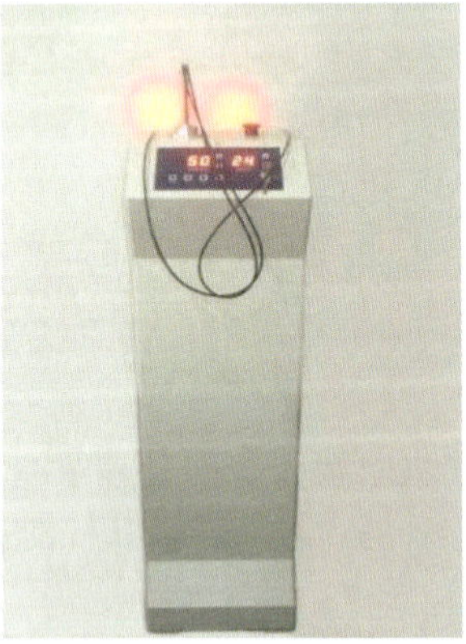
图 5-22　氦氖激光治疗仪

2. 操作方法

(1)激光针术。应用激光束直接照射穴位，简称光针疗法或激光穴位照射。适用于各种动物多种疾病的治疗，如神经麻痹、便秘、结症、腹泻、消化不良、不孕症和乳房炎等。一般采用低功率的氦氖激光器，波长 632.8 nm，输出功率 2～30 mW。施针时，根据病情选配穴位，每次

1～4 穴。穴位部剪毛消毒，用龙胆紫或碘酊标记穴位，然后打开激光器电源开关，出光后激光照头距离穴位 5～30 cm 进行照射，每穴照射 2～5 min，一次照射总时间为 10～20 min。一般每日或隔日照射 1 次，5～10 次为一个疗程。

(2)激光灸术。根据灸烙的程度可分为激光灸灼、激光灸熨、激光灸烙三种。

①激光灸灼，也称二氧化碳激光穴位照射，适应证与氦氖激光穴位照射相同。二氧化碳激光的波长是 10.6 μm，临床常用的输出功率是 1～5 W，有时也高达 30 W 以上。施术时，选定穴位，打开激光器预热 10 min，使用聚焦照头，距离穴位 5～15 cm，用聚焦原光束直接灸灼穴位，每穴灸灼 3～5 s，以穴位皮肤烧灼至黄褐色为度。一般每隔 3～5 d 灸灼 1 次，总共 1～3 次即可。

②激光灸熨。使用输出功率 30 mW 的氦氖激光器，或 5 W 的二氧化碳激光器，以激光散焦照射穴区或患部。适用于大面积烧伤、创伤、肌肉风湿、肌肉萎缩、神经麻痹、肾虚腰胯痛、阴道脱、子宫脱和虚寒泄泻等病证。治疗时，装上散焦镜头，打开激光器，照头距离穴区 20～30 cm，照射至穴区皮肤温度升高，以动物能够耐受为度。如用计时照射，每区辐照 5～10 min，每次治疗总时间为 20～30 min，每日或隔日 1 次，5～7 次为一个疗程。需要注意的是，由于二氧化碳激光器功率大，辐照面积大，照射面中央温度高，必须注意调整照头与穴区的距离，确保给患部最适宜的灸熨刺激。当病变面积较大时，可分区轮流照射。若是开放性创伤，宜先清创，后照射(图 5-23、图 5-24)。

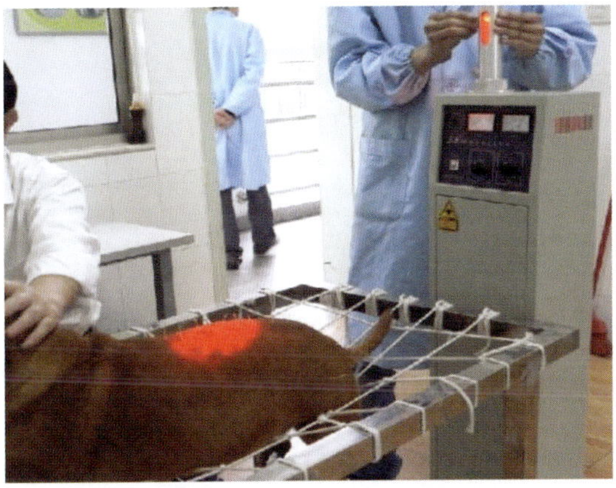

图 5-23　氦氖激光灸熨

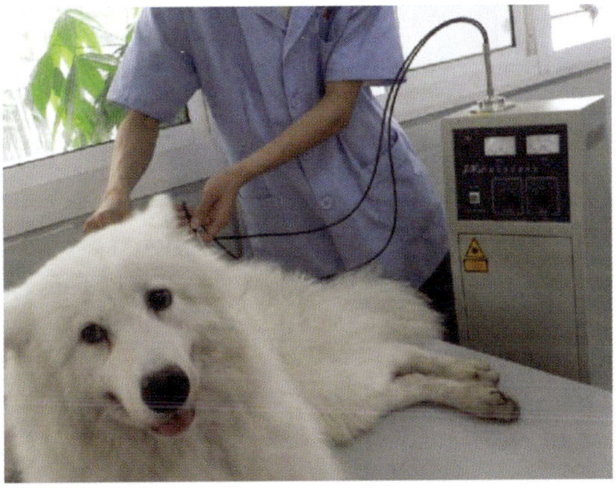

图 5-24　氦氖激光治疗

③激光烧烙。应用输出功率 30 W 以上的二氧化碳激光器发出的聚焦光束代替传统烙铁进行烧烙。适应于慢性肌肉萎缩、外周神经麻痹、慢性骨关节炎、慢性屈腱炎、骨瘤、肿瘤等。施术时，打开激光器，手持激光烧烙头，直接渐次烧烙术部，随时小心地用毛刷清除烧烙线上的碳化物，边烧烙边喷洒醋液一遍，最后涂上消炎药膏。一般每次烧烙的时间为 40～50 min。

### 3. 注意事项

(1)所有参加治疗的人员以及被治疗的动物应佩戴激光防护眼镜，防止激光及其强反射光伤害眼睛(图 5-25、图 5-26)。

(2)开机要严格按照操作规程，防止漏电、短路和意外事故的发生。

(3)随时注意患病动物的反应，及时调节激光刺激强度。灸熨范围一定要大于病变组织的面积。若照射腔、道和瘘管等深部组织时，要均匀而充分。

(4)激光照射具有累积效应,应掌握好疗程和间隔时间。

(5)做好术后护理,防止动物摩擦或啃咬灸烙部位,以及防止水浸或冻伤的发生。

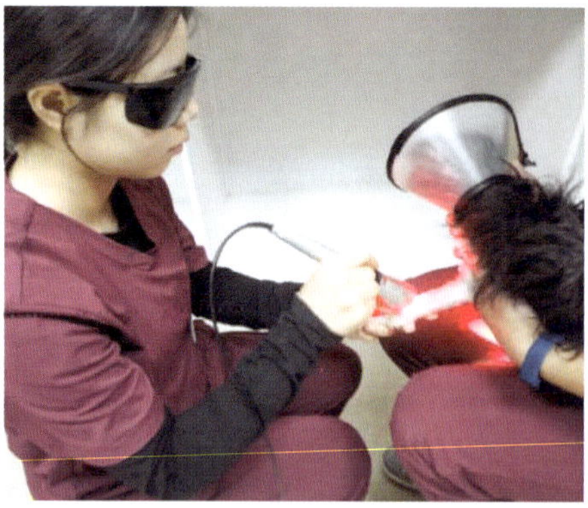

图 5-25　参加激光治疗的人员

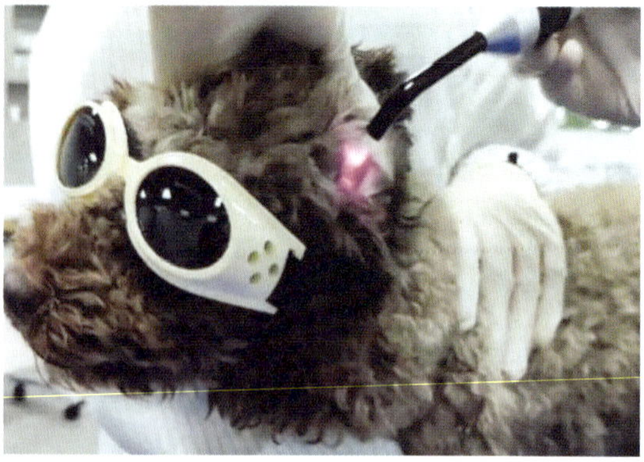

图 5-26　激光治疗的动物

## 思与练

1. 关于电针疗法的描述,错误的是(　　)。

A. 电针疗法是电子和电流、神经和体液、腧穴和经络三方面综合作用的结果

B. 电针疗法具有节省人力、刺激量可量化等优点

C. 电针疗法可以完全代替医生的手法操作

D. 电针仪属于脉冲发生器类型

2. 关于下列描述,不正确的是(　　)。

A. 疏波是指电流频率为 2～5 次/s

B. 密波是指电流频率为 50～100 次/s

C. 密波能降低神经应激功能,常用于止痛、镇静、缓解肌肉和血管痉挛等。

D. 疏波刺激作用强,常用于止痛、镇静、缓解肌肉和血管痉挛等。

3. 关于下列描述,不正确的是(　　)。

A. 疏密波可以克服单一波形易产生适应的特点

B. 疏密波常用于外伤、关节炎、神经痛等

C. 断续波是有规律的时断时续自动出现的一种密波

D. 断续波常用于治疗痿证、瘫痪等

4. 关于电针疗法操作的描述,不正确的是(　　)。

A. 开机前要将电针仪各旋钮或按键调整至“0”

B. 选取穴位,按照毫针进针和行针手法操作,使之得气

C. 连接电极,通常正负极连于身体的两侧

D. 开机,输出强度由小到大,逐步达到阈值

5. 关于激光疗法的描述,不正确的是(　　)。

A. 激光疗法可分为激光针术和激光灸术

B. 激光疗法要注意医者和患病宠物眼睛的防护

C. 激光照射具有累积效应，应掌握好疗程和间隔时间

D. 激光疗法是安全可靠的新型治疗方法，可连续长时间照射

## 答案

1～5　CDCCD

# 任务三　灸　　术

**知识目标**

1. 掌握艾灸疗法的机制原理。
2. 掌握艾灸疗法的应用范围和注意事项。

**能力目标**

1. 能够熟练使用艾灸用具，熟练掌握艾灸的各种疗法。
2. 能够运用艾灸疗法治疗临床常见疾病。

**素质目标**

1. 培养传承并弘扬中华优秀传统文化的精神，增强民族自信心和自豪感。
2. 培养知行合一、格物致知的精神。
3. 培养医德高尚、医术精湛的综合型宠物医疗人才。

二维码 5-11　艾灸实操

## 导学

艾灸疗法作为中医学的重要组成部分，具有悠久的历史，是经过长期临床实践证实的一种行之有效的、独特的中医外治法。《黄帝内经·灵枢·官能》言："针所不为，灸之所宜"，突出了艾灸疗法的重要地位。

艾灸疗法以中医整体观念和辨证论治为基础，通过艾灸刺激体表穴位，以外达内，激发机体经气，调理气血阴阳平衡，从而达到内病外治、祛病健身的功效。

## 知识链接

灸术是指用点燃的艾绒或其他温热物体，对动物体的一定部位或患部进行熏灼或熨烙来防治疾病的方法。灸术具有温通经脉、驱寒通络、理气止痛、活血化瘀、祛风解痉、扶正祛邪等多方面的作用，对因风、寒、湿邪侵袭机体，或跌打闪挫等外伤所导致的经络痹阻、气血凝滞、瘀血疼痛、脏腑失调、筋腱失养、阳衰厥逆等病症，如破伤风、风湿痹症、胃肠冷痛、虚寒腹泻、慢性

跛行、骨质增生、关节变形等，具有较好的疗效。

灸术包括艾灸、温熨和烧烙三种。在小动物临床上，温熨和烧烙多用激光疗法代替，在前面已经学习过，故本任务只讲艾灸疗法。

艾灸疗法是用点燃的艾绒在患病动物的一定穴位上熏灼，借以疏通经络、驱散寒邪，达到治疗疾病目的所采用的方法。常用的艾灸疗法分为艾炷灸和艾卷灸两种，此外还有与针刺结合的温针灸。

## 一、艾炷灸

艾炷是用艾绒制成的圆锥形的艾绒团，直接或间接置于穴位皮肤上点燃。前者称为直接灸，后者称为间接灸。艾炷有小炷（黄豆大）、中炷（枣核大）、大炷（大枣大）之分。每燃尽一个艾炷，称为一炷或一壮。治疗时，根据患病动物的体质、病情以及施术穴位的不同，选择艾炷的大小和数量。一般来说，初病、体质强壮者，艾炷宜大，壮数宜多；久病，体质虚弱者艾炷宜小、壮数宜少；直接灸时艾炷宜小，间接灸时艾炷宜大。

### 1. 直接灸

将艾炷直接置于穴位上，在其顶端点燃，待烧至接近底部时，再换一个艾炷。根据灸灼皮肤的程度又分为无瘢痕灸和有瘢痕灸两种（图 5-27、图 5-28）。

（1）无瘢痕灸。多用于虚寒轻证的治疗。将小艾炷放在穴位上点燃，患病动物有灼痛感时不待艾炷燃尽就更换另一艾炷。可连续灸 3～7 壮，至局部皮肤发热时停灸。术后皮肤不留瘢痕。

（2）有瘢痕灸。多用于虚寒痼疾的治疗。将艾炷放在穴位上点燃，待艾炷燃烧接近皮肤、患病动物灼痛不安时换另一艾炷。连续灸 7～10 壮，至皮肤起水疱为止。术后局部出现无菌性化脓反应，十几天后，渐渐结痂脱落，局部留有瘢痕。

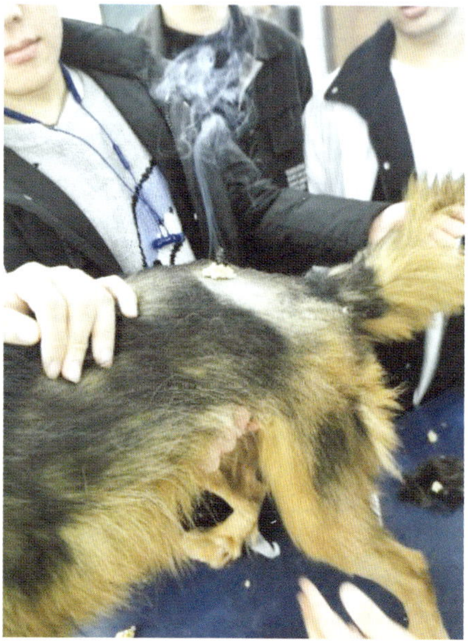

图 5-27　无瘢痕灸

图 5-28　有瘢痕灸

### 2.间接灸

在艾炷与穴位皮肤之间放置药物的一种灸法。根据常用药物的不同，可分为隔姜灸、隔蒜灸、隔附子灸等。

(1)隔姜灸。将生姜切成 0.3 cm 厚的薄片，用针穿透数孔，上置艾炷，放在穴位上点燃，灸至皮肤温热潮红为度。该方法利用姜的温里作用，来加强艾灸的祛风散寒功效(图 5-29)。

(2)隔蒜灸。操作方法与隔姜灸相似，只是将姜片换成独头大蒜切成的蒜片施灸，每灸 4～5 壮须更换蒜片一次。隔蒜灸利用了蒜的清热作用，常用于治疗痈疽肿毒症(图 5-30)。

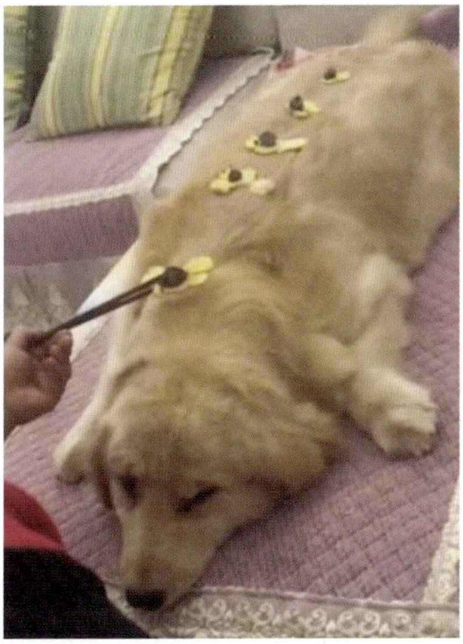

图 5-29 隔姜灸

图 5-30 隔蒜灸

(3)隔附子灸。以附子片或将附子研磨成末加其他药物混合做成附子药饼作为隔灸物。由于附子辛温大热，有温补肾阳的作用，本法主要用于多种阳痿证。

在兽医临床上，因受动物体位的限制，艾炷灸多用于腰背部穴位，常用于治疗风湿症。

## 二、艾卷灸

用艾卷替代艾炷施行灸术，不但简化了操作手续，而且不受体位的限制，全身各部均可施术，临床应用广泛。具体操作方法可分为三种。

### 1.温和灸

将艾卷的一端点燃后，在距穴位 0.5～2 cm 处持续熏灼，给穴位一种温和的刺激，每穴灸 5～10 min，适用于风湿痹痛等证(图 5-31)。

### 2.回旋灸

将燃着的艾卷在患部的皮肤上往返、回旋熏灼，用于病变范围较大的肌肉风湿等证(图 5-32)。

### 3.雀啄灸

将艾卷点燃后，对准穴位，无限接近或接触一下穴位皮肤，马上拿开，再接触再拿开，如雀啄食，反复进行 2～5 min。多用于需较强火力施灸的慢性疾病（图 5-33、图 5-34）。

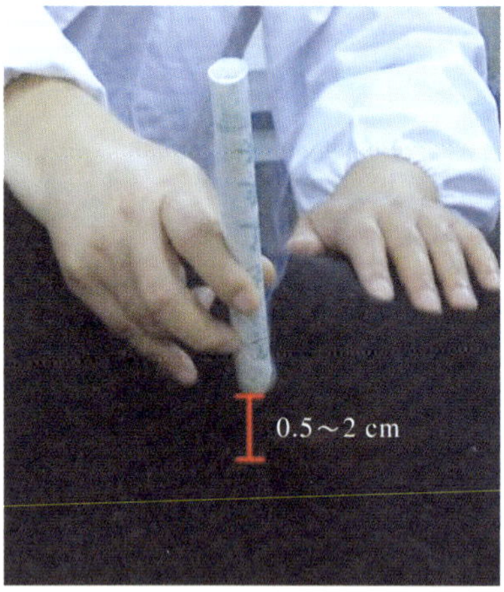


图 5-31　温和灸

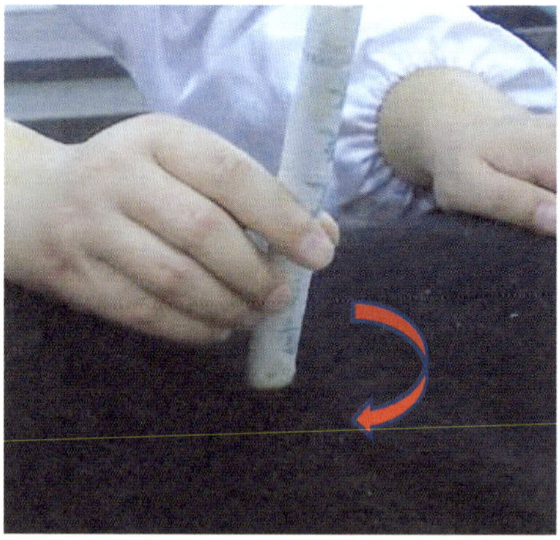

图 5-32　回旋灸

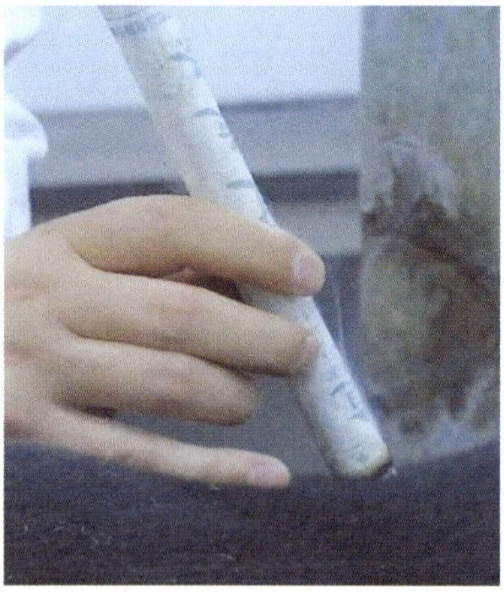

图 5-33　雀啄灸接触皮肤

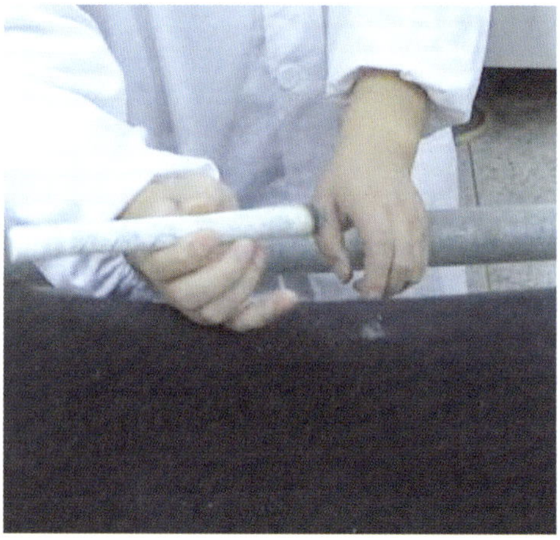

图 5-34　雀啄灸快速离开皮肤

## 三、温针灸

温针灸是针刺和艾灸相结合的一种疗法，也称为烧针柄灸法。即在针刺留针期间，将艾卷或艾绒裹到针柄上点燃，使艾火之温热通过针体传入穴位深层，从而起到针和灸的双重作用。本法适用于既需留针又需施灸的疾病。

### 1. 艾卷温针灸

先将毫针或圆利针刺入腧穴，行针得气后，再将一节艾卷套在针柄上点燃，直至艾卷燃完为止。本法操作简便，疗效显著，临床应用较多。

### 2. 艾绒温针灸

将艾绒缠裹在针柄上点燃以加热针柄的方法，因艾绒不易缠紧针柄，临床上常采用特制的艾灸针，艾灸针与火针相似，唯盘龙柄金属丝圈大而稀疏，便于嵌着艾绒。

## 四、结合艾灸器具的灸法

在宠物临床上，常借助艾灸器具对宠物进行艾灸。

1. 艾灸棒

用金属等材质特制的一种圆筒灸具，筒内套着四周有孔的小筒，并增设聚气防灼罩，使气体能在灶底部、穴位处聚留，既提高疗效又可防止灼伤，当停止温灸时，焚烧筒内的艾粒自动熄灭。

操作方法：准备好艾棒和艾条，先将艾条插入艾棒的内芯管里，然后用医用喷枪点燃艾条，将内芯管放入艾棒铜管里，为了防止温度过高，套上隔热套在施灸部位匀速滚动治疗（图 5-35、图 5-36）。

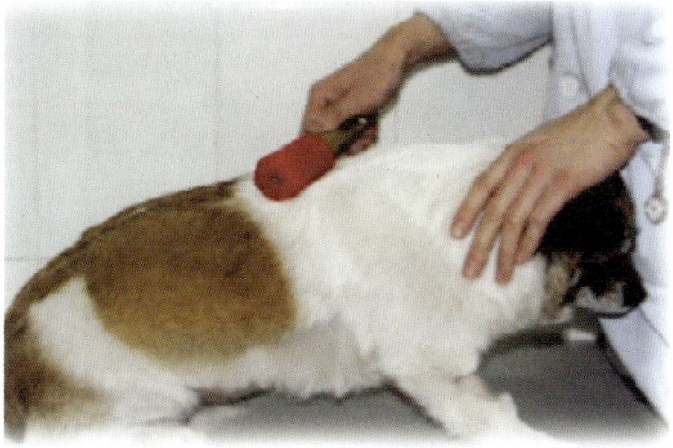

图 5-35　艾灸棒艾灸(一)

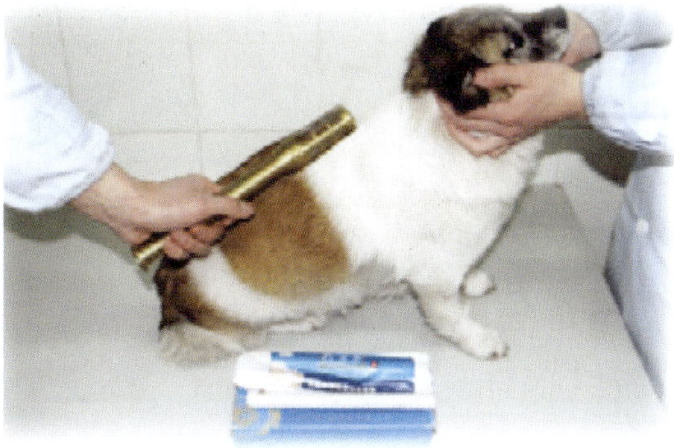

图 5-36　艾灸棒艾灸(二)

2. 艾灸盒

借助艾灸盒对艾卷进行固定，其优点是解放人的双手，可在多个艾灸点同时进行艾灸，增加艾灸范围(图 5-37、图 5-38)。

图 5-37　猫艾灸盒艾灸

图 5-38　犬艾灸架艾灸

3. 艾艾贴

艾艾贴与普通艾灸没有实质上的区别，其主要特点就是使用便捷，植物提取安全无毒。

(1)作用机理。艾艾贴底座采用压强差原理，艾炷燃烧的热力、药力及艾烟聚集在底座内。

热量渗透到皮肤深层 5 mm 左右，产生循经感传现象。气血在强大热流推动下冲破瘀阻点，使气至病所，艾灸靠的是渗透力。烟朝下冒直达穴位，底座设计仿拔罐效果，使艾灸能量最大化，集中把湿气、寒气拔出来。

(2)功效。艾艾贴通过刺激经络，激活受损细胞，提高机体自愈力，排出体内湿气、寒气和风邪。能改善局部或机体各器官血液循环，促进局部微循环，加快细胞新陈代谢。

(3)操作方法。艾艾贴是新型的艾灸器具，艾草经过提纯后做成比较细的艾绒，经过压制形成圆柱形，然后把圆柱形小艾炷安装在塑料底座上，撕掉底座下双面胶的粘贴部，再粘在患病动物的穴位上，套上防灰脱落罩，点燃艾卷施治。艾艾贴属于温和灸，一个艾炷燃烧时间约 5 min，比艾条(15 min)时间短，火力较温和(图 5-39 至图 5-42)。

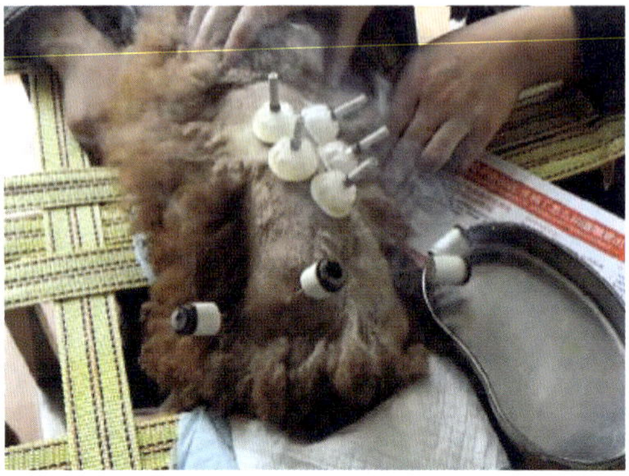

图 5-39　腰背艾艾贴(一)

图 5-40　腰背艾艾贴(二)

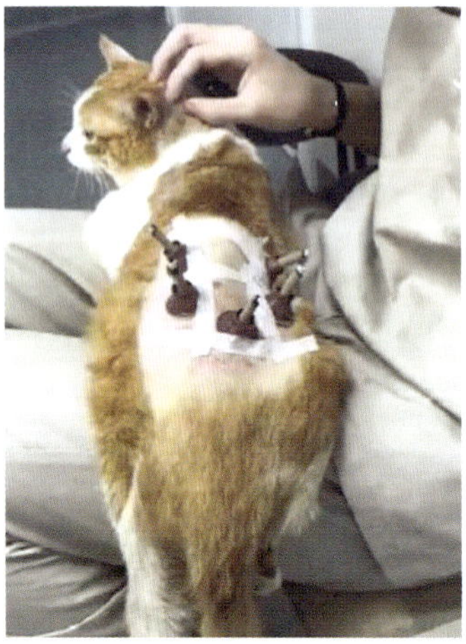

图 5-41　猫艾艾贴

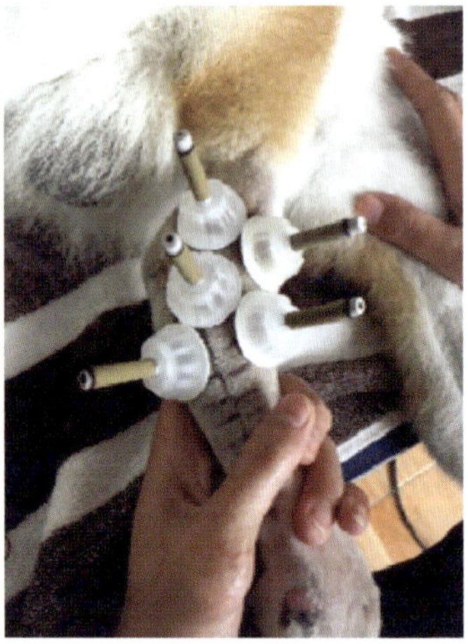

图 5-42　犬后肢艾艾贴

## 思与练

1. 关于艾灸疗法的描述，错误的是(　　)。

A. 艾灸疗法是我国劳动人民长期与疾病斗争实践中总结出来的一种安全、方便、经济、有效的外治方法

B. 艾灸疗法因其非常安全，故不需要理论指导

C. 艾灸疗法有其适应证和禁忌证

D. 艾灸疗法以扶阳为本

2. 艾灸条点燃后，点燃端的方向是(　　)。

A. 朝下　　B. 朝上　　C. 朝左　　D. 朝右

3. 艾灸疗法的优点不包括(　　)。

A. 简单易操作　　B. 经济实惠　　C. 疗效显著　　D. 无副作用

4. 艾灸后的处理方法不正确的是(　　)。

A. 灸后要保暖，防寒

B. 灸后立即进行剧烈运动

C. 灸后应保持灸部的清洁

D. 如有不适，应立即停止艾灸

5. 关于艾灸的描述，错误的是(　　)。

A. 常用的艾灸方法有直接灸、悬灸、艾灸器灸等

B. 直接灸又分为有瘢痕灸和无瘢痕灸

C. 温和灸是将艾条悬于施术部位皮肤上 10 cm 左右

D. 雀啄灸如同鸟雀啄食一样，一起一落

**答案**

1～5　B A D B C

# 任务四　拔　罐

**知识目标**

1. 掌握拔罐的作用原理。
2. 掌握常用的拔罐方法。
3. 掌握拔罐的适应证和禁忌证。

**能力目标**

1. 能够熟练进行拔罐操作。
2. 能够将拔罐操作用于临床病例。

**素质目标**

1. 培养传承并弘扬中华优秀传统文化的精神，增强民族自信心和自豪感。
2. 培养知行合一、格物致知的精神。
3. 培养医德高尚、医术精湛的综合型宠物医疗人才。

## 导学

拔罐疗法，在我国古代医学典籍中称为“角法”。早在原始社会时期，人们就利用牲畜的角，如牛角、羊角等，将其磨成有孔的筒状。在刺激痈疽后，用角吸出脓血，这便是最早的拔罐疗法。在1973年湖南长沙马王堆三号汉墓出土的帛书《五十二病方》就已经记载了以兽角治疗痔疾的方法：“牡痔居窍旁，大者如枣，小者如核者，方以小角角之，如孰(熟)二斗米顷，而张角”。其中“以小角角之”，指的就是用小兽角吸拔脓液。《五十二病方》是我国现存最早的医书，成书于西汉初期以前，这就表明在公元前168年以前，我们祖先就已经开始采用拔罐疗法对病人进行救治了。

## 知识链接

拔罐是以罐为工具，利用燃火、抽气等方法产生负压，使之吸附于体表，造成局部瘀血，以达到通经活络、行气活血、消肿止痛、祛风散寒等作用的疗法。

## 一、罐具介绍

目前，常用的罐具种类较多，有竹罐、玻璃罐、抽气罐等。

### 1. 竹罐

(1)材料与制作。采用直径3～5 cm坚固无损的竹子，制成6～8 cm或8～10 cm长的竹管，一端留节作底，另一端作罐口，用刀刮去青皮及内膜，制成形如腰鼓的圆筒，用砂纸磨光，使罐口光滑平整即可。

(2)优点。取材方便、制作简单、轻便耐用、便于携带、经济实惠、不易破碎；竹罐吸附力大，不仅可以用于肩背等肌肉丰满之处，而且可以应用于腕、踝、肩颈等皮薄肉少的部位，与小口径玻璃罐比较，吸附力具有明显优势；另外，竹罐疗法在应用时可放于煮沸的药液中煎煮后再吸拔于腧穴或体表，既可以通过负压改善局部血液循化，又可借助药液的渗透起到局部熏蒸作用，形成双重功效，加强治疗作用。

(3)缺点。易燥裂漏气，且竹罐不透明，无法直观观察罐内皮肤反应，故不宜用于刺血拔罐。

### 2. 玻璃罐

(1)材料与制作。玻璃罐由耐热玻璃加工制成，形如球状，下端开口，小口大肚，按罐口直径及腔体大小，分为不同型号。

(2)优点。罐口光滑，质地透明，便于观察拔罐部位皮肤充血、瘀血程度，从而掌握留罐时间，是目前临床应用最广泛的罐具，特别适用于走罐、闪罐、刺络拔罐及留针拔罐。

(3)缺点。导热快，易烫伤，容易破损。

### 3. 抽气罐

(1)材料与制作。用有机玻璃或透明的工程树脂材料制成，采用罐顶的活塞来控制抽排空气，利用机械抽气原理使罐体内形成负压，从而使罐体吸附于选定的部位。

(2)优点。抽气罐不用火、电，排除安全隐患且不会烫伤皮肤；操作简便，可普及给宠物主人，使其在家自行操作，是目前较普及的新型拔罐器。

(3)缺点。无火罐的温热刺激效应。

## 二、操作方法

### 1.单独拔罐

(1)闪火法。用镊子夹酒精棉球点燃，在罐内绕一圈再抽出，然后迅速将罐罩在应拔部位上，即可吸住(图 5-43、图 5-44)。此法火不接触动物，故无烧伤之弊。

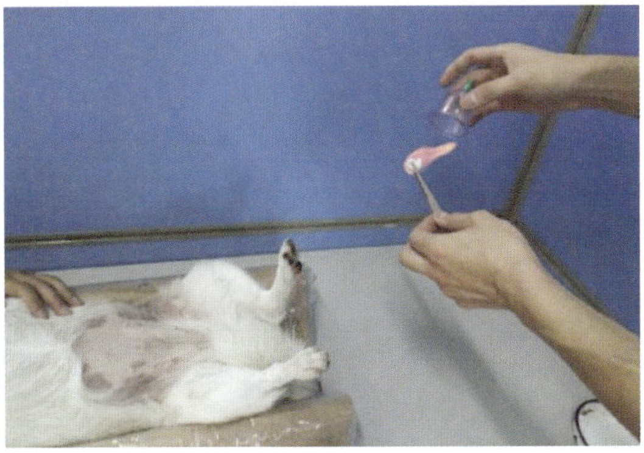

图 5-43　点燃酒精棉球

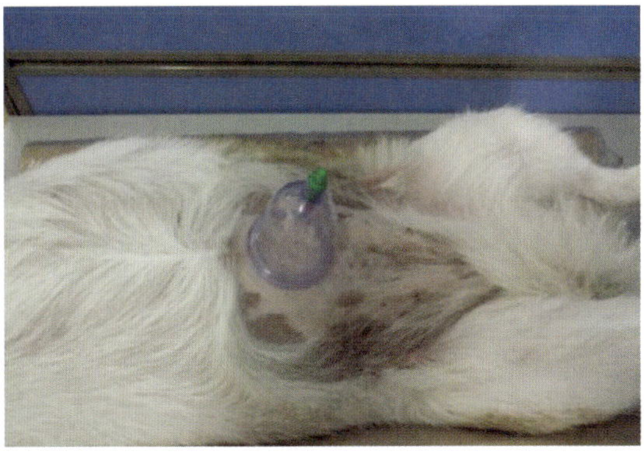

图 5-44　快速罩罐

(2)投火法。将纸片或酒精棉球点燃后投入罐内，火势正旺时，迅速将罐扣在术部。此法宜从侧面横扣，以免烧伤皮肤。

(3)抽气法。商品化的真空拔罐器，由大小不等的真空罐、拔罐手柄和连接管组成，根据临床需要选择真空罐型号(图 5-45、图 5-46)。

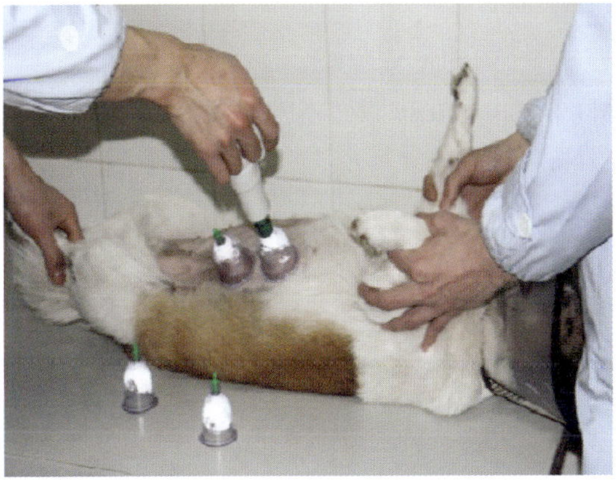

图 5-45　真空拔罐(一)

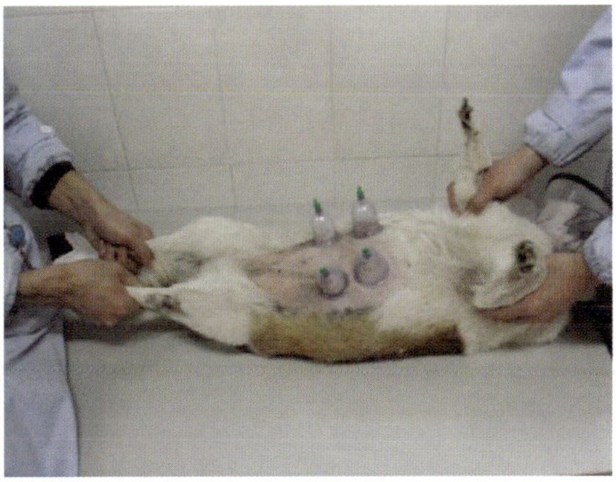

图 5-46　真空拔罐(二)

### 2.复合拔罐法

(1)走罐法。先在施术部位或罐口涂一层润滑油，将罐吸住后，手握罐底，上下来回推拉移动数次，至皮肤潮红；用于面积较大、肌肉丰厚的部位，如腰背。多用于感冒、咳嗽等病证。

(2)针罐法。即白针疗法和拔罐法的结合。先在穴位上施白针，留针期间，以针为中心，再进行拔罐，可提高疗效(图 5-47、图 5-48)。

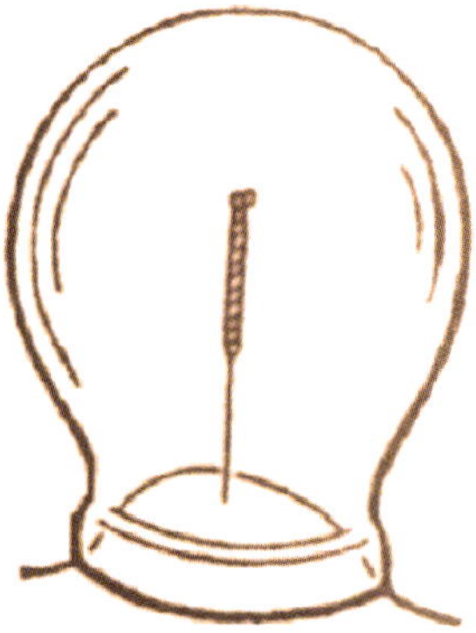

图 5-47 针罐法示意图

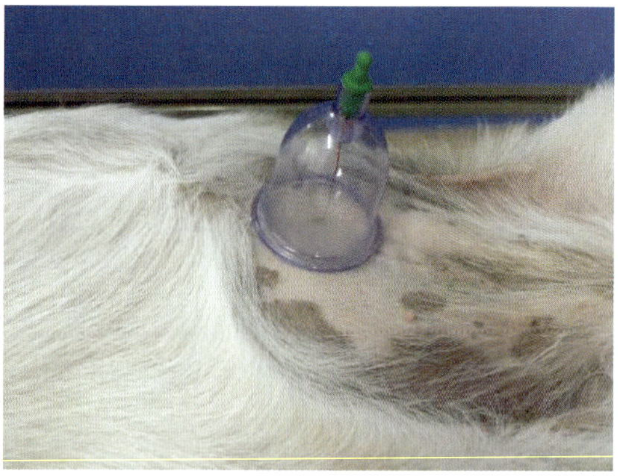

图 5-48 针罐法

(3)刺络拔罐法。即血针疗法和拔罐法的结合。先用三棱针或皮肤针在局部叩刺或点刺出血，再行拔罐，加强血针疗法的作用。可使局部的瘀血消散，或将积脓、毒液吸出，常用于痤疮初期吸除瘘管脓液、毒蛇咬伤排毒等。

3. 留罐与起罐法

留罐时间的长短依据病情和部位而定，一般是 10～20 min。病情较重，患病肌肤肥厚者可长；病情较轻，局部肌肤瘦薄者可短。起罐时，术者一手扶住罐体，使罐底稍倾斜，另一手下按罐口边缘处的皮肤，使空气缓缓进入罐内，即可将罐起下。起罐后，如该部皮肤有破损，可涂布消炎药膏，以防止感染。

## 三、注意事项

(1)拔火罐时切忌火烧罐口，否则会烫伤皮肤。

(2)留罐时间不宜超过 20 min，否则会损伤皮肤。

(3)皮肤过敏、溃疡、水肿及心脏、大血管部位、下腹部，均不宜拔罐。

(4)患病动物敏感，肌肤震颤不安，火罐不能吸牢者，不宜拔罐。术中动物感到灼痛不安时，应提早起罐。

### 思与练

1. 关于拔罐的描述，错误的是(　　)。

A. 拔罐是一种古老的技法，不再适应现代社会　　B. 拔罐具有通经活络的作用

C. 拔罐具有行气活血的作用　　D. 拔罐具有祛风散寒的作用

2. 拔罐的注意事项，不正确的是(　　)。

A. 防止烫伤皮肤　　B. 拔罐时间不可过长，否则会损伤皮肤

C. 拔罐无禁忌证，所有情况下均可拔罐　　D. 如宠物不配合时，应停止拔罐

### 答案

1～2　A C

# 任务五 按 摩

**知识目标**

1. 掌握按摩疗法的作用机理。
2. 掌握临床常用的按摩手法。

**能力目标**

1. 能够熟练操作各种按摩手法。
2. 能够将各种按摩手法应用于临床病例。

二维码 5-12 按摩的基本手法

**素质目标**

1. 培养传承并弘扬中华优秀传统文化的精神，增强民族自信心和自豪感。
2. 培养知行合一、格物致知的精神。
3. 培养医德高尚、医术精湛的综合型宠物医疗人才。

## 导学

说起按摩，大家都不陌生，在日常的生活中，我们会自觉不自觉地用到按摩，比如在书桌前学习久了，会感觉腰酸背痛，这时我们会用手敲打腰背缓解疲劳。那么，你知道按摩的发展历程吗？

按摩的起源可以追溯到远古时期，当时人类在与自然界的抗争中经常发生扭挫伤，为了解除这些外伤带来的痛苦，人类本能地运用抚摩来消痛。这些简单的活动逐步孕育了按摩疗法的最早起源。在殷商时代的甲骨文卜辞中就有关于按摩的文字记载，说明早在公元前 14 世纪，按摩就已经存在。

在秦汉时期，按摩成为人们医疗上主要的治疗方法之一。《黄帝内经》中详细记载了按摩的起源、作用和应用，为后世继承和发扬按摩疗法奠定了理论基础。《素问》九篇和《灵枢》五篇中论及按摩，指出按摩可以疏通经络气血，达到治疗的作用。

## 知识链接

按摩又称推拿，是运用不同手法在患病动物体表一定的经络、穴位上施以机械刺激而防治疾病的方法。其特点是不用针、药和医疗器械，经济简便，疗效确实，治疗范围较广。主要用于消化不良、泄泻、痹症、肌肉萎缩、神经麻痹、关节扭伤等。

## 一、基本手法

按摩手法的种类名称目前尚不统一，存在同法异名或异法同名的现象。目前，常用的有如下几种手法（图 5-49 至图 5-58）。

1. 按法

用手指或手掌在穴位或患部由轻到重、由上向下反复地揿压。适用于全身各部，有通经活络、调畅气血的作用。

2. 摩法

用手掌面附着于患部，以腕关节连同前臂做轻缓而有节律的盘旋摩擦。有理气和中、活血止痛、散瘀消积等作用。

3. 推法

术者用手掌根部在患病动物穴位处或患部，用力向一定方向反复推动，向远端为泻，向近端为补，来回推动为清法。有疏通经络、行气散瘀等作用。

4. 拿法

用拇指和食指、中指或其余四指的指腹，相对用力捏紧筋脉或穴位，如提物状。如用五指捏拿，又称抓法。有疏通经络、镇静止痛、开窍醒神的作用。

5. 捋法

常用于耳、尾、四肢部穴位。术者以手紧握耳、尾、肢等器官的一端，反复向另一端滑动。向远端捋为泻，向近端捋为补。有散聚软坚的作用。

6. 拽法

用手拽拉肢体关节等一定部位，具有活动筋络、排除障碍的功能。

7. 揉法

用拇指指腹或手掌掌面在治疗部位反复地回旋揉动。用轻缓手法（柔法）为补，重快手法（刚法）为泻。有祛瘀活血、消肿散结等作用。

8. 搓法

以两手相对来回搓动患肢，有调和气血等作用。

9. 捏法

用拇指和食指的指腹相对，夹提穴位或患部皮肤，双手交替操作，缓缓向前推进，捏至皮肤发热变红为度。有疏通经络、宣通气血的作用。

10. 掐法

用拇指和食指的指甲相对，揿压穴位，为开窍解痉的强刺激手法。

11. 捶法

手握空拳轻轻捶打患部或穴位处，有宣通气血、祛风散寒的作用。

12. 拍法

用虚掌有节律地平稳拍打动物体表的一定部位。有松弛肌肉、调整机能的作用。

13. 分法

用两手拇指的指腹或手掌掌面，反复由穴位中心向两边分开移动，此法为泻。

### 14. 合法

用两手拇指的指腹或手掌掌面，反复由患部两侧或两个穴位向中间合拢，此法为补。

### 15. 滚法

空握掌，手心向上，用手掌背面和指关节突出部在患部来回滚动。有疏松肌肉、行气活血等作用。

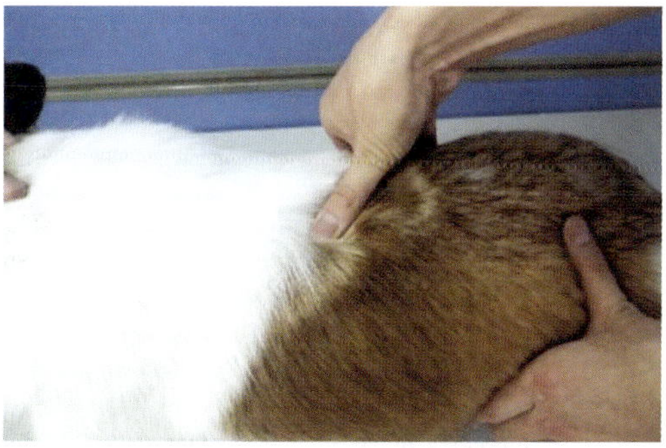

图 5-49 单指揉法

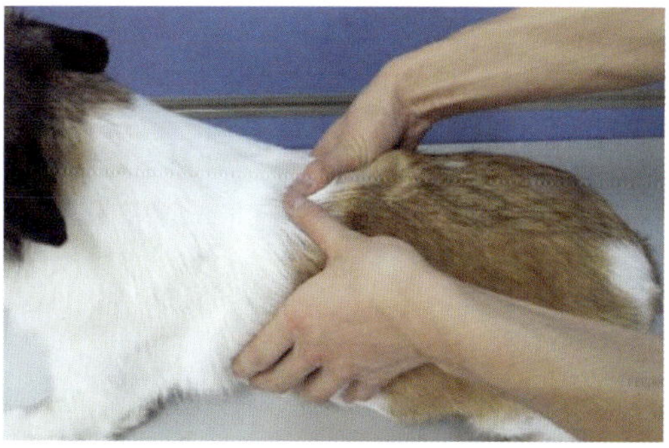

图 5-50 推法

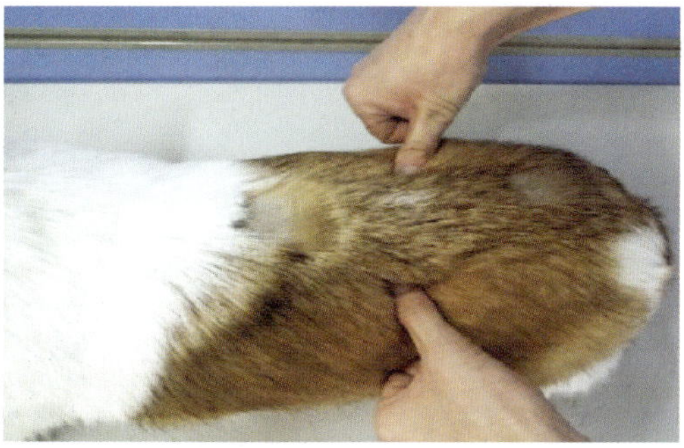

图 5-51 双指揉法

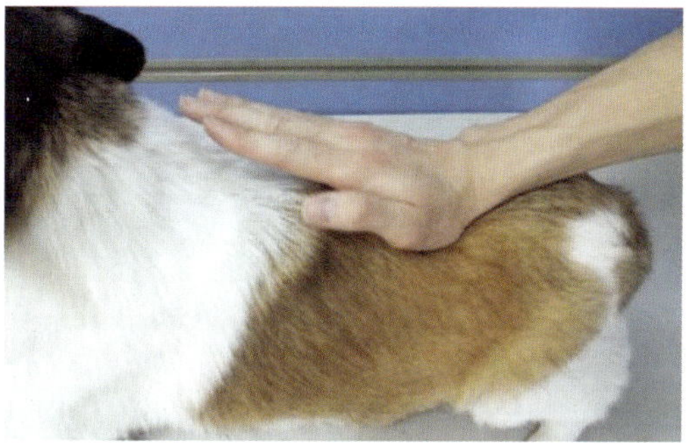

图 5-52 掌揉法

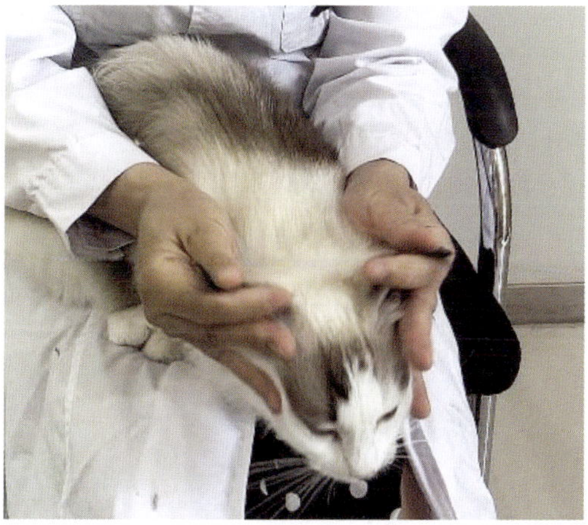

图 5-53 捋法(捋耳朵)

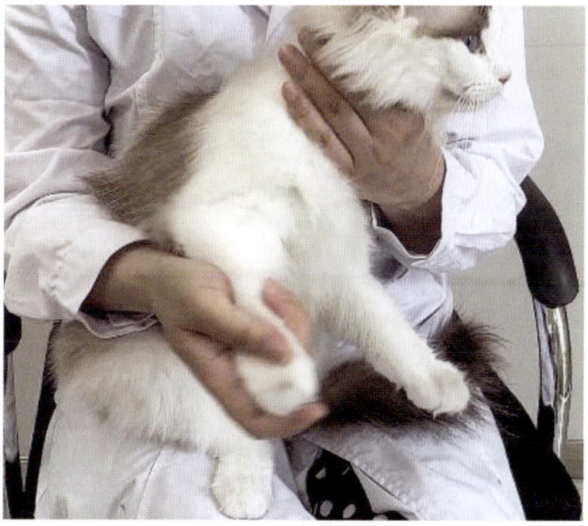

图 5-54 拽法(拽四肢)

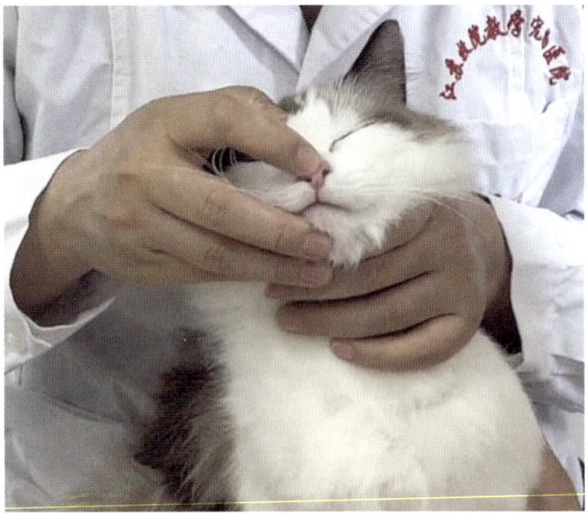

图 5-55　按揉山根穴促食欲

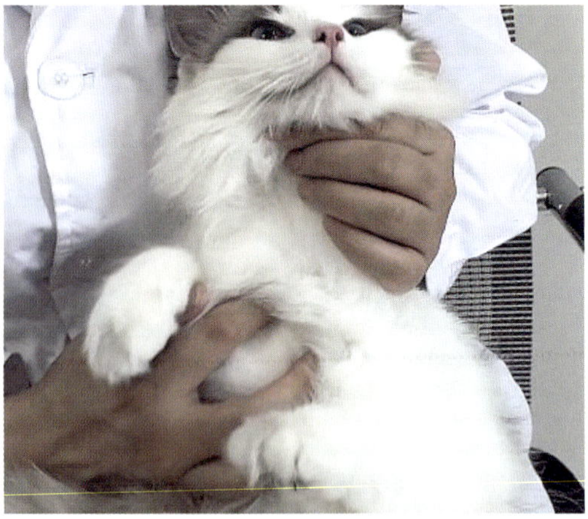

图 5-56　按揉天突穴止咳

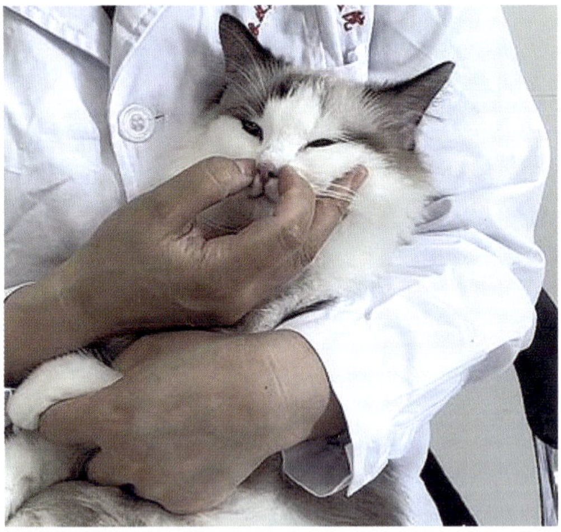

图 5-57　按摩迎香穴治疗打喷嚏

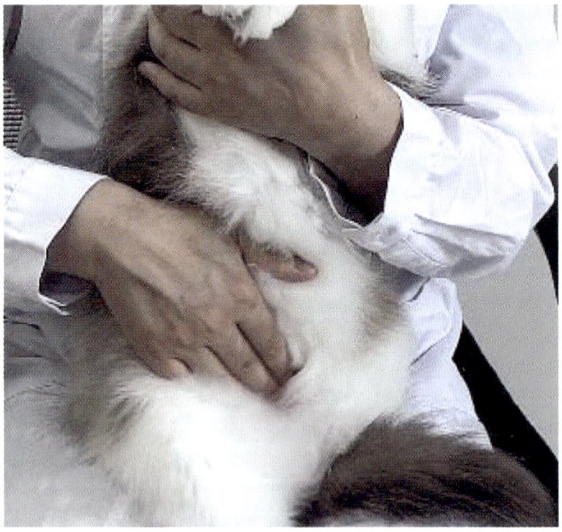

图 5-58　顺时针按揉下腹治疗便秘

## 二、注意事项

(1)有传染病、皮肤病者忌用。患病动物怀孕期间,不能按摩腹部穴位。

(2)根据病情和患病部位选择不同的按摩手法。如肌肉劳损、神经麻痹可选用捶法。

(3)按摩时间,一般每次 5～15 min,每日或隔日 1 次,7～10 次为一个疗程。间隔 3～5 d 进行第二个疗程。

(4)按摩后不要洗澡,避免风吹雨淋。

### 思与练

请同学们课后借助身边的宠物进行按摩手法的练习,并拍摄视频上传平台。

# 参考文献


[1] 马爱团,许文武.犬针灸穴位图谱.沈阳:辽宁科学技术出版社,2021.
[2] 胡元亮.实用动物针灸手册.2版.北京:中国农业出版社,2014.
[3] 何静荣.犬猫中医入门:附针灸按摩图谱.北京:中国农业大学出版社,2014.
[4] 郑继方.中兽医诊疗手册.北京:金盾出版社,2006.
[5] 宋大鲁,宋劲松.犬猫针灸疗法.北京:中国农业出版社,2009.
[6] 金熙永.犬的经穴与针灸图谱.武汉:湖北科学技术出版社,2018.
[7] 杨英.兽医针灸学.北京:高等教育出版社,2006.
[8] 陆钢,范开.犬疑难病的诊疗与针灸图谱.北京:中国农业大学出版社,2014.
[9] 杨宏道,李世骏.兽医针灸手册.2版.北京:农业出版社,1985.
[10] 中国畜牧兽医学会.中国兽医针灸学.北京:农业出版社,1984.
[11] 董君艳.犬病针灸疗法.长春:吉林科学技术出版社,2006.
[12] 罗超应,郭宝发,李锦宇.犬病针灸按摩治疗图解.北京:化学工业出版社,2019.
[13] 钟秀会,陈玉库.中兽医学.北京:中国农业科学技术出版社,2007.
[14] 汤德元,陶玉顺.实用中兽医学.北京:中国农业出版社,2005.
[15] 梁繁荣,王华.针灸学.5版.北京:中国中医药出版社,2021.
[16] 房敏,宋柏林.推拿学.4版.北京:中国中医药出版社,2016.
[17] 李灿东.中医诊断学.4版.北京:中国中医药出版社,2016.
[18] 中国医药信息查询平台.https://www.dayi.org.cn.

# 附　　录

## 附录一　十四经脉穴位的国际标准名称与中文名称对照表

| 中文名 | 国际名称 | 中文名 | 国际名称 | 中文名 | 国际名称 |
|---|---|---|---|---|---|
| 前肢太阴肺经(LU) | | 巨骨 | LI-16 | 太乙 | ST-23 |
| 中府 | LU-1 | 天鼎 | LI-17 | 滑肉门 | ST-24 |
| 云门 | LU-2 | 扶突 | LI-18 | 天枢 | ST-25 |
| 天府 | LU-3 | 口禾髎 | LI-19 | 外陵 | ST-26 |
| 侠白 | LU-4 | 迎香 | LI-20 | 大巨 | ST-27 |
| 尺泽 | LU-5 | 后肢阳明胃经(ST) | | 水道 | ST-28 |
| 孔最 | LU-6 | 承泣 | ST-1 | 归来 | ST-29 |
| 列缺 | LU-7 | 三江/四白 | ST-2 | 气冲 | ST-30 |
| 经渠 | LU-8 | 巨髎 | ST-3 | 髀关 | ST-31 |
| 太渊 | LU-9 | 锁口/地仓 | ST-4 | 伏兔 | ST-32 |
| 鱼际 | LU-10 | 开关/大迎 | ST-5 | 阴市 | ST-33 |
| 少商 | LU-11 | 抱腮/颊车 | ST-6 | 梁丘 | ST-34 |
| 前肢阳明大肠经(LI) | | 下关 | ST-7 | 犊鼻 | ST-35a |
| 商阳 | LI-1 | 头维 | ST-8 | 膝凹 | ST-35b |
| 二间 | LI-2 | 人迎 | ST-9 | 后三里 | ST-36 |
| 三间 | LI-3 | 水突 | ST-10 | 上巨虚 | ST-37 |
| 合谷 | LI-4 | 气舍 | ST-11 | 条口 | ST-38 |
| 阳溪 | LI-5 | 缺盆 | ST-12 | 下巨虚 | ST-39 |
| 偏历 | LI-6 | 气户 | ST-13 | 丰隆 | ST-40 |
| 温溜 | LI-7 | 库房 | ST-14 | 解溪 | ST-41 |
| 下廉 | LI-8 | 屋翳 | ST-15 | 冲阳 | ST-42 |
| 上廉 | LI-9 | 膺窗 | ST-16 | 陷谷 | ST-43 |
| 前三里 | LI-10 | 乳中 | ST-17 | 内庭 | ST-44 |
| 曲池 | LI-11 | 乳根 | ST-18 | 厉兑 | ST-45 |
| 肘髎 | LI-12 | 不容 | ST-19 | 后肢太阴脾经(SP) | |
| 前五里 | LI-13 | 承满 | ST-20 | 隐白 | SP-1 |
| 臂臑 | LI-14 | 梁门 | ST-21 | 大都 | SP-2 |
| 肩髃 | LI-15 | 关门 | ST-22 | 太白 | SP-3 |

续附表

| 中文名 | 国际名称 | 中文名 | 国际名称 | 中文名 | 国际名称 |
|---|---|---|---|---|---|
| 公孙 | SP-4 | 阳谷 | SI-5 | 肝俞 | BL-18 |
| 商丘 | SP-5 | 养老 | SI-6 | 胆俞 | BL-19 |
| 三阴交 | SP-6 | 支正 | SI-7 | 脾俞 | BL-20 |
| 漏谷 | SP-7 | 小海 | SI-8 | 胃俞 | BL-21 |
| 地机 | SP-8 | 抢风 | SI-9 | 三焦俞 | BL-22 |
| 阴陵泉 | SP-9 | 肩贞 | SI-10 | 肾俞 | BL-23 |
| 血海 | SP-10 | 天宗 | SI-11 | 气海俞 | BL-24 |
| 箕门 | SP-11 | 秉风 | SI-12 | 大肠俞 | BL-25 |
| 冲门 | SP-12 | 曲垣 | SI-13 | 关元俞 | BL-26 |
| 府舍 | SP-13 | 肩外俞 | SI-14 | 小肠俞 | BL-27 |
| 腹结 | SP-14 | 肩中俞 | SI-15 | 膀胱俞 | BL-28 |
| 大横 | SP-15 | 天窗 | SI-16 | 中膂俞 | BL-29 |
| 腹哀 | SP-16 | 天容 | SI-17 | 白环俞 | BL-30 |
| 食窦 | SP-17 | 颧髎 | SI-18 | 上髎 | BL-31 |
| 天溪 | SP-18 | 听宫 | SI-19 | 次髎 | BL-32 |
| 胸乡 | SP-19 | 后肢太阳膀胱经(BL) | | 中髎 | BL-33 |
| 周荣 | SP-20 | 睛明 | BL-1 | 下髎 | BL-34 |
| 大包 | SP-21 | 攒竹 | BL-2 | 会阳 | BL-35 |
| 前肢少阴心经(HT) | | 眉冲 | BL-3 | 承扶 | BL-36 |
| 极泉 | HT-1 | 曲差 | BL-4 | 汗沟 | BL-37 |
| 青灵 | HT-2 | 五处 | BL-5 | 仰瓦 | BL-38 |
| 少海 | HT-3 | 承光 | BL-6 | 委阳 | BL-39 |
| 灵道 | HT-4 | 通天 | BL-7 | 委中 | BL-40 |
| 通里 | HT-5 | 络却 | BL-8 | 附分 | BL-41 |
| 阴郄 | HT-6 | 玉枕 | BL-9 | 魄户 | BL-42 |
| 神门 | HT-7 | 天柱 | BL-10 | 膏肓 | BL-43 |
| 少府 | HT-8 | 大杼 | BL-11 | 神堂 | BL-44 |
| 少冲 | HT-9 | 风门 | BL-12 | 譩譆 | BL-45 |
| 前肢太阳小肠经(SI) | | 肺俞 | BL-13 | 膈关 | BL-46 |
| 少泽 | SI-1 | 厥阴俞 | BL-14 | 魂门 | BL-47 |
| 前谷 | SI-2 | 心俞 | BL-15 | 阳纲 | BL-48 |
| 前缠腕/后溪 | SI-3 | 督俞 | BL-16 | 意舍 | BL-49 |
| 腕骨 | SI-4 | 膈俞 | BL-17 | 胃仓 | BL-50 |

续附表

| 中文名 | 国际名称 | 中文名 | 国际名称 | 中文名 | 国际名称 |
|---|---|---|---|---|---|
| 肓门 | BL-51 | 肓俞 | KID-16 | 清冷渊 | TH-11 |
| 志室 | BL-52 | 商曲 | KID-17 | 消泺 | TH-12 |
| 胞肓 | BL-53 | 石关 | KID-18 | 臑会 | TH-13 |
| 巴山/秩边 | BL-54 | 阴都 | KID-19 | 肩髎 | TH-14 |
| 合阳 | BL-55 | 腹通谷 | KID-20 | 膊尖 | TH-15 |
| 承筋 | BL-56 | 幽门 | KID-21 | 天牖 | TH-16 |
| 承山 | BL-57 | 步廊 | KID-22 | 翳风 | TH-17 |
| 飞扬 | BL-58 | 神封 | KID-23 | 瘈脉 | TH-18 |
| 跗阳 | BL-59 | 灵墟 | KID-24 | 颅息 | TH-19 |
| 昆仑 | BL-60 | 神藏 | KID-25 | 角孙 | TH-20 |
| 仆参 | BL-61 | 彧中 | KID-26 | 耳门 | TH-21 |
| 申脉 | BL-62 | 俞府 | KID-27 | 耳和髎 | TH-22 |
| 金门 | BL-63 | **前肢厥阴心包经(PC)** | | 丝竹空 | TH-23 |
| 京骨 | BL-64 | 天池 | PC-1 | **后肢少阳胆经(GB)** | |
| 束骨 | BL-65 | 天泉 | PC-2 | 瞳子髎 | GB-1 |
| 足通谷 | BL-66 | 曲泽 | PC-3 | 听会 | GB-2 |
| 至阴 | BL-67 | 郄门 | PC-4 | 上关 | GB-3 |
| **后肢少阴肾经(KID)** | | 间使 | PC-5 | 颔厌 | GB-4 |
| 涌泉 | KID-1 | 内关 | PC-6 | 悬颅 | GB-5 |
| 然谷 | KID-2 | 大陵 | PC-7 | 悬厘 | GB-6 |
| 太溪 | KID-3 | 劳宫 | PC-8 | 曲鬓 | GB-7 |
| 大钟 | KID-4 | 中冲 | PC-9 | 率谷 | GB-8 |
| 水泉 | KID-5 | **前肢少阳三焦经(TH)** | | 天冲 | GB-9 |
| 照海 | KID-6 | 关冲 | TH-1 | 浮白 | GB-10 |
| 复溜 | KID-7 | 液门 | TH-2 | 头窍阴 | GB-11 |
| 交信 | KID-8 | 中渚 | TH-3 | 完骨 | GB-12 |
| 筑宾 | KID-9 | 阳池 | TH-4 | 本神 | GB-13 |
| 阴谷 | KID-10 | 外关 | TH-5 | 阳白 | GB-14 |
| 横骨 | KID-11 | 支沟 | TH-6 | 头临泣 | GB-15 |
| 大赫 | KID-12 | 会宗 | TH-7 | 目窗 | GB-16 |
| 气穴 | KID-13 | 三阳络 | TH-8 | 正营 | GB-17 |
| 四满 | KID-14 | 四渎 | TH-9 | 承灵 | GB-18 |
| 中注 | KID-15 | 天井 | TH-10 | 脑空 | GB-19 |

续附表

| 中文名 | 国际名称 |
| --- | --- |
| 风池 | GB-20 |
| 膊中 | GB-21 |
| 渊腋 | GB-22 |
| 辄筋 | GB-23 |
| 日月 | GB-24 |
| 京门 | GB-25 |
| 带脉 | GB-26 |
| 五枢 | GB-27 |
| 维道 | GB-28 |
| 居髎 | GB-29 |
| 环跳 | GB-30 |
| 风市 | GB-31 |
| 中渎 | GB-32 |
| 膝阳关 | GB-33 |
| 阳陵泉 | GB-34 |
| 阳交 | GB-35 |
| 外丘 | GB-36 |
| 光明 | GB-37 |
| 阳辅 | GB-38 |
| 悬钟 | GB-39 |
| 丘墟 | GB-40 |
| 足临泣 | GB-41 |
| 地五会 | GB-42 |
| 侠溪 | GB-43 |
| 足窍阴 | GB-44 |
| 后肢厥阴肝经(LIV) | |
| 大敦 | LIV-1 |
| 行间 | LIV-2 |
| 太冲 | LIV-3 |
| 中封 | LIV-4 |
| 蠡沟 | LIV-5 |
| 中都 | LIV-6 |
| 膝关 | LIV-7 |
| 曲泉 | LIV-8 |
| 阴包 | LIV-9 |
| 后五里 | LIV-10 |
| 阴廉 | LIV-11 |
| 急脉 | LIV-12 |
| 章门 | LIV-13 |
| 期门 | LIV-14 |
| 督脉(GV) | |
| 后海 | GV-1 |
| 尾根/腰俞 | GV-2 |
| 腰阳关 | GV-3 |
| 命门 | GV-4 |
| 天平 | GV-5 |
| 脊中 | GV-6 |
| 中枢 | GV-7 |
| 筋缩 | GV-8 |
| 至阳 | GV-9 |
| 灵台 | GV-10 |
| 神道 | GV-11 |
| 身柱 | GV-12 |
| 陶道 | GV-13 |
| 大椎 | GV-14 |
| 哑门 | GV-15 |
| 风府 | GV-16 |
| 脑户 | GV-17 |
| 强间 | GV-18 |
| 后顶 | GV-19 |
| 百会 | GV-20 |
| 前顶 | GV-21 |
| 囟会 | GV-22 |
| 上星 | GV-23 |
| 神庭 | GV-24 |
| 素髎 | GV-25 |
| 水沟/人中 | GV-26 |
| 兑端 | GV-27 |
| 龈交 | GV-28 |
| 任脉(CV) | |
| 会阴 | CV-1 |
| 曲骨 | CV-2 |
| 中极 | CV-3 |
| 关元 | CV-4 |
| 石门 | CV-5 |
| 气海 | CV-6 |
| 阴交 | CV-7 |
| 神阙 | CV-8 |
| 水分 | CV-9 |
| 下脘 | CV-10 |
| 建里 | CV-11 |
| 中脘 | CV-12 |
| 上脘 | CV-13 |
| 巨阙 | CV-14 |
| 鸠尾 | CV-15 |
| 中庭 | CV-16 |
| 膻中 | CV-17 |
| 玉堂 | CV-18 |
| 紫宫 | CV-19 |
| 华盖 | CV-20 |
| 璇玑 | CV-21 |
| 天突 | CV-22 |
| 廉泉 | CV-23 |
| 承浆 | CV-24 |

# 附录二　犬猫针灸门诊基本服务规范（T/CVMA 209—2024）

## 1　范围

本文件规定了犬猫针灸门诊服务范围和内容、服务设置、环境与设施、服务流程、质量控制与保障。

本文件适用于动物诊疗机构犬猫针灸门诊。

## 2　规范性引用文件

下列文件中的内容通过文中的规范性引用而构成本文件必不可少的条款。其中，注日期的引用文件，仅该日期对应的版本适用于本文件；不注日期的引用文件，其最新版本（包括所有的修改单）适用于本文件。

YY 0780 电针治疗仪

GB/T 40450 犬保定操作技术规范

T/CVMA 73 猫物理保定操作规范

## 3　术语和定义

本文件没有需要界定的术语和定义。

## 4　服务范围和内容

### 4.1　服务范围

犬猫针灸门诊服务范围，主要指运用中兽医理论与方法，以针刺、艾灸、按摩、低强度激光治疗等技术为主，为犬猫提供病证诊断、治疗、护理、预防、保健等服务。

### 4.2　服务内容

犬猫针灸门诊服务内容包括：

——以中兽医理论为指导对犬猫进行疾病诊断。

——为犬猫提供门诊针灸、护理、外治等医疗服务。

——同时将不适合在门诊针灸诊疗的犬猫收入住院或转科、转院等。

## 5　服务硬件设置、环境与设施

### 5.1　服务硬件设置

各动物诊疗机构可设置独立的针灸门诊，针灸门诊设置应符合《动物诊疗机构管理办法》的规定。针灸门诊服务的医疗设施配置建议见表1。

表 1　针灸门诊服务的医疗设施配置建议

| 分类 | | 设备名称 |
|---|---|---|
| 针疗 | | 针灸针 |
| | | 电针治疗仪 |
| 灸疗 | | 灸疗器具 |
| | | 烟雾清除设备 |
| 中兽医外治 | 光疗 | 激光治疗仪 |
| | 中药外敷 | 中药离子导入设备 |
| | 热疗 | 热敷装置 |
| | 按摩 | 按摩 |
| 其他辅助设施 | | 针灸床 |
| | | 针灸架及固定绳套 |
| | | 针灸盒 |
| | | 高椅 |
| | | 矮凳 |
| | | 软垫 |

## 5.2　外部环境

### 5.2.1　犬猫针灸门诊的外部环境

犬猫针灸门诊的外部环境考虑以下因素：

——路牌、指示牌、出入口通道及与其他科室的空间关系等；

——外部环境宜体现动物福利和中兽医文化特点；

——远离污染源(指产生物理的、化学的、生物的有害物质的设备、装置、场所等)；

——宜尽量保持环境安静；

——为未来新增加的针灸仪器等设施留有空间。

### 5.2.2　犬猫针灸门诊外部标示

犬猫针灸门诊外部标示宜考虑以下因素：

——在诊疗机构适当位置，用中文标示针灸门诊的指示牌和路牌；

——民族地区可同时用中文和少数民族语言文字标示；

——有需要的诊疗机构可附加外文标识；

——有条件的诊疗机构可提供语音提示系统或语音提示二维码；

——犬猫针灸门诊外部应用中文醒目标示“针灸门诊”；如果有 2 个以上诊室，还应标示“针灸一诊室”“针灸二诊室”等，依此类推；在设立专病专科或者特色疗法专科的针灸门诊，也应在诊室外部进行相应标示；

——犬猫针灸门诊外部宜提供出诊医生的信息，包括诊疗专长等，供宠主选择；

——有条件的针灸门诊外部可设置针灸健康宣教栏，宣传内容科学规范，并依据季节等变化而及时调整、更换。

5.2.3　犬猫针灸门诊出入通道

犬猫针灸门诊出入通道应符合以下条件：

——出入口通道应保持通畅；

——出入口通道设计应方便推车通行。

## 5.3　内部环境

5.3.1　内部光照

内部光照应满足以下要求：

——诊室内应有可控的足够的自然光照或者白色柔和光照；

——配备足够的应急光源。

5.3.2　内部温度与空气调节

内部温度与空气调节应符合以下条件：

——诊室内应保持适宜的温度，在特定的季节和地区，应有温度调节装置或措施；

——诊室内应保持空气的适当流动或通风，完全封闭的诊室应定期换气；

——在使用灸法的诊室内应安装排烟设备或采取排烟措施，使烟雾及时排出诊室，有条件的诊疗机构可设置专门的灸疗室。

5.3.3　内部功能区划分

内部功能区的划分应符合以下条件：

——犬猫针灸门诊内部可分候诊、接诊、治疗操作三个功能区域；

——候诊区应提供必要的候诊设施；

——治疗操作区空间应满足医务人员操作和犬猫接受治疗的需要；

——开展穴位注射、穴位埋线等技术操作，可设置独立的治疗操作区；

——基于动物福利应将犬猫候诊及治疗操作区域分开设置。

## 5.4　服务设施

5.4.1　基本设施

犬猫针灸门诊服务的基本设施，包括但不限于：

——诊察所用体温计、听诊器、叩诊锤等；

——辅助用具，如体重秤、镊子、止血钳等；消毒剂、棉球或棉签，口罩、帽子及一次性手套，以及存放上述设施的治疗台（柜）；配备激光防护的人员及动物护目镜、遮光屏风；

——用于接诊的桌、椅等；实施信息化管理的诊疗机构，应配置电脑等。

5.4.2　主要设备与器械

犬猫针灸门诊配备的主要设备与器械，包括但不限于：

——用于治疗操作的针灸床、针灸架及固定装置等，需备有多种规格方便不同体形犬猫使用；

——必备设备与器械，包括普通针具、电针设备、灸疗设备等，电针治疗仪的配置应符合 YY 0780 的要求；

——有条件的犬猫针灸门诊，可选备其他外治设备，包括热疗、光疗设备等；

——开展专病专科的针灸门诊，应配备专病专科所需的其他诊疗设备。

5.4.3　其他设施

5.4.3.1　应配备必要的急救设施、器械和药品等。

5.4.3.2　应提供盛放医疗垃圾的桶或袋,包括盛放废针具的利器盒等。

5.4.3.3　消毒剂和消毒设施的配备应符合消毒操作相关的规定和要求。

5.4.3.4　消防器材和设施的配备应符合有关规定和要求。

## 6　服务流程

### 6.1　门诊挂号

6.1.1　一般犬猫针灸门诊可根据挂号方式分为预约门诊和非预约门诊。

6.1.2　主要设备与器械为了合理利用医疗资源,宜尽量采用预约分时接诊。

6.1.3　对于急症犬猫,应优先安排就诊。

### 6.2　导医服务

犬猫针灸门诊可设立导医服务。包括:

——登记犬猫及宠主基本信息;

——询问宠主犬猫主要病情;

——依据针灸适应证以及医生的诊疗专长,预约或分配接诊医生;

——为宠主提供专科咨询服务。

### 6.3　接诊

6.3.1　了解病情,实施必要检查,进行诊断和鉴别诊断。

6.3.2　制定针灸治疗方案。

6.3.3　撰写病历。

6.3.4　向宠主解释犬猫病情和注意事项等。

6.3.5　对于某些特殊诊疗操作,宜与宠主签订知情同意书。

### 6.4　治疗

6.4.1　依据治疗方案,认真规范地进行治疗操作。

6.4.2　观察治疗反应,并进行适当评价,特殊治疗经过和治疗反应应有记录。

6.4.3　若出现晕针、滞针、烫伤等情况,应立即处理,保证医疗质量及医疗安全。

6.4.4　提供针灸治疗后护理方案及医嘱内容。

### 6.5　后续服务

针灸门诊后续服务包括:

——定期对接受针灸诊疗的犬猫进行病情回访;

——为继续接受门诊针灸诊疗的犬猫宠主,预约后续诊疗;

——向转诊犬猫宠主告知住院或转科、转院的流程,必要时确定具体的接诊医生。

## 7　质量控制与保障

### 7.1　病历档案

医务人员在提供犬猫针灸门诊服务的同时,按照有关法律法规的相关规定完成病历档案撰写。

### 7.2 安全保障

按照 GB/T 40450 和 T/CVMA 73 的相关要求，分别对犬、猫进行适当的保定。按照各设备操作说明，合理使用符合标准的设备，确保医务人员、宠主及犬猫的安全。

### 7.3 消毒和无菌操作

7.3.1 按照相关规定和要求，对针灸门诊诊疗场所的空气、物体表面实行消毒。

7.3.2 动物诊疗机构定期进行院内感染源检测并监测消毒结果。

7.3.3 应使用一次性针具；针灸治疗操作过程中，执行无菌操作规程。

7.3.4 针灸门诊服务过程中产生的废弃物的处置按有关规定处理。

### 7.4 缺陷控制

7.4.1 随时收集针灸门诊医疗服务缺陷信息；不断完善服务流程，提高服务质量。

7.4.2 及时分析医疗服务缺陷的主要原因，并进行改进。

### 7.5 服务收费

按照当地及行业规定的动物诊疗服务收费标准进行收费，并进行公示。